Wolfgang Grundmann

Operations Research

Wolfgang Grundmann

Operations Research

Formeln und Methoden

Teubner

B. G. Teubner Stuttgart · Leipzig · Wiesbaden

Bibliografische Information Der Deutschen Bibliothek
Die Deutsche Bibliothek verzeichnet diese Publikation in der Deutschen Nationalbibliografie; detaillierte bibliografische Daten sind im Internet über <http://dnb.ddb.de> abrufbar.

Prof. Dr. rer. nat. Dr. oec. habil. Wolfgang Grundmann
Geboren 1940 in Chemnitz. Von 1959 bis 1964 Studium der Mathematik an der Universität Leipzig. Von 1964 bis 1969 wissenschaftlicher Assistent, 1969 Promotion, 1969 bis 1970 wissenschaftlicher Oberassistent an der TH Karl-Marx-Stadt. Von 1970 bis 1971 Zusatzstudium an der Mechanisch-Mathematischen Fakultät der Universität Moskau.
Von 1971 bis 1992 Hochschuldozent an der Ingenieurhochschule bzw. Technischen Hochschule Zwickau, 1989 Habilitation. 1990 Gastprofessor an der FH Darmstadt. Seit 1992 Professor für Mathematik an der Hochschule für Technik und Wirtschaft Zwickau (FH) bzw. an der Westsächsischen Hochschule Zwickau (FH). Arbeitsgebiete: Wahrscheinlichkeitsrechnung und mathematische Statistik, Wirtschaftsmathematik, Operations Research, Finanz- und Versicherungsmathematik.

E-Mail: wolfgang.grundmann@fh-zwickau.de
Homepage: http://www.fh-zwickau.de/pti/fgmath/fgmath2001/grundmann_g.html

1. Auflage Dezember 2002

Der Verlag Teubner ist ein Unternehmen der Fachverlagsgruppe BertelsmannSpringer.
www.teubner.de

Umschlaggestaltung: Ulrike Weigel, www.CorporateDesignGroup.de

Gedruckt auf säurefreiem und chlorfrei gebleichtem Papier.

ISBN-13:978-3-519-00421-9 e-ISBN-13:978-3-322-80047-3
DOI: 10.1007/978-3-322-80047-3

Vorwort

Diese Formel- und Methodensammlung ist ein Kompendium des Operations Research.

Sie enthält die wichtigsten Formeln, Aussagen, Methoden und Algorithmen zu diesem Grenzgebiet zwischen moderner (angewandter) Mathematik und den Wirtschaftswissenschaften. Der Band wendet sich an Studierende sowohl der Wirtschaftswissenschaften an Universitäten, Fachhochschulen und Berufsakademien als auch der Wirtschaftsinformatik, der Wirtschaftsmathematik und des Wirtschaftsingenieurwesens. Außerdem ist das Buch für Praktiker von großem Nutzen.

In übersichtlicher Weise werden wichtige Formeln u.a. aus den Gebieten Lineare und Nichtlineare Optimierung, Netzplantechnik, Entscheidungstheorie, Simulationstechnik, Bedienungstheorie und Lagerhaltung bereitgestellt. Dabei werden jeweils die zugrundeliegende Problemstellung bzw. das mathematische Modell und die mathematische Verfahrenstechnik beschrieben. Wichtige mathematische Grundlagen (z.B. Matrizen, Kombinatorik, Graphentheorie, Theorie der Optimierung, numerische Näherungsverfahren, Wahrscheinlichkeitsrechnung und Statistik) komplettieren das Buch.

Diese Formelsammlung entstand im Ergebnis langjähriger Lehrtätigkeit an der Westsächsischen Hochschule Zwickau und in Zusammenarbeit mit zahlreichen Forschungspartnern in der Praxis. Außerdem konnte ich dankenswerterweise auch auf Erfahrungen und Hinweise zahlreicher Kollegen zurückgreifen. Hinweise und Bemerkungen sind stets willkommen.

Dem Teubner-Verlag – insbesondere Herrn Jürgen Weiß in Leipzig – danke ich für das stete Interesse am Zustandekommen dieses Buches sowie für die angenehme und konstruktive Zusammenarbeit.

Zwickau, im Oktober 2002 Wolfgang Grundmann

Inhaltsverzeichnis

Einführung, Symbole und Bezeichnungen

Begriff des Operations Research (OR)

- OR ist Vorbereitung von Entscheidungen zur Gestaltung und Steuerung von Systemen in Technik, Wirtschaft und Gesellschaft.
- OR entwirft (mathematische) Modelle als reale Bilder der genannten Systeme.
- OR zielt auf der Grundlage der Modelle auf optimale Entscheidungen ab.
- OR beinhaltet die Anwendung mathematischer Methoden zur Vorbereitung optimaler Entscheidungen.

OR: Planung - Modellierung - numerische Verfahren - Optimierung

Die Bezeichnung Operations Research geht auf Untersuchungen der Effektivität militärischer Operationen im 2.Weltkrieg zurück. Ein deutscher Begriff hat sich nicht durchgesetzt. Operations Research in unserer Zeit ist die Anwendung wissenschaftlicher Methoden auf umfangreiche und komplexe Problemstellungen, die in Industrie und Technik, in Wirtschaft und Verwaltung und im Zusammenhang mit der Steuerung und beim Management großer Systeme auftreten. Optimale Entscheidungen haben stets Geldfragen im Hintergrund: geringste Kosten, höchste Erträge und Gewinne. Mit OR können die Wirkungen alternativer Entscheidungen und Strategien simuliert, vorausgesagt und verglichen werden, einschließlich der Quantifizierung von Ungewissheit und Risiko.

Symbole und Bezeichnungen für häufig verwendete Mengen

$\mathbb{N}$	Menge der natürlichen Zahlen $\{1, 2, 3, \ldots\}$
$\mathbf{G}$	Menge der ganzen Zahlen $\{\ldots, -2, -1, 0, 1, 2, \ldots\}$
$\mathbf{G}_+$	Menge der nichtnegativen ganzen Zahlen $\mathbf{G}_+ = \mathbb{N} \cup \{0\} = \{0, 1, 2, \ldots\}$
$\mathbb{B}$	zweielementige Menge $\{0, 1\}$
$\mathbf{G}^n$	Menge der ganzzahligen n-Tupel, $\mathbf{G}^1 = \mathbf{G}$
$\mathbf{G}^n_+$	Menge der n-Tupel nichtnegativer ganzer Zahlen, $\mathbf{G}^1_+ = \mathbf{G}_+$
$\mathbb{R}$	Menge der reellen Zahlen $-\infty < x < \infty$
$\mathbb{R}_+$	Menge der nichtnegativen reellen Zahlen $x \in \mathbb{R} : x \geq 0$
$\mathbb{R}^n$	n-dimensionaler Euklidischer Raum (Vektorraum), $\mathbb{R}^1 = \mathbb{R}$ Menge der n-Tupel $(x_1, x_2, \ldots, x_n)$ reeller Zahlen
$\mathbb{R}^n_+$	Menge der n-Tupel nichtnegativer reeller Zahlen, $\mathbb{R}^1_+ = \mathbb{R}_+$
$\mathbb{C}^m$	Raum der m-mal stetig differenzierbaren Funktionen
$\mathbb{B}^n$	Menge der n-dimensionalen binären Vektoren $\{0, 1\}^n$

$\emptyset$	leere Menge
$A \subset B, A \subseteq B$	Teilmenge
$A \cup B, A \cap B, A - B$	Vereinigung, Durchschnitt und Differenz zweier Mengen
$A \times B$	kartesisches Produkt $\{(a, b) : a \in A, b \in B\}$
$[a, b]$, (a, b)	abgeschlossenes und offenes Intervall
$[a, b), (a, b]$	halboffene Intervalle

Symbole und Bezeichnungen für häufig verwendete Operationen

$\min(a,b)$	Minimum, kleinere der beiden Zahlen a und b
$\max(a,b)$	Maximum, größere der beiden Zahlen a und b
$\min\limits_{x\in G} f(x)$	Minimum aller Zahlen f(x), wenn x in G variiert
$\max\limits_{x\in G} f(x)$	Maximum aller Zahlen f(x), wenn x in G variiert
$\mathrm{ld}(a)$	Logarithmus zur Basis 2 von a, dualer Logarithmus
$\mathrm{int}(a) = [a]$	ganzzahliger Anteil von a (Integer-Funktion, in $\mathbb{R}_+$)
$\mathrm{frac}(a) = \{a\}$	gebrochener Anteil von a (Frac-Funktion, in $\mathbb{R}_+$): $\{a\} = a - [a]$
$a \bmod b$	Restklassenrechnung (Modulo-Funktion): $a \bmod b = a - b \cdot \left[\frac{a}{b}\right]$ (in $\mathbb{N}$)
$\|x\| = \mathrm{abs}(x)$	Betrag (Absolutbetrag) von x
$\|\|x\|\|, \|\|x-y\|\|$	Norm bzw. Abstand je nach Festlegung, z.B. euklidisch
$\delta(x)$, δ_{ij}	Kronecker-Symbol: $\delta(x) = \begin{cases} 1 & \text{für } x = 0 \\ 0 & \text{für } x \neq 0 \end{cases}$ $\quad \delta_{ij} = \begin{cases} 1 & \text{für } i = j \\ 0 & \text{für } i \neq j \end{cases}$
$\mathrm{sgn}(x)$	Signum-Funktion: $\mathrm{sgn}(x) = \begin{cases} 1 & \text{für } x > 0 \\ -1 & \text{für } x < 0 \\ 0 & \text{für } x = 0 \end{cases}$

$\mathbf{A} = (a_{ij})_{m,n}$	Matrix mit m Zeilen, n Spalten und den Elementen a_{ij} $\mathbf{A} \in \mathbb{R}^{m\times n}$
$\mathbf{A}^\top, \mathbf{A}^{-1}$	transponierte und inverse Matrix
$\mathbf{E}$	Einheitsmatrix
rang $\mathbf{A}$	Rang der Matrix $\mathbf{A}$
det $\mathbf{A}$	Determinante der Matrix $\mathbf{A}$
$\mathbf{a} = (a_i)_m$	Spaltenvektor mit m Zeilen und den Elementen a_i, $\mathbf{x} \in \mathbb{R}^m$
$\mathbf{a}^\top$	transponierter Vektor (Zeilenvektor)
$\mathbf{0}$	Nullvektor
$\mathbf{e} = (1,\ldots,1)^\top$	Einsvektor - Vektor, dessen Komponenten sämtlich 1 sind
$\mathbf{e}^k = (0,..,1,..,0)$	Koordinateneinheitsvektor - $\mathbf{e}_i^k = \delta_{ik}$
$\mathbf{a}$ Relation $\mathbf{b}$	die Relation besteht zwischen allen Zeilen der beiden Vektoren (z.B. $\mathbf{a} = \mathbf{b}, \mathbf{a} \leq \mathbf{b}, \mathbf{Ax} \leq \mathbf{b}, \mathbf{x} \geq \mathbf{0}$)

Rundungsfunktionen

Rundungsfunktion: Abbildung $x \in \mathbb{R} \longrightarrow \tilde{x} \in \mathbb{R}^\sim$

$\mathbb{R}^\sim \subset \mathbb{R}$ ist ein äquidistantes Raster über $\mathbb{R}$

(z.B. alle reellen Zahlen als Vielfache von 10^r, $r \in \mathbf{G}$)

Rundungsarten:

- Runden auf den nächstgelegenen Wert in $\mathbb{R}^\sim$
- Runden in Richtung 0 (Abschneiden von Dezimalstellen) zum nächstgelegenen Wert in $\mathbb{R}^\sim$
- einseitige Rundung (nur Abrunden oder nur Aufrunden) zum nächstgelegenen Wert in $\mathbb{R}^\sim$

Landau-Symbol und Zeitkomplexität eines Verfahrens

Mit der Zeitkomplexität wird die Größenordnung des Rechenaufwandes eines Verfahrens beschrieben; dies ist wichtig für die Abschätzung der Rechenzeit und des erforderlichen Speicherplatzes im Computer, vor allem in Verfahren der kombinatorischen Optimierung und bei der Optimierung in Graphen.

n	Anzahl der eingegebenen Daten - Dimension des Problems (auch mehrdimensional möglich: $n_1, n_2, \ldots, n_r$)
$A(n)$	Rechenaufwand des Verfahrens (Zeitkomplexität)
$f(n)$	einfache Größenordnungsfunktion, wie $n, n^\alpha, \log n, n \log n, \ldots$
$A(n) = O(f(n))$	Landau-Symbol (Groß-O) bedeutet: für $n = 1, 2, \ldots$ gelte $\frac{A(n)}{f(n)} \le K$, $K > 0$ Konstante $\rightarrow$ Verfahrensaufwand hat die Ordnung $f(n)$ $f(n) = n$ linearer Aufwand $f(n) = n^\alpha$ polynomialer Aufwand mit Ordnung α
$A(n) = o(f(n))$	Landau-Symbol (Klein-o): $\lim\limits_{n\to\infty} \frac{A(n)}{f(n)} = 0$

Die polynomiale Zeitkomplexität mit kleiner Ordnung sichert in der Regel einen überschaubaren Aufwand bei geringfügig wechselnder Dimension des Problems. Es gibt Verfahren, für die $\lim\limits_{n\to\infty} \frac{A(n)}{n^\alpha} = \infty$ für jedes $\alpha \in \mathbb{R}$ gilt; dann ist die Aufgabe nicht in polynomialer Zeit lösbar. In einem solchen Falle ist Vorsicht geboten.

Abkürzungen zur Optimierung

LGS	- lineares Gleichungssystem
LOA	- lineare Optimierungsaufgabe
LGOA	- ganzzahlige lineare Optimierungsaufgabe
VOA	- Vektoroptimierungsaufgabe
TOA	- Transportoptimierungsaufgabe
KOA	- kombinatorische Optimierungsaufgabe
DOA	- dynamische Optimierungsaufgabe
NLOA	- nichtlineare Optimierungsaufgabe
ZF	- Zielfunktion
NB	- Nebenbedingung(en)
NNB	- Nichtnegativitätsbedingung(en)
BV	- Basisvariable
NBV	- Nichtbasisvariable
SV	- Schlupfvariable
KV	- künstliche Variable
EV	- Entscheidungsvariable
CPM	- Critical Path Method
PERT	- Program Evaluation and Review Technique
MPM	- Metra Potential Method

Mathematische Grundlagen des OR

Kombinatorik

Die Kombinatorik beinhaltet Anordnungs- und Auswahlprobleme von Elementen endlicher Mengen, wobei auch die Unterscheidbarkeit der Elemente - Auswahlen ohne und mit Wiederholung/Zurücklegen - zu beachten ist.

Fakultät und Binomialkoeffizient

$$n! = \begin{cases} 1 \cdot 2 \cdot 3 \cdots n & n \in \mathbb{N} \\ 1 & n = 0 \end{cases}$$ - n-Fakultät

$(2n)!! = 2 \cdot 4 \cdots 2n$, $(2n-1)!! = 1 \cdot 3 \cdots (2n-1)$ - Semifakultät

$$\binom{n}{k} = \begin{cases} \dfrac{n!}{k!(n-k)!} & n \in \mathbf{N}, 0 \le k \le n \\ 1 & n = k = 0 \\ 0 & n < k, k \in \mathbb{N} \end{cases}$$ - Binomialkoeffizient für nichtnegative ganze Zahlen n, k

$$\binom{\alpha}{k} = \begin{cases} \dfrac{\alpha(\alpha-1)\cdots(\alpha-k+1)}{k!} & k \in \mathbb{N} \\ 1 & k = 0 \end{cases}$$ - Binomialkoeffizient für beliebiges $\alpha \in \mathbb{R}, k \in \mathbf{G}_+$

$$\binom{n}{n_1, n_2, \ldots, n_r} = \frac{n!}{n_1! n_2! \cdots n_r!}, \quad n_1 + \ldots + n_r = n, \; n_1, \ldots, n_r \in \mathbf{G}_+$$ - Polynomialkoeffizient, $r \in \mathbb{N}$

Eigenschaften des Binomialkoeffizienten

$$\binom{n}{0} = \binom{n}{n} = 1 \qquad \binom{n}{k} = \binom{n}{n-k} \qquad \binom{n}{k} + \binom{n}{k+1} = \binom{n+1}{k+1}$$

$$\binom{n}{0} + \binom{n+1}{1} + \ldots + \binom{n+k}{k} = \binom{n+k+1}{k}$$

$$\binom{k}{k} + \binom{k+1}{k} + \ldots + \binom{n}{k} = \binom{n+1}{k+1}$$

$$\binom{m}{0}\binom{n}{k} + \binom{m}{1}\binom{n}{k-1} + \ldots + \binom{m}{k}\binom{n}{0} = \binom{m+n}{k}$$

$$\binom{n}{0} + \binom{n}{1} + \ldots + \binom{n}{n} = 2^n \qquad \binom{n}{0} - \binom{n}{1} + \ldots + (-1)^n \binom{n}{n} = 0$$

$$\binom{n}{0} + \binom{n}{2} + \binom{n}{4} + \ldots = \binom{n}{1} + \binom{n}{3} + \ldots = 2^{n-1}$$

$$\binom{n}{0}^2 + \binom{n}{1}^2 + \ldots + \binom{n}{n}^2 = \binom{2n}{n}$$

Gamma- und Betafunktion

Verallgemeinerung der Fakultät auf nichtganzzahlige Argumente:

Gammafunktion $\Gamma(x) = \int_0^\infty t^{x-1} e^{-t} dt, x > 0$ für $n \in \mathbb{N}$: $\Gamma(n) = (n-1)!$

Betafunktion $B(x, y) = \dfrac{\Gamma(x)\Gamma(y)}{\Gamma(x+y)}$; $x, y > 0$ (Anwendung in der Netzplantechnik)

Binomischer Lehrsatz

$(a+b)^n = \sum\limits_{k=0}^{n} \binom{n}{k} a^{n-k} b^k$	- binomischer Lehrsatz (Binomialsatz)
$(a_1+a_2+\ldots+a_r)^n = \sum\limits_{n_1+\ldots+n_r=n} \binom{n}{n_1,n_2,\ldots,n_r} a_1^{n_1} a_2^{n_2} \cdots a_r^{n_r}$	- polynomischer Satz (Multinomialsatz)

Stirlingsche Formel

Näherungswert von $n!$ für große n bei Nutzung einer asymptotischen Entwicklung der Gammafunktion

$n! = \Gamma(n+1)$ $\quad\quad$ $\Gamma(x) \approx \sqrt{\frac{2\pi}{x}} x^x e^{-x} \left(1 + \frac{1}{12x} + \frac{1}{288x^2} - \frac{139}{51840x^3} + \ldots\right)$

$n! \approx \left(\frac{n}{e}\right)^n \sqrt{2\pi n}$ $\quad\quad$ für große x

$$\ln n! \approx \left(n + \frac{1}{2}\right) \ln n - n + \frac{1}{2} \ln 2\pi$$

$$\binom{n}{k} \approx \frac{1}{\sqrt{2\pi n}} \left(\frac{n}{k}\right)^{k+\frac{1}{2}} \left(\frac{n}{n-k}\right)^{n-k+\frac{1}{2}} \qquad \frac{n!}{(n-k)!} \approx e^k \frac{n^{n+\frac{1}{2}}}{(n-k)^{n-k+\frac{1}{2}}}$$

Grundmodelle der Kombinatorik

Permutationen: Anordnungen von n Elementen
Anzahl aller Permutationen:

- ohne Wiederholung: $P_n = n!$
- mit Wiederholung: $P_{n_1 n_2 \ldots n_r} = \frac{n!}{n_1! n_2! \ldots n_r!}$, $n = n_1 + \ldots + n_r$

Variationen: Auswahl von k Elementen aus einer Menge von n Elementen mit Berücksichtigung der Reihenfolge bei der Aufzählung
Anzahl aller Variationen:

- ohne Wiederholung: $V_n^k = \frac{n!}{(n-k)!}$ $\quad (1 \le k \le n)$
- mit Wiederholung: $\widehat{V}_n^k = n^k$ $\quad (k \ge 1)$

Kombinationen: Auswahl von k Elementen aus einer Menge von n Elementen ohne Berücksichtigung der Reihenfolge bei der Aufzählung
Anzahl aller Kombinationen:

- ohne Wiederholung: $C_n^k = \binom{n}{k}$ $\quad (1 \le k \le n)$
- mit Wiederholung: $\widehat{C}_n^k = \binom{n+k-1}{k}$ $\quad (k \ge 1)$

Partitionen: Zerlegung einer Menge von n Elementen in k disjunkte (nichtleere) Teilmengen
Anzahl aller Partitionen: Stirlingsche Zahl S_{nk}

$$S_{nk} = \begin{cases} 1 & \text{für } k = 1, k = n \\ kS_{n-1,k} + S_{n-1,k-1} & \text{für } 1 < k < n \end{cases}$$

Permutationen mit Wiederholung: Zerlegung einer endlichen Menge in Teilmengen vorgegebener Anzahl von Elementen ($n = n_1 + n_2 + \ldots + n_r$).

Matrizen

Zur Einführung in die Matrizenrechnung inklusive Determinanten sowie zur Einführung in die Differentialrechnung in ein- und mehrdimensionalen Euklidischen Räumen sind einschlägige Lehrbücher, Handbücher und Formelsammlungen zu empfehlen (siehe Literaturübersicht ⊳⊳ S.177).

Gradient und Hessesche Matrix

$\mathbf{x}$	- Vektor in $\mathbb{R}^n$
$y = f(\mathbf{x}), \mathbf{x} \in \mathbb{R}^n$ $y = f(x_1, x_2, \ldots, x_n)$	– zweimal differenzierbare Funktion mehrerer Veränderlicher
$\mathbf{grad} f(\mathbf{x}) = \left(\frac{\partial f}{\partial x_1}, \ldots, \frac{\partial f}{\partial x_n}\right)^\top$	– Gradient von f (auch mit ∇f bezeichnet) Vektor der ersten partiellen Ableitungen
$\mathbf{H}_f(\mathbf{x}) = \left(\frac{\partial^2 f}{\partial x_k \partial x_l}\right)_{k,l=1,\ldots,n}$	– Hessesche Matrix (symmetrisch) Matrix der zweiten partiellen Ableitungen (auch mit $\nabla^2 f$ bezeichnet)

Jacobische Matrix und Jacobische Determinante

$\mathbf{x}$	Vektor in $\mathbb{R}^n$
$\mathbf{f}(\mathbf{x})$	Vektor stetig differenzierbarer Funktionen $\mathbf{f}(\mathbf{x}) = (f_1(x_1, \ldots, x_n), f_2(x_1, \ldots, x_n), \ldots, f_m(x_1, \ldots, x_n))$ Definitions-/Wertebereich: $D(\mathbf{f}) \subset \mathbb{R}^n, W(\mathbf{f}) \subset \mathbb{R}^m$
$\mathbf{J_f}(\mathbf{x}) = \left(\frac{\partial f_k}{\partial x_l}\right)_{k,l=1,\ldots,n}$	Jacobische Matrix Matrix der ersten partiellen Ableitungen aller Funktionen des Systems nach allen Veränderlichen (auch mit $\nabla \mathbf{f}$ bezeichnet)
Fall $m = n$: $\det \mathbf{J_f}(\mathbf{x}) = \frac{\partial(f_1, \ldots, f_n)}{\partial(x_1, \ldots, x_n)}$	Jacobische Determinante/Funktionaldeterminante

Eine Jacobische Determinante vermittelt Abbildungen sowie Variablen- und Koordinatentransformationen zwischen zwei n-dimensionalen euklidischen Räumen $\mathbb{R}^n$.

Definitheit und Semidefinitheit einer symmetrischen Matrix

$\mathbf{x}$	Vektor in $\mathbb{R}^n$
$\mathbf{A}$	symmetrische $(n \times n)$-Matrix in $\mathbb{R}^{n \times n}$, $\mathbf{A} = \mathbf{A}^\top$
$\mathbf{x}^\top \mathbf{A} \mathbf{x}$	quadratische Form: $\sum_{i,j=1}^{n} a_{ij} x_i x_j$
$\mathbf{A}$ heißt	
• definit:	entweder $\mathbf{x}^\top \mathbf{A} \mathbf{x} > 0$ oder $< 0 \quad \forall \mathbf{x} \neq 0$
• positiv/negativ definit:	$\mathbf{x}^\top \mathbf{A} \mathbf{x} > 0 / \mathbf{x}^\top \mathbf{A} \mathbf{x} < 0 \quad \forall \mathbf{x} \neq \mathbf{0}$
• indefinit (nichtdefinit)	$\mathbf{x}^\top \mathbf{A} \mathbf{x}$ ist für gewisse $\mathbf{x} \neq \mathbf{0}$ positiv und für den Rest negativ
• positiv/negativ semidefinit:	$\geq, \leq$ statt $>, <$

Lineare Gleichungssysteme

Darstellung linearer Gleichungssysteme

$$\begin{cases} a_{11}x_1 + a_{12}x_2 + \ldots + a_{1n}x_n = b_1 \\ a_{21}x_1 + a_{22}x_2 + \ldots + a_{2n}x_n = b_2 \\ \ldots \\ a_{m1}x_1 + a_{m2}x_2 + \ldots + a_{mn}x_n = b_m \end{cases}$$

lineares Gleichungssystem (LGS) mit m Gleichungen und n Unbekannten

$\mathbf{Ax} = \mathbf{b}$ LGS in Matrizenform

$\mathbf{A} \in \mathbb{R}^{m \times n}$ Koeffizientenmatrix, $\mathbf{x} \in \mathbb{R}^n$ Lösungsvektor

$\mathbf{b} \in \mathbb{R}^m$ Vektor der rechten Seiten

Lösungsverfahren

- Elementare Verfahren (für kleine LGS):
  Additionsverfahren, Einsetzungsverfahren, Gleichsetzungsverfahren.
- Für quadratische Systeme mit regulärer Koeffizientenmatrix
  (d.h. $m = n$, $D = \det \mathbf{A} \neq 0$):
  - ◇ Cramersche Regel: $x_k = \frac{D_k}{D}$, D_k entsteht aus D durch Ersetzen der k-ten Spalte durch $\mathbf{b}$.
  - ◇ Verfahren mit inverser Matrix: $\mathbf{x} = \mathbf{A}^{-1}\mathbf{b}$.
- Für beliebige Systeme: Gaußscher Algorithmus.

Gaußscher Algorithmus

Der Gaußsche Algorithmus ist das universelle Lösungsverfahren für lineare Gleichungssysteme. Durch gezielte Addition von Vielfachen von Gleichungen (Zeilen) zu anderen Gleichungen werden Koeffizienten in Nullen bzw. Einsen gewandelt; damit wird die explizite Darstellung der Unbekannten hergestellt.

Starttabelle

A	**b**

$\mathbf{A} \in \mathbb{R}^{m \times n}$, $\mathbf{x} \in \mathbb{R}^n$, $\mathbf{b} \in \mathbb{R}^m$

Schlusstabelle

E	**R**	**d**
0	**0**	**d***

$\mathbf{E} \in \mathbb{R}^{r \times r}$ Einheitsmatrix

$\mathbf{R} \in \mathbb{R}^{r \times (n-r)}$ Restmatrix

$\mathbf{d} \in \mathbb{R}^r$ Lösungsvektor, $\mathbf{d}^* \in \mathbb{R}^{m-r}$ Restvektor

Die Unbekannten $x_1, \ldots, x_n$ werden geteilt in Basisvariable und Nichtbasisvariable; damit wird auch der Vektor $\mathbf{x}$ geteilt in einen Vektor $\mathbf{x}_B$ der Basisvariablen und einen Vektor $\mathbf{x}_N$ der Nichtbasisvariablen: $\mathbf{x} = \begin{pmatrix} \mathbf{x}_B \\ \mathbf{x}_N \end{pmatrix}$; $\mathbf{x}_B \in \mathbb{R}^r$, $\mathbf{x}_N \in \mathbb{R}^{n-r}$.

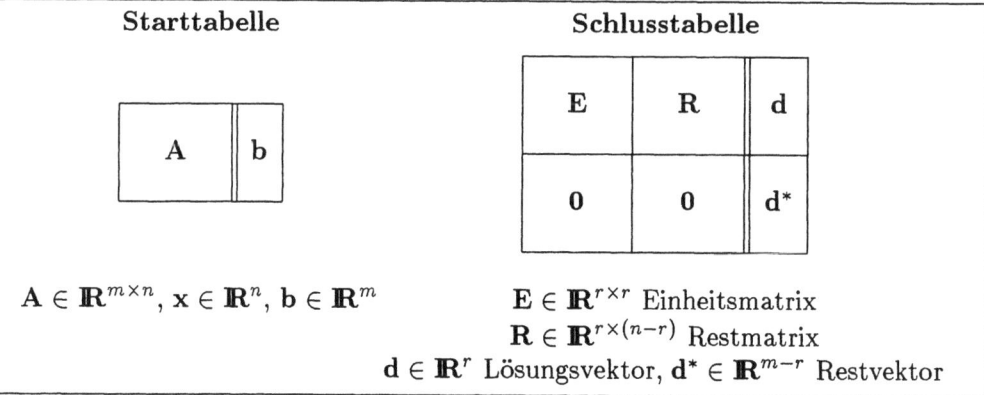

$r = \operatorname{rang} \mathbf{A}$	Rang der Matrix $\mathbf{A}$, Anzahl der Basisvariablen
$n - r$	Anzahl der Nichtbasisvariablen, Anzahl der Parameter in einer Vielfach-Lösung

Ablauf:

Umwandlung der Matrix **A** - Erzeugung einer Dreiecksmatrix

1. $k = 1$, setze $\tilde{a}_{ij} = a_{ij}\ \forall i, j$, setze $\tilde{b}_i = b_i\ \forall i$.
2. Falls $\tilde{a}_{kk} \neq 0$, gehe zu 4., ansonsten tausche Gleichung (Zeile) k mit einer Gleichung $i > k$, in der $\tilde{a}_{ik} \neq 0$, falls keine solche Gleichung gefunden wird, gehe zu 3., ansonsten gehe zu 4.
3. Tausche Spalte k mit einer Spalte $j > k$, in der $\tilde{a}_{kj} \neq 0$; falls keine solche Spalte gefunden wird, gehe zu 8., ansonsten gehe zu 4.
4. Erkläre x_k zur Basisvariablen.
5. Dividiere Gleichung k durch $\tilde{a}_{kk}$ $\quad \rightarrow \tilde{a}_{kk} = 1$.
6. Erzeuge Nullen im unteren Teil der Spalte k:
   $\tilde{a}_{ij} := \tilde{a}_{ij} - \tilde{a}_{ik}\tilde{a}_{kj},\ j = 1, \ldots, n,\ i = k + 1, \ldots, m$
   $\tilde{b}_i := \tilde{b}_i - \tilde{a}_{ik}\tilde{b}_k$.
7. Erhöhe k um 1, falls $k > m$ gehe zu 8., ansonsten gehe zu 2.
8. Setze $r = k - 1$; die verbleibenden Zeilen bestehen nur aus Nullen.

Umwandlung der Dreiecksmatrix in eine Einheitsmatrix

9. Setze $k = r$.
   $\tilde{a}_{ij} := \tilde{a}_{ij} - \tilde{a}_{ik}\tilde{a}_{kj},\ j = r, \ldots, 2,\ i = k - 1, \ldots, 1$
   $\tilde{b}_i := \tilde{b}_i - \tilde{a}_{ik}\tilde{b}_k$
10. Reduziere k um 1; falls $k = 1$ gehe zu 11., ansonsten gehe zu 9.
11. Ende: die Schlusstabelle ist erreicht.

Auswertung der Schlusstabelle:

1. Falls $r < m$ und $\mathbf{d}^* \neq \mathbf{0}$, dann **LGS nicht lösbar**, andernfalls LGS lösbar (es gibt widersprüchliche Gleichungen $\rightarrow$ Lineares Kleinst-Quadrat-Problem ⊳⊳ S.18).
2. Falls LGS lösbar und $r = n$ (d.h. Matrix **R** tritt nicht auf; es gibt keine Nichtbasisvariablen), dann **LGS eindeutig lösbar**: **x**=**d** (alle Variablen sind Basisvariable).
3. Falls LGS lösbar und $r < n$ (d.h. Matrix **R** tritt auf, es gibt $n - r$ Nichtbasisvariable), dann hat **LGS unendlich viele Lösungen** mit der Vielfachheit $n - r$: $\mathbf{x}_B = \mathbf{d} - \mathbf{R}\mathbf{x}_N$.

Berechnung der inversen Matrix mit Hilfe des Gaußschen Algorithmus

Starttabelle

A	**E**

Schlusstabelle

E	$\mathbf{A}^{-1}$

Analog dem oben dargestellten Gaußschen Algorithmus: anstelle der Spalte **b** werden alle Spalten der Einheitsmatrix **E** umgeformt.

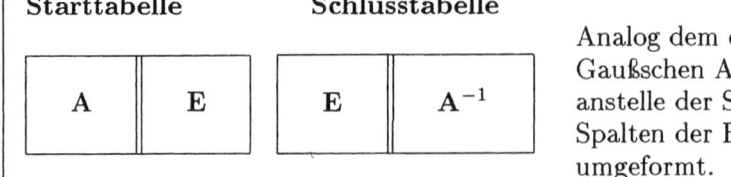

Wenn die Matrix $\mathbf{A}$ regulär ist, dann ist $r = n$ und der Gaußsche Algorithmus führt zum Ziel; ist $\mathbf{A}$ singulär, dann bricht das Verfahren vorzeitig ab: es gibt keine Koeffizienten $\tilde{a}_{ij} \neq 0$ mehr $\rightarrow \mathbf{A}^{-1}$ existiert nicht.

Matrizen-Zerlegung, Kleinst-Quadrat-Problem, Matrizen-Eigenwerte

Cholesky-Zerlegung

Die multiplikative Zerlegung einer Matrix in Dreiecksmatrizen dient der Lösung linearer Gleichungssysteme, insbesondere der Unterstützung des Gaußschen Algorithmus bei spezieller Struktur der Matrix.

$\mathbf{A}$	symmetrische positiv-definite Matrix gegeben,
$\mathbf{R}, \mathbf{L}$	rechte (obere) bzw. linke (untere) Dreiecksmatrix gesucht.

Die Zerlegung $\mathbf{A} = \mathbf{R}^\top \mathbf{R} = \mathbf{L}\mathbf{L}^\top = \mathbf{L}\mathbf{R}$ ist jeweils eindeutig, wobei $\mathbf{R} = \mathbf{L}^\top$.
Die Diagonalelemente von $\mathbf{L}$ bzw. $\mathbf{R}$ sind durchweg positiv.

Ablauf der Zerlegung	für $\mathbf{L} = (l_{ij})_{i,j=1,\dots,n}$ (für $\mathbf{R}$ analog):
1. $l_{11} = \sqrt{a_{11}}$	
2. $l_{j1} = \dfrac{a_{j1}}{l_{11}}$	für $j = 2, \dots, n$
3. $l_{jj} = \sqrt{a_{jj} - \sum\limits_{s=1}^{j-1} l_{js}^2}$	für $j = 2, \dots, n$
4. $l_{jk} = \dfrac{1}{l_{kk}}\left(a_{jk} - \sum\limits_{s=1}^{k-1} l_{js} l_{ks}\right)$	für $k = 2, \dots, n; j = k+1, \dots, n$

Modifikation der Cholesky-Zerlegung

Die Zerlegung $\mathbf{A} = \widehat{\mathbf{L}}\mathbf{D}\widehat{\mathbf{L}}^\top = \widehat{\mathbf{R}}^\top \mathbf{D} \widehat{\mathbf{R}}$ ist jeweils eindeutig.
Die Diagonalelemente von $\widehat{\mathbf{L}}$ bzw. $\widehat{\mathbf{R}}$ sind sämtlich 1, $\mathbf{D}$ ist eine Diagonalmatrix.
Weiterhin: $\mathbf{L} = \mathbf{D}^{\frac{1}{2}}\widehat{\mathbf{L}}, \mathbf{R} = \widehat{\mathbf{R}}\mathbf{D}^{\frac{1}{2}} \longrightarrow \mathbf{A} = (\widehat{\mathbf{L}}\mathbf{D}^{\frac{1}{2}})(\mathbf{D}^{\frac{1}{2}}\widehat{\mathbf{L}}^\top)$

LR-Zerlegung nach Doolittle

$\mathbf{A}$	beliebige Matrix in $\mathbb{R}^{n \times n}$ gegeben,
$\mathbf{R}, \mathbf{L}$	rechte (obere) bzw. linke (untere) Dreiecksmatrix gesucht, so dass:
	$\mathbf{A} = \mathbf{L}\mathbf{R}$ Zerlegung (weder gesichert noch eindeutig)

Ablauf der Zerlegung	sofern die nachfolgenden Rechenschritte nicht widersprüchlich sind, z.B. $a_{11} = 0$
1. $l_{jj} = 1$, d.h. $\det \mathbf{L} = 1$	für $j = 1, \dots, n$
2. $r_{1k} = a_{1k}$	für $k = 1, \dots, n$
3. $l_{j1} = \dfrac{a_{j1}}{r_{11}}$	für $j = 2, \dots, n$

Schritte 4. und 5. nach Bedarf mischen:

4. $r_{jk} = a_{jk} - \sum_{s=1}^{j-1} l_{js} r_{sk}$ für $j = 2, \ldots, n; k = j, \ldots, n$

5. $l_{jk} = \frac{1}{r_{kk}}\left(a_{jk} - \sum_{s=1}^{k-1} l_{js} r_{sk}\right)$ für $k = 2, \ldots, n; j = k+1, \ldots, n$

Das lineare Kleinst-Quadrat-Problem (Linear Least Square Problem)

Gegeben: $\mathbf{A}, \mathbf{b}$: $\mathbf{A} \in \mathbb{R}^{m \times n}$, d.h. $m \times n$-Matrix, $m \geq n$, sowie Vektor $\mathbf{b} \in \mathbb{R}^m$
Lineares Kleinst-Quadrat-Problem:
Gesucht: Vektor $\mathbf{x} \in \mathbb{R}^n$, so dass $d = ||\mathbf{Ax} - \mathbf{b}|| = \min_{\mathbf{y} \in \mathbf{R}^n} ||\mathbf{Ay} - \mathbf{b}||$.
d heißt Defekt.
Fall 1: Rang $r(\mathbf{A}) = n$, dann existiert eindeutiges $\mathbf{x}$.
Fall 2: Ist zusätzlich $m = n$, dann ist $\mathbf{x}$ eindeutige Lösung des linearen Gleichungssystems $\mathbf{Ax} = \mathbf{b}$.

Lösung des linearen Kleinst-Quadrat-Problems - Fall 1 (QR-Zerlegung)

Problem: $d = ||\mathbf{Ax} - \mathbf{b}|| = \min_{\mathbf{y} \in \mathbf{R}^n} ||\mathbf{Ay} - \mathbf{b}||, m > n$
Ablauf:
1. Start mit Eingabe: Dimensionen $m > n$, Matrix $\mathbf{A} = (a_{ij})$, Vektor $\mathbf{b} = (b_i)$
   Abbruchschranke $\varepsilon > 0$.
2. Setze $\mathbf{A}^0 = \mathbf{A}, \mathbf{b}^0 = \mathbf{b}, k = 1$.
3. $s_k = \sqrt{\sum_{i=k}^{m} (a_{ik}^{k-1})^2}, \delta_k = 2s_k(s_k + |a_{kk}^{k-1}|)$.
4. Falls $|\delta_k| \leq \varepsilon$, dann $r(\mathbf{A}) < n$, Ende.
5. $\mathbf{P}^k = \mathbf{E} - 2\mathbf{u}^k(\mathbf{u}^k)^\top$ mit $\mathbf{u}^k = (0, \ldots, 0, u_k^k, \ldots, u_m^k)$ und
$$u_i^k = \begin{cases} \dfrac{(|a_{kk}^{k-1}| + s_k)\operatorname{sgn}(a_{kk}^{k-1})}{\sqrt{\delta_k}} & i = k \\ \dfrac{a_{ik}}{\sqrt{\delta_k}} & i > k. \end{cases}$$
6. Setze $\mathbf{A}^k = \mathbf{P}^k \mathbf{A}^{k-1}, \mathbf{b}^k = \mathbf{P}^k \mathbf{b}^{k-1}$.
7. Falls $k < n$ erhöhe k um 1, gehe zu 3.
8. $\mathbf{R} = \mathbf{A}^n = \mathbf{P}^{n-1} \cdots \mathbf{P}^1 \mathbf{P}^0 \mathbf{A}, \mathbf{Q} = \mathbf{P}^{n-1} \cdots \mathbf{P}^1 \mathbf{P}^0$
   $\mathbf{R} = \mathbf{A}^n$ ist reguläre Dreiecksmatrix in $\mathbb{R}^{n \times n}$
   löse lineares Gleichungssystem $\mathbf{A}^n \mathbf{x} = \mathbf{b}^n$, $\mathbf{x}$ ist Lösung des Problems.
9. Defekt $d = \sqrt{\sum_{i=n+1}^{m} (b_i^n)^2}$.

Lösung des linearen Kleinst-Quadrat-Problems - Fall 2 (Cholesky-Zerlegung)

Für den Fall eines linearen Gleichungssystems $\mathbf{Ax} = \mathbf{b}$ mit positiv definiter symmetrischer Koeffizientenmatrix $\mathbf{A}$ (siehe ⊳⊳S.17). $\mathbf{A}$ kann eindeutig in ein Produkt einer linken unteren Dreiecksmatrix $\mathbf{L}$ und ihrer Transponierten $\mathbf{L}^\top$ zerlegt werden.

Lineares Kleinst-Quadrat-Problem $d = ||\mathbf{Ax} - \mathbf{b}|| = \min_{\mathbf{y} \in \mathbb{R}^n} ||\mathbf{Ay} - \mathbf{b}||$ geht über in lineares Gleichungssystem $\mathbf{Ax} = \mathbf{b}$.
Aber: $\mathbf{Ax} = \mathbf{b} \longrightarrow \mathbf{A}^\top\mathbf{Ax} = \mathbf{A}^\top\mathbf{b}, \mathbf{A}^\top\mathbf{A}$ symmetrische Matrix.
Ablauf:
1. Cholesky-Zerlegung von $\mathbf{A}^\top\mathbf{A} = \mathbf{LL}^\top \longrightarrow \mathbf{L}$.
2. Löse lineares Gleichungssystem $\mathbf{Ly} = \mathbf{A}^\top\mathbf{b} \longrightarrow \mathbf{y}$.
3. Löse lineares Gleichungssystem $\mathbf{L}^\top\mathbf{x} = \mathbf{y} \longrightarrow \mathbf{x}$: Lösung von $\mathbf{Ax} = \mathbf{b}$.

Eigenwerte von Matrizen

Eigenwert - λ heißt Eigenwert der Matrix $\mathbf{A}$, wenn die Gleichung $\mathbf{Ax} = \lambda\mathbf{x}$ eine Lösung $\mathbf{x}^* \neq 0$ besitzt.
Eigenvektor - $\mathbf{x}^*$ heißt Eigenvektor zum Eigenwert λ.

- Die Eigenwerte λ der Matrix A sind genau die Nullstellen der chrakteristischen Gleichung: $\det(\mathbf{A} - \lambda\mathbf{E}) = 0$.
- Die Eigenwerte einer symmetrischen Matrix sind sämtlich reell.
- Sind die Eigenwerte sämtlich positiv (bzw. negativ), dann ist die Matrix positiv (bzw. negativ) definit, d.h., für alle $\mathbf{x} \neq \mathbf{0}$ gilt für quadratische Form $\mathbf{x}^\top\mathbf{Ax} > 0$ bzw. < 0, und umgekehrt.
- Sind die Eigenwerte sämtlich positiv, dann sind alle Hauptunterdeterminanten der Matrix $\mathbf{A}$ positiv; sind die Eigenwerte sämtlich negativ, dann sind die Hauptdeterminanten alternierend positiv und negativ.
- Hat die Matrix $\mathbf{A}$ sowohl positive als auch negative Eigenwerte, dann ist sie indefinit.
- Eine nichtsymmetrische Matrix hat komplexwertige Eigenwerte.

Konvexe Mengen und konvexe Funktionen

Konvexe Mengen

$\mathbf{K} \subset \mathbb{R}^n$ konvexe Menge	- $\mathbf{x}, \mathbf{y} \in \mathbf{K}; \lambda, \mu \in \mathbb{R}^+, \lambda + \mu = 1 \longrightarrow \lambda\mathbf{x} + \mu\mathbf{y} \in \mathbf{K}$ (mit zwei Punkten liegen auch alle Punkte der Verbindungsgeraden in $\mathbf{K}$)
Beispiele:	- $\mathbb{R}^n, \mathbb{R}^+, \emptyset$ (leere Menge) abgeschlossene bzw. offene Halbräume, Hyperebenen, Intervalle, Kugeln und Ellipsoide Durchschnitte konvexer Mengen (insb. Durchschnitte von Hyperebenen = Simplexe), kartesische Produkte

Eckpunkt einer konvexen Menge

$\mathbf{z} \in \mathbf{K}$ Eckpunkt: - es gibt keine Punkte $\mathbf{x}, \mathbf{y} \in \mathbf{K}$, $\mathbf{x} \neq \mathbf{y}$, so dass $\mathbf{z} = \lambda\mathbf{x} + \mu\mathbf{y}; \lambda, \mu > 0, \lambda + \mu = 1$
(Eckpunkt liegt nicht auf einer Verbindungsgeraden)

Konvexe Hülle

konvexe Hülle einer beliebigen Menge $\mathbf{M} \subset \mathbb{R}^n$:
Durchschnitt aller konvexen Mengen aus $\mathbb{R}^n$, die $\mathbf{M}$ umfassen

konvexe Hülle einer Menge endlich vieler Punkte $\mathbf{x_1}, \mathbf{x_2}, \ldots, \mathbf{x_m} \in \mathbb{R}^n$:
konvexes Polyeder (Simplex), z.B. Intervall, Dreieck, Tetrader

Konvexe Funktionen

$y = f(\mathbf{x}), \mathbf{x} \in \mathbf{K}, \mathbf{K} \subset \mathbb{R}^n$ konvexer Definitionsbereich der Funktion f, $y \in \mathbb{R}$

f konvex auf $\mathbf{K}$ - $\mathbf{x}, \mathbf{y} \in \mathbf{K}; \lambda, \mu \in \mathbb{R}^+, \lambda + \mu = 1$
$\longrightarrow f(\lambda\mathbf{x} + \mu\mathbf{y}) \leq \lambda f(\mathbf{x}) + \mu f(\mathbf{y})$

f streng konvex auf $\mathbf{K}$ - $\mathbf{x}, \mathbf{y} \in \mathbf{K}; \lambda, \mu > 0, \lambda + \mu = 1$
$\longrightarrow f(\lambda\mathbf{x} + \mu\mathbf{y}) < \lambda f(\mathbf{x}) + \mu f(\mathbf{y})$

f konkav auf $\mathbf{K}$ - $\mathbf{x}, \mathbf{y} \in \mathbf{K}; \lambda, \mu \in \mathbb{R}^+, \lambda + \mu = 1$
$\longrightarrow f(\lambda\mathbf{x} + \mu\mathbf{y}) \geq \lambda f(\mathbf{x}) + \mu f(\mathbf{y})$

f streng konkav auf $\mathbf{K}$ - $\mathbf{x}, \mathbf{y} \in \mathbf{K}; \lambda, \mu > 0, \lambda + \mu = 1$
$\longrightarrow f(\lambda\mathbf{x} + \mu\mathbf{y}) > \lambda f(\mathbf{x}) + \mu f(\mathbf{y})$

f ist konkav bzw. streng konkav, wenn $-f$ konvex bzw. streng konvex ist

Andere Beschreibung: konvex $\hat{=}$ nach unten gewölbt (nach links gekrümmt).
konkav $\hat{=}$ nach oben gewölbt (nach rechts gekrümmt).

Eigenschaften konvexer Funktionen

- $y = f(\mathbf{x})$ konvexe Funktion auf $\mathbb{R}^n$, $a \in \mathbb{R}$; dann ist die Menge $\{\mathbf{x} \in \mathbb{R}^n : f(\mathbf{x}) \leq a\}$ konvex.
- $y = f(\mathbf{x})$ konkave Funktion auf $\mathbb{R}^n$, $a \in \mathbb{R}$; dann ist die Menge $\{\mathbf{x} \in \mathbb{R}^n : f(\mathbf{x}) \geq a\}$ konvex.
- $\mathbf{K} \subset \mathbb{R}^n$ konvexe Menge, $y = f(\mathbf{x})$ konvexe Funktion auf $\mathbf{K}$, $a \in \mathbb{R}$; dann ist $\{\mathbf{x} \in \mathbf{K} | f(\mathbf{x}) < a\}$ offene konvexe Menge und $\{\mathbf{x} \in \mathbf{K} | f(\mathbf{x}) \leq a\}$ abgeschlossene konvexe Menge.
- $\mathbf{K} \subset \mathbb{R}^n$ konvexe Menge, $f_1(\mathbf{x}), f_2(\mathbf{x}), \ldots, f_m(\mathbf{x})$ konvexe Funktionen auf $\mathbf{K}$, dann ist jede nichtnegative Linearkombination
  $$f(\mathbf{x}) = \sum_{k=1}^{m} \lambda_k f_k(\mathbf{x}); \lambda_1, \ldots, \lambda_m \geq 0$$
  konvexe Funktion auf $\mathbf{K}$.

Konvexität und Differenzierbarkeit

Konvexität $\Longleftrightarrow$ Differenzierbarkeit bzw. Gradient/Hessesche Matrix ▷▷S.14

$\mathbf{K} \subset \mathbb{R}^n, \mathbf{K}$ offene konvexe Menge

$z = f(\mathbf{x})$ stetig differenzierbare Funktion, $z \in \mathbb{R}; \mathbf{x}, \mathbf{y} \in \mathbf{K}$

∇f Gradient von f, Vektor der ersten partiellen Ableitungen

- f konvex bzw. streng konvex auf $\mathbf{K} \Longleftrightarrow (\mathbf{y} - \mathbf{x})^\top \nabla f(\mathbf{x}) \leq$ bzw. $< f(\mathbf{y}) - f(\mathbf{x})$
- f konvex auf $\mathbf{K} \Longleftrightarrow f$ stetig auf $\mathbf{K}$

Spezialfälle:

- $y = f(x)$ zweimal stetig differenzierbare Funktion einer unabhängigen Veränderlichen, K offenes Intervall:
  $f''(x) > 0$ (bzw. $f''(x) < 0$) $\Longrightarrow f$ streng konvex (bzw. streng konkav) auf **K**
  $f''(x) \geq 0$ (bzw. $f''(x) \leq 0$) $\Longrightarrow f$ konvex (bzw. konkav) auf **K**
- $z = f(\mathbf{x})$ zweimal stetig differenzierbare Funktion mehrerer Veränderlicher, **K** offene konvexe Menge in $\mathbb{R}^n$:
  f streng konvex (bzw. streng konkav) auf $\mathbf{K} \Longleftrightarrow \mathbf{y}^\mathsf{T}\mathbf{H}_f(\mathbf{x})\mathbf{y}$ positiv definit (bzw. negativ definit) für $\mathbf{x} \in \mathbf{K}, \mathbf{y} \in \mathbb{R}^n$
  f konvex (bzw. konkav) auf $\mathbf{K} \Longleftrightarrow \mathbf{y}^\mathsf{T}\mathbf{H}_f(\mathbf{x})\mathbf{y}$ positiv semidefinit (bzw. negativ semidefinit) für $\mathbf{x} \in \mathbf{K}, \mathbf{y} \in \mathbb{R}^n$

Einführung in die Optimierung

Problemdefinition

Häufige Problemstellung bei der **Bewertung** eines Systems oder Vorgangs:
möglichst wenig/klein - möglichst viel/groß - möglichst gut - optimal/minimal/maximal

Voraussetzung für Bewertung: Existenz oder Möglichkeit der Konstruktion einer passenden **Bewertungsfunktion/Zielfunktion** $y = f(\mathbf{x})$, wobei $\mathbf{x}$ die Parameter/Situation/Charakteristiken ... eines Systems darstellt und y eine reellwertige (skalare) Größe (Bewertung) ist.

Optimierungsproblem: $f(\mathbf{x}) \to$ min oder max $\qquad \mathbf{x}_{\text{min}}$ bzw. $\mathbf{x}_{\text{max}}$?

Eine Minimierungsaufgabe kann durch Vorzeichenwechsel in eine Maximierungsaufgabe gewandelt werden und umgekehrt: wenn $f \to$ min, dann $-f \to$ max bzw. wenn $f \to$ max, dann $-f \to$ min.

Mathematische Modellierung eines Optimierungsproblems

1. Beschreibung bzw. verbale Formulierung der praktischen Problemstellung mit Optimierungscharakter zuzüglich Vorhandensein von Daten bzw. die Möglichkeit der Beschaffbarkeit von Daten
2. Auswahl und Charakterisierung (u.a. Variabilität) der Problemparameter
3. Auswahl einer zum Problem passenden Zielfunktion
4. Darstellung des Zusammenhangs der Parameter untereinander und mit der Zielfunktion $\to$ Ergebnis: mathematisches Modell des Optimierungsproblems
5. Überprüfung der Güte des konstruierten mathematischen Modells im Vergleich mit der Realität/mit der ursprünglich beabsichtigten Problemstellung
6. Fragen: Ist Modell ein Standardmodell?
   Führt eine geringfügige Vereinfachung auf einen Standardfall?
7. Zusammenstellung und Beurteilung von Lösungsverfahren für das mathematische Modell der Optimierungsaufgabe
8. Beurteilung/Glaubwürdigkeit der optimalen Lösung im Vergleich mit dem ursprünglichen Optimierungsproblem

Charakterisierung der Zielfunktion

- Struktur der Zielfunktion: linear, quadratisch, polynomial, nichtlinear allg.
- Variabilität der Zielfunktion: unimodal, Häufung von Extrema, konvex/konkav
- Glattheit der Zielfunktion: stetig/unstetig, (mehrmals stetig) differenzierbar
- Realisierung der Zielfunktionswerte: exakt, mit statistischen Abweichungen

Charakterisierung der Systemparameter

- Anzahl der Parameter: eindimensional, zweidimensional, n-dimensional, unendlichdimensional
- Zugehörigkeit der Parameter zu Mengen (insb. Zahlenmengen): $\mathbb{N}$, $\mathbb{G}$, $\mathbb{R}$,...
- Diskretheit bzw. Stetigkeit der Parameter
- Einschränkungen der Variabilität der Parameter: **Nebenbedingungen** (und deren struktureller Charakter: linear, nichtlinear, konvex)

Optimierungsproblem mit Nebenbedingungen

allgemein: Zielfunktion: $f(\mathbf{x}) \rightarrow$ min bzw. max mit Definitionsbereich $\mathbf{D} \subset \mathbb{R}^n$
Nebenbedingung(en): $\mathbf{x} \in \mathbf{B} \subset \mathbb{R}^n$
zulässiger Bereich: Menge aller $\mathbf{x} \in \mathbb{R}^n$, die sowohl im Definitionsbereich der Zielfunktion liegen als auch die Nebenbedingungen erfüllen: $\mathbf{Z} = \mathbf{D} \cap \mathbf{B}$

konkreter: Zielfunktion: $f(\mathbf{x}) \rightarrow$ min bzw. max mit Definitionsbereich $\mathbf{D} \subset \mathbb{R}^n$
Nebenbedingungen: $\mathbf{g} = (g_1, g_2, \ldots, g_m)$,
wobei $\mathbf{g}_{\leq} = (g_1, ..., g_s)$ Ungleichungsrestriktionen: $\mathbf{g}_{\leq}(\mathbf{x}) \leq \mathbf{0}$
$\mathbf{g}_{=} = (g_{s+1}, ..., g_m)$ Gleichungsrestriktionen: $\mathbf{g}_{=}(\mathbf{x}) = \mathbf{0}$
zulässiger Bereich:
$\mathbf{Z} = \{\mathbf{x} : \mathbf{x} \in \mathbf{D}, \mathbf{g}_{\leq}(\mathbf{x}) \leq \mathbf{0}, \mathbf{g}_{=}(\mathbf{x}) = \mathbf{0}\}$

Eliminationsmethode

Falls in den Nebenbedingungen **nur** Gleichungsrestriktionen auftreten, können diese prinzipiell in die Zielfunktion der Optimierungsaufgabe eingefügt werden; dabei wird die Anzahl der Veränderlichen reduziert (der Vektor $\mathbf{x}$ wird verkürzt).

Zielfunktion: $f(\mathbf{x}) \rightarrow$ min oder $\rightarrow$ max
Nebenbedingungen: $\mathbf{g}(\mathbf{x}) = \mathbf{0} : g_1(x_1, ..., x_n) = 0, ..., g_m(x_1, ..., x_n) = 0$

1. Auflösung des Gleichungssystems $\mathbf{g}(\mathbf{x}) = \mathbf{0}$ mit m Gleichungen und n Veränderlichen nach m (geeigneten) Veränderlichen:
   $x_{k_1} = \tilde{g}_{k_1}(x_{l_1}, ..., x_{l_{n-m}}), \ldots, x_{k_m} = \tilde{g}_{k_m}(x_{l_1}, ..., x_{l_{n-m}})$
2. Einfügen der Veränderlichen $x_{k_1}, \ldots, x_{k_m}$ in die Zielfunktion:
   $f(\mathbf{x}) = f(x_1, \ldots, x_n) = \tilde{f}(x_{l_1}, ..., x_{l_{n-m}})$
3. Ermittlung der relativen Extremstellen (stationären Punkte) von $\tilde{f}$ in Bezug auf die Veränderlichen $x_{l_1}, \ldots, x_{l_{n-m}}$
4. Einbeziehung der restlichen Veränderlichen $x_{k_1}, \ldots, x_{k_m}$ über die Beziehungen $\tilde{g}$ in 1.

Lagrangesche Multiplikatorenmethode

Voraussetzung: Differenzierbarkeit der beteiligten Funktionen.

1. Zuweisung von Lagrange-Multiplikatoren $\lambda=(\lambda_1,...,\lambda_m)$ für die Gleichungsrestriktion $\mathbf{g}(\mathbf{x}) = \mathbf{0} : g_1(x_1,\ldots,x_n) = 0,\ldots,g_m(x_1,\ldots,x_n) = 0$
2. Aufstellung der Lagrange-Funktion: $L(\mathbf{x},\lambda) = f(\mathbf{x}) + \lambda\mathbf{g}(\mathbf{x})$
3. Ermittlung der stationären Punkte der Lagrange-Funktion in Bezug auf alle Veränderlichen $\mathbf{x}$ und λ des Gleichungssystems:
$$\frac{\partial L}{\partial x_k} = 0,\ k = 1,...,n \qquad \frac{\partial L}{\partial \lambda_l} = g_l(\mathbf{x}) = 0,\ l = 1,...,m$$
4. Überprüfung der Hesseschen Matrix $\mathbf{H}_L(\mathbf{x})$ bez. der Definitheit über der Menge aller Vektoren $\mathbf{u}$ in den in 3. gefundenen stationären Punkten $\mathbf{x}_0$ mit
$\mathbf{grad}\,\mathbf{g}(\mathbf{x}_0)^\top\mathbf{u} = \mathbf{0} : \quad \mathbf{u}^\top\mathbf{H}_L(\mathbf{x}_0,\lambda_0)\mathbf{u} > 0$ oder < 0
bei positiver/negativer Definitheit: stationärer Punkt ist relative Minimal-/ Maximalstelle

Kuhn-Tucker-Bedingungen

Ist $\mathbf{x}^*$ die optimale Lösung der Optimierungsaufgabe unter Nebenbedingungen, dann existiert (unter bestimmten Regularitätsvoraussetzungen - es ist zu sichern: kleine Änderungen der Optimierungsaufgabe führen zu kleinen Änderungen der optimalen Lösung) unter Einsatz der Lagrangefunktion ein Kuhn-Tucker-Punkt $(\mathbf{x}^*,\lambda^*)$, so dass die Kuhn-Tucker-Bedingungen erfüllt sind, Differenzierbarkeit der beteiligten Funktionen vorausgesetzt. Die Kuhn-Tucker-Bedingungen erweitern die Idee der Lagrange-Multiplikatorenmethode auf die Einbeziehung von Ungleichungsrestriktionen.

Lagrange-Funktion:	$L(\mathbf{x},\lambda) = f(\mathbf{x}) + \lambda\mathbf{g}(\mathbf{x})$, λ Lagrange-Multiplikator λ: Vektor, für jede Nebenbedingung 1 Komponente
Kuhn-Tucker-Bedingungen:	$\mathrm{grad}_{\mathbf{x}}\, L(\mathbf{x}^*,\lambda^*) = \mathrm{grad}_{\mathbf{x}} f(\mathbf{x}^*) + \lambda^*\,\mathrm{grad}_{\mathbf{x}}\,\mathbf{g}(\mathbf{x}^*) = \mathbf{0}$ $\mathrm{grad}_\lambda\, L(\mathbf{x}^*,\lambda^*) = \mathbf{0} : \mathbf{g}_\leq(\mathbf{x}^*) \leq \mathbf{0}, \mathbf{g}_=(\mathbf{x}^*) = \mathbf{0}$ $\lambda^*\,\mathbf{g}(\mathbf{x}^*) = 0$ $\lambda^* \geq \mathbf{0}$

Faktorisierbare Optimierungsprobleme

Faktorisierung der Zielfunktion:
die Optimierung der Zielfunktion wird auf die Faktoren übertragen.

$$\left.\begin{array}{l} f(\mathbf{x}) = f(x_1,x_2,...,x_n) = \sum\limits_{k=1}^{n} f_k(x_k) \\ f(\mathbf{x}) = f(x_1,x_2,...,x_n) = \prod\limits_{k=1}^{n} f_k(x_k) \end{array}\right\} \quad \begin{array}{l} f \to \min \Leftrightarrow f_k \to \min \\ (\text{analog} \to \max) \end{array}$$

$$f(\mathbf{x}) = f(x_1,x_2,...,x_n) = \min_k f_k(x_k) \qquad f \to \min \Leftrightarrow f_k \to \min$$

$$f(\mathbf{x}) = f(x_1,x_2,...,x_n) = \max_k f_k(x_k) \qquad f \to \max \Leftrightarrow f_k \to \max$$

Elementare Analyseverfahren der Optimierung

- **Relaxationsverfahren:** Ersatz eines Problems durch ein verfahrenstechnisch einfacheres Problem, Lockerung/Abschwächung von Nebenbedingungen
- **Greedy-Verfahren:** Verfahren, die darauf beruhen, dass ohne großen Aufwand mit einer Kette von lokal-optimalen Entscheidungen die Gesamtentscheidung herbeigeführt wird
- **Entscheidungsbaumverfahren:** Zerlegung einer Gesamtentscheidung in eine Folge von Einzelentscheidungen auf der Grundlage einer hierarchischen Struktur der Einzelentscheidungen (Alternativen)
- **Enumerationsverfahren:** Auswahl eines besten Elements nach (ggf. vollständiger) Aufzählung aller Elemente

Problemklassen in der Optimierung

	Optimierung	
stetige Optimierung		diskrete Optimierung
mit Nebenbeding.	ohne Nebenbeding.	ganzzahlige Opt.
lineare Opt. nichtlin. Opt. mit NB Netzwerk-Opt.	nichtlineare Systeme nichtlin. Opt. ohne NB Meth. kleinste Quadrate	kombinatorische Opt.
	stochastische Optimierung	

Numerische Näherungsverfahren

Taylor-Reihe

Für beliebig oft differenzierbare Funktion einer unabhängigen Veränderlichen an $x = x_0$:

$$f(x) = f(x_0) + \frac{f'(x_0)}{1!}(x-x_0) + \frac{f''(x_0)}{2!}(x-x_0)^2 + \ldots + \frac{f^{(n)}(x_0)}{n!}(x-x_0)^n + \ldots$$
$$= \sum_{n=0}^{\infty} \frac{f^{(n)}(x_0)}{n!}(x-x_0)^n$$

Für beliebig oft differenzierbare Funktion von zwei unabhängigen Veränderlichen an $x = x_0, y = y_0$:

$$f(x,y) = f(x_0,y_0) + \left[\frac{\partial f}{\partial x}(x-x_0) + \frac{\partial f}{\partial y}(y-y_0)\right]$$
$$+\frac{1}{2!}\left[\frac{\partial^2 f}{\partial x^2}(x-x_0)^2 + 2\,\frac{\partial^2 f}{\partial x \partial y}(x-x_0)(y-y_0) + \frac{\partial^2 f}{\partial y^2}(y-y_0)^2\right] + \ldots$$
$$= \sum_{n=0}^{\infty} \frac{1}{n!}\left[(x-x_0)\frac{\partial}{\partial x} + (y-y_0)\frac{\partial}{\partial y}\right] f(x_0,y_0)$$

Für $x_0 = 0$ heißen die Taylor-Reihen auch MacLaurin-Reihen (Beispiele für Standardfunktionen in einschlägigen Formelsammlungen zur Differential- und Integralrechnung). Endliche Abschnitte von Taylor-Reihen heißen Taylor-Formeln; hierfür ist die Differenzierbarkeit der Funktion nur bis zum erforderlichen Grad der Taylor-Formel nötig.

Spezielle Taylor-Formeln

Für Funktion einer unabhängigen Veränderlichen an $x = x_0$:
Fall $n = 1$ Tangente: $f(x) = f(x_0) + f'(x_0)(x - x_0)$
Fall $n = 2$ Schmiegparabel: $f(x) = f(x_0) + f'(x_0)(x - x_0) + \frac{1}{2} f''(x_0)(x - x_0)^2$
Für Funktion von mehreren unabhängigen Veränderlichen an $\mathbf{x} = \mathbf{x}_0$:
Fall $n = 1$ Tangentialebene: $f(\mathbf{x}) = f(\mathbf{x}_0) + \operatorname{grad} f(\mathbf{x}_0)\Delta\mathbf{x}$
Fall $n = 2$ Schmiegfläche 2.Ordnung:

$$f(\mathbf{x}) = f(\mathbf{x}_0) + \operatorname{grad} f(\mathbf{x}_0)\Delta\mathbf{x} + \frac{1}{2}\Delta\mathbf{x}^\mathsf{T}\mathbf{H}(\mathbf{x}_0)\Delta\mathbf{x}$$

$\Delta\mathbf{x} = \mathbf{x} - \mathbf{x}_0$, grad Gradient, $\mathbf{H}$ Hessesche Matrix ▷▷ S.14

Taylor-Formeln dienen u.a. der Konstruktion von Näherungsformeln für Funktionen. In dieser Formelsammlung sind die Taylor-Formeln Konstruktionselemente für Optimierungsverfahren.

Näherungslösungen von Gleichungen

(Nullstellen-)Problem: $f(x) = 0$, gesucht x im Untersuchungsgebiet $[a, b]$
Bedingung: $f \in \mathbf{C}^1[a, b]$, d.h. $f(x)$ differenzierbar im Untersuchungsgebiet

Bedingung: $f \in \mathbf{C}^0[a, b]$, d.h. $f(x)$ stetig im Untersuchungsgebiet
Halbierungsverfahren (Bisektionsverfahren):

1. Start mit a_0, b_0 (Einschachtelungsbereich), wobei $f(a_0)f(b_0) < 0; k = 0$
   Vorgabe $\varepsilon > 0$ als Genauigkeitsschranke.
2. Halbierungspunkt: $c_k = \frac{1}{2}(a_k + b_k)$.
3. Falls $f(c_k) = 0$ setze $x^* = c_k$, gehe zu 6.
4. Falls $f(c_k)f(a_k) < 0$ setze $a_{k+1} = a_k, b_{k+1} = c_k$,
   ansonsten setze $a_{k+1} = c_k, b_{k+1} = b_k$, gehe zu zu 6.
5. Erhöhe k um 1, falls $|b_k - a_k| < \varepsilon$ gehe zu 6., ansonsten gehe zu 2.
6. Ende: entweder x^* aus 3. oder $x^* = \frac{1}{2}(a_k + b_k)$ ist Näherungslösung.

Konvergenzgeschwindigkeit: $|\delta_k| \leq \frac{b_0 - a_0}{2^{k+1}} < \frac{1}{2}\varepsilon$

Sekantenverfahren:
Start mit x_0, x_1 (Einschachtelungsbereich), wobei $f(x_0)f(x_1) < 0$

$$x_{k+1} = x_k - f(x_k)\frac{x_k - x_{k-1}}{f(x_k) - f(x_{k-1})}$$

Konvergenz, falls $f \in \mathbf{C}^2$, $|f'(x)| \geq \alpha > 0$, $|f''(x)| \leq \beta$ im Untersuchungsgebiet
Konvergenzgeschwindigkeit: $\delta_{k+1} = O(|\delta_k|^{\frac{1}{2}(1+\sqrt{5})})$

Newtonsches Iterationsverfahren (Tangentenverfahren):
Start mit x_0 (Anfangsnäherung), $x_{k+1} = x_k - \dfrac{f(x_k)}{f'(x_k)}$
Konvergenz, falls $\dfrac{|f(x)f''(x)|}{[f'(x)]^2} < 1$ im Untersuchungsgebiet
Konvergenzgeschwindigkeit: quadratisch (d.h. $\delta_{k+1} = O(|\delta_k|^2)$, falls $f \in \mathbf{C}^2$

Interpolation
Die Interpolation hat die Aufgabe, zu gegebenen Funktionswerten $f(x_0), \ldots, f(x_n)$ eine geeignete Funktion $y = f(x)$ zu finden, damit auch Zwischenwerte ermittelt werden können. In der Regel wird angestrebt, dass die Funktion zu einer bestimmten Funktionenklasse gehört - z.B. Polynome.

lineare Interpolation: 2 Stützstellen x_0, x_1

$$I_1(x) = f(x_0) + \frac{f(x_1) - f(x_0)}{x_1 - x_0}(x - x_0)$$

quadratische Interpolation: 3 Stützstellen x_0, x_1, x_2

$$I_2(x) = I_1(x) + \frac{f(x_2)(x_1 - x_0) - f(x_1)(x_2 - x_0) + f(x_0)(x_2 - x_1)}{(x_2 - x_1)(x_2 - x_0)(x_1 - x_0)}$$

Interpolation bei äquidistanten Stützstellen

$x_0,\ x_1 = x_0 + h,\ x_2 = x_0 + 2h, \ldots$	Stützstellen
$h > 0$	Abstand benachbarter Stützstellen
$f(x_0), f(x_1), f(x_2), \ldots$	Funktionswerte in den Stützstellen
$\Delta^{k+1} f(x_l) = \Delta^k f(x_{l+1}) - \Delta^k f(x_l)$ $\Delta^0 f(x_l) = f(x_l)$	Differenzenschema
$x_0 < x < x_1,\ t = \dfrac{x - x_0}{h}$	Zwischenwert mit Lageparameter t ($t \in \mathbf{G}$ auf den Stützstellen)
$I_n(x) = I_n(x_0 + th) = \sum_{k=0}^{n} \binom{t}{k} \Delta^k f(x_0)$	**Newtonsches Interpolationspolynom**
$I_1(x) = f(x_0) + t\Delta f(x_0)$	lineare Interpolation
$I_2(x) = f(x_0) + t\Delta f(x_0) + \binom{t}{2} \Delta^2 f(x_0)$	quadratische Interpolation

$\Delta f(x_0) = f(x_1) - f(x_0),\ \Delta^2 f(x_0) = f(x_2) - 2f(x_1) + f(x_0)$

Die Newtonsche Interpolationsformel zielt auf die Interpolation im Intervall $x_0 < x < x_n$ ab (die Näherung ist am günstigsten in $x_0 < x < x_1$); außerhalb dieses Bereiches heißt dieser Vorgang Extrapolation. Neben der angegebenen Formel gibt es weitere Varianten (Lagrangesche Interpolationsformel, zentrale Newtonsche Formeln usw.).

Näherungen von Ableitungen
Die Benutzung von Differenzenquotienten zieht nach sich, dass die Näherungen von Ableitungen und Extremstellen, im Gegensatz zu Näherungen für Integrale, mit großen Unsicherheiten verbunden sind.

$y = f(x)$ sei in äquidistanten Stützstellen mit Schrittweite h gegeben
Näherungen für $f'(x)$ - **zentral**: für zentrale Teile des Untersuchungsgebietes

- $\frac{1}{2h}[f(x+h) - f(x-h)]$
- $\frac{1}{12h}[-f(x+2h) + 8f(x+h) - 8f(x-h) + f(x+2h)]$
- $\frac{1}{60h}[f(x+3h) - 9f(x+2h) + 45f(x+h) - 45f(x-h) + 9f(x-2h) - f(x-3h)]$

Näherungen für $f'(x)$ - **dezentral**: für den Rand des Untersuchungsgebietes

- $\frac{1}{h}[f(x+h) - f(x)]$, $\frac{1}{h}[f(x) - f(x-h)]$
- $\frac{1}{2h}[-f(x+2h) + 4f(x+h) - 3f(x)]$, $\frac{1}{2h}[f(x-2h) - 4f(x-h) + 3f(x)]$
- $\frac{1}{6h}[2f(x+3h) - 9f(x+2h) + 18f(x+h) - 11f(x)]$,
  $\frac{1}{6h}[-2f(x-3h) + 9f(x-2h) - 18f(x-h) + 11f(x)]$
- $\frac{1}{6h}[-f(x+2h) + 6f(x+h) - 3f(x) - 2f(x-h)]$,
  $\frac{1}{6h}[f(x-2h) - 6f(x-h) + 3f(x) + 2f(x+h)]$
- $\frac{1}{12h}[-3f(x+4h) + 16f(x+3h) - 36f(x+2h) + 48f(x+h) - 25f(x)]$,
  $\frac{1}{12h}[3f(x-4h) - 16f(x-3h) + 36f(x-2h) - 48f(x-h) - 25f(x)]$

Weitere Näherungsformeln sind in der Spezialliteratur zur Numerischen Mathematik zu finden.

Näherungen von relativen Extremstellen

Näherungen für relative (lokale) Extremstellen von $y = f(x)$ werden aus Funktionswerten von $y' = f'(x)$ an (zwei) Stützstellen durch (lineare) **inverse Interpolation** gewonnen:

Es sei $f'(x)f'(x+h) < 0$, d.h., (bei Stetigkeit) liegt zwischen x und $x+h$ eine Nullstelle x^* von f': $x^* \approx x + \frac{-f'(x)}{f'(x+h) - f'(x)}h$:

$$x^* \text{ ist Näherung für relative } \begin{cases} \text{Minimalstelle} & \text{falls } f'(x) < 0, f'(x+h) > 0 \\ \text{Maximalstelle} & \text{falls } f'(x) > 0, f'(x+h) < 0. \end{cases}$$

Näherungen von partiellen Ableitungen bei Funktionen von zwei unabhängigen Veränderlichen

$z = f(x, y)$ sei in äquidistanten achsenparallelen Stützstellen mit Schrittweite h gegeben.

Zentrale Näherungen für $\frac{\partial f}{\partial x}$ bzw. $\frac{\partial f}{\partial y}$: wie bei zentralen Näherungen für $f'(x)$

z.B. $\frac{1}{2h}[f(x+h, y) - f(x-h, y)]$, $\frac{1}{2h}[f(x, y+h) - f(x, y-h)]$.

Graphentheorie

Begriff des Graphen

V	- nichtleere Menge endlich vieler **Knoten:** $i_1, \ldots, i_n$
E	- nichtleere Menge endlich vieler **Kanten:** $e_1, \ldots, e_m$
$G = [V, E]$	- **Graph**: Gesamtheit von Knoten und Kanten (ggf. zusätzlich Bewertungen der Kanten); Information, welche Knoten durch welche Kanten verbunden sind: Adjazenz- bzw. Inzidenzmatrix (s. u.).

Weitere Begriffe

- Wenn das zur Kante e zugehörige Knotenpaar (i, j) ein geordnetes Paar ist, dann heißt e **gerichtete Kante** oder **Pfeil** (i Anfangsknoten - Vorgänger von j, j Endknoten - Nachfolger von i).
- Enthält der Graph nur gerichtete Kanten, dann heißt er **gerichteter Graph** oder **Digraph**, andernfalls **ungerichteter Graph** oder **Graph.**
- Haben mehrere gerichtete Kanten Anfangs- und Endknoten bzw. mehrere Kanten die Endknoten gemeinsam, dann heißen diese **parallele Kanten.**
- Eine Kante heißt **Schlinge**, falls die beiden zugeordneten Knoten zusammenfallen.
- **Adjazenzmatrix**: $A(G) = (a_{ij})_{i,j=1,\ldots,n} = \begin{cases} 1 & \text{falls } (i,j) \in E \\ 0 & \text{sonst} \end{cases}$
- Ein (ungerichteter) Graph hat eine symmetrische Adjazenzmatrix.
- **Inzidenzmatrix**: $F(G) = (f_{ir})_{\substack{i=1,\ldots,n \\ r=1,\ldots,m}} = \begin{cases} 1 & \text{falls Kante } e_r \text{ Knoten } i \text{ enthält} \\ 0 & \text{sonst} \end{cases}$
- Inzidenzmatrix für Digraphen:
$$F(G) = (f_{ir})_{\substack{i=1,\ldots,n \\ r=1,\ldots,m}} = \begin{cases} 1 & \text{falls Kante } e_r \text{ Anfangsknoten } i \text{ enthält} \\ -1 & \text{falls Kante } e_r \text{ Endknoten } i \text{ enthält} \\ 0 & \text{sonst} \end{cases}$$
- Knoten i heißt **Nachbar** von Knoten j und umgekehrt, wenn $a_{ij} = 1$.
- Im Digraphen: Wenn $a_{ij} = 1$, dann heißt Knoten i **Vorgänger** von Knoten j und Knoten j heißt **Nachfolger** von Knoten i.
- Ein Graph heißt **vollständig**, wenn in $A(G)$ gilt: $a_{ij} = 1$ für alle i, j.
- Im Digraphen: Ein Knoten ohne Vorgänger heißt **Quelle**, ein Knoten ohne Nachfolger heißt **Senke.** Ein Knoten ohne Vorgänger und Nachfolger heißt **isoliert.**
- **Grad eines Knotens** im Graphen: $\delta(i)$ Anzahl der Nachbarn des Knotens i
- **Eingangsgrad eines Knotens** im Digraphen: $\delta^-(i)$ Anzahl der Vorgänger des Knotens i
- **Ausgangsgrad eines Knotens** im Digraphen: $\delta^+(i)$ Anzahl der Nachfolger des Knotens i

Parallele Kanten und Schlingen sowie isolierte Knoten werden gewöhnlich vermieden. Adjazenz- und Inzidenzmatrix (ggf. zuzüglich einer Bewertungsmatrix) eines Graphen/Digraphen werden zur Speicherung verwendet.

Spezielle Graphen

- Ein Graph $G^* = [V^*, E^*]$ heißt **Teilgraph** von $G = [V, E]$, wenn $V^* \subseteq V$ und $E^* \subseteq E$.
- Eine Folge von Knoten $i_1, \ldots, i_s$ und Kanten $(i_1, i_2), \ldots, (i_{s-1}, i_s)$ heißt **Kantenfolge.** Kantenfolge heißt **offen**, wenn $i_1 \neq i_s$, und **geschlossen**, wenn $i_1 = i_s$; im Digraphen **Pfeilfolge**.
- **Kette/Kreis**: Offene/geschlossene Kantenfolge mit verschiedenen Knoten.
- Im Digraphen: **Weg/Zyklus**: Offene/geschlossene Folge gerichteter Kanten mit verschiedenen Knoten.
- Ein Graph ohne Kreise heißt **kreisfrei**; ein Digraph ohne Zyklen heißt **zyklenfrei.**
- Die Knoten i, j heißen **verbunden**, wenn eine Kantenfolge/Kette zwischen diesen Knoten existiert.
- Ein Graph heißt **zusammenhängend**, wenn je zwei Knoten verbunden sind.
- Ein Graph heißt **p-zusammenhängend**, wenn der Graph zusammenhängend ist und der Zusammenhang erst nach Streichung von mindestens p Knoten verloren geht.
- Im Digraphen heißt ein Knoten j von einem Knoten i aus **erreichbar**, wenn es einen Weg von i nach j gibt.
- Ein Digraph heißt **schwach zusammenhängend**, wenn je zwei Knoten verbunden sind, und **stark zusammenhängend**, wenn je zwei Knoten gegenseitig erreichbar sind.
- Ein Graph heißt **bipartit**, wenn die Knotenmenge V in zwei Teilmengen V_1, V_2 zerfällt: $V_1 \cup V_2 = V, V_1 \cap V_2 = \emptyset$, so dass sowohl innerhalb V_1 als auch innerhalb V_2 die Knoten nicht verbunden sind.

Spezielle Formen von Graphen

- **Baum**: Zusammenhängender kreisfreier Graph oder Teilgraph.
- **1-Baum**: Zusammenhängender Graph oder Teilgraph, der genau einen Kreis enthält.
- **Ausgezeichneter Knoten** eines 1-Baumes: Knoten gehört dem Kreis des 1-Baumes an und hat den Grad 2.
- **Gerüst** (oder spannender Baum) eines Graphen: zusammenhängender Teilgraph mit minimaler Kantenzahl, der alle Knoten dieses Graphen enthält; jedes Gerüst ist ein Baum.
- **1-Gerüst** eines Graphen: zusammenhängender Teilgraph, der alle Knoten des Graphen enthält und ein 1-Baum ist.
- **Gerichteter Baum/Wurzelbaum**: Digraph hat nur eine einzige Quelle (**Wurzel**), von der aus alle anderen Knoten auf eindeutigen Wegen erreichbar sind.
- **Gerichtetes Gerüst** eines Digraphen: Teilgraph, der alle Knoten des Digraphen enthält und ein gericheteter Baum ist.

Graphen/Digraphen mit bewerteten Kanten

- $b(e) = b_{ij} \in \mathbf{R}$: **Bewertung/Gewicht** der Kante e bzw. (i,j).
- **Bewerteter Graph/Digraph**: alle Kanten des Graphen/Digraphen sind bewertet.
- $\mathbf{B} = (b_{ij})_{i,j=1,\ldots,n}$: **Bewertungsmatrix** für alle Kanten des Graphen/Digraphen; $b_{ij} = \infty$, falls Knoten j kein Nachfolger von i ist; außerdem $b_{ii} = 0$.
- **Netzwerk**: bewerteter Digraph ohne isolierte Knoten.
- **Länge einer Kantenfolge/Pfeilfolge**: Summe der Bewertungen der einzelnen Kanten/Pfeile.
- **Entfernung zweier Knoten** eines Graphen: kürzeste Länge einer Kantenfolge zwischen diesen Knoten; $d[i,j]$.
- **Entfernung von Knoten i nach Knoten j** eines Digraphen: kürzeste Länge einer Pfeilfolge; $d\{i,j\}$.
- $\mathbf{D} = (d_{ij})_{i,j=1,\ldots,n}$: **Entfernungsmatrix** für alle Knotenpaare:

$$d_{ij} = \begin{cases} d[i,j] \text{ bzw. } d\{i,j\} & \text{falls Knoten verbunden bzw. erreichbar} \\ 0 & \text{falls } i = j \\ \infty & \text{falls Knoten nicht verbunden bzw. erreichbar.} \end{cases}$$

- **Eulersche Linie/gerichtete Eulersche Linie**: Kreis/Zyklus, der alle Kanten des Graphen/Digraphen genau einmal enthält.
- **Eulerscher Graph/Eulerscher Digraph**: Graph/Digraph, der mindestens eine Eulersche Linie/geschlossene Eulersche Linie enthält.
- **Hamiltonscher Kreis/Zyklus**: Kreis/Zyklus, der alle Knoten des Graphen/Digraphen genau einmal enthält.

Matchings

$G = [V, E]$ Graph mit Knotenmenge V und Kantenmenge E

- **Matching** M: $M \subset E$ Teilmenge von Kanten in G, die sich nicht berühren.
- **vollständiges Matching**: M erfasst alle Knoten von G.
- **Länge des Matchings** im bewerteten Graphen: $b(M) = \sum_{(i,j)\in M} b_{ij}$.

Grundlagen der Stochastik

Wahrscheinlichkeitsrechnung

Für **stochastische Modelle des Operations Research** (insbesondere Bedienungsmodelle, Lagerhaltungsmodelle) werden Begriffe und Verfahren der Stochastik, d.h. der Wahrscheinlichkeitsrechnung und der mathematischen Statistik, benutzt.

Die **Wahrscheinlichkeitsrechnung** liefert mathematische Modelle für zufällige Erscheinungen in der realen Welt; die **mathematische Statistik** hat die Erfassung, Auswertungsvorbereitung, Aufbereitung und Interpretation von Datenmengen mittels Wahrscheinlichkeitsrechnung zum Inhalt; sie überprüft wahrscheinlichkeitstheoretische (stochastische) Modelle.

Zufällige Ereignisse und Ereignisraum

zufälliger Versuch	Versuch/Experiment/Untersuchung/Analayse mit ungewissem Ausgang
Elementarereignis $\{\omega\}$	Ergebnis eines zufälligen Versuches
Ereignisraum Ω	Menge aller Elementarereignisse Menge der möglichen Versuchsergebnisse
zufälliges Ereignis	(messbare) Teilmenge von $\Omega : A \subseteq \Omega$ Ereignis A tritt ein $\longleftrightarrow \omega \in A$
sicheres Ereignis	Ω (Ereignis tritt stets ein)
unmögliches Ereignis	$\emptyset$ (Ereignis tritt niemals ein)

Operationen mit zufälligen Ereignissen

$A \subseteq B$	A tritt ein $\longrightarrow B$ tritt ein
$A \cup B$	tritt ein, wenn A oder B (oder beide) eintreten (Vereinigung)
$A \cap B$	tritt ein, wenn sowohl A als auch B eintritt (Durchschnitt) $A \cap B = \emptyset$: A, B Ereignisse unvereinbar (disjunkt)
$A \backslash B$	tritt ein, wenn zwar A eintritt, aber B nicht (Differenz)
$\overline{A} = \Omega \backslash A$	tritt ein, wenn A nicht eintritt (Gegenteil)

Zerlegungen

$A_1, A_2, \ldots, A_n$	Zerlegung von Ω, falls $\bigcup\limits_{k=1}^{n} A_k = \Omega, A_k \cap A_l = \emptyset, k \neq l$
$A_1, A_2, \ldots, A_n$	Zerlegung von B, falls $\bigcup\limits_{k=1}^{n} A_k = B, A_k \cap A_l = \emptyset, k \neq l$

Axiome der Wahrscheinlichkeitstheorie

1. Jedes zufällige Ereignis A besitzt eine Wahrscheinlichkeit $\mathrm{P}(A)$ mit $0 \leq \mathrm{P}(A) \leq 1$.
2. $\mathrm{P}(\Omega) = 1$ (sicheres Ereignis).
3. $\mathrm{P}(A \cup B) = \mathrm{P}(A) + \mathrm{P}(B)$, falls $A \cap B = \emptyset$ (unvereinbare Ereignisse).
   Erweiterung: $\mathrm{P}\left(\bigcup\limits_{k=1}^{\infty} A_k\right) = \sum\limits_{k=1}^{\infty} \mathrm{P}(A_k)$, falls $A_k \cap A_l = \emptyset, k \neq l$

Gleichwahrscheinliche Elementarereignisse (Klassische Definition der Wahrscheinlichkeit)

Bedingungen:

1. Ereignisraum endlich: $\Omega = \{\omega_1, \omega_2, \ldots, \omega_n\}$
2. $\mathrm{P}(\{\omega_k\}) = \frac{1}{n}$

Wahrscheinlichkeit eines Ereignisses $A = \{\omega_{k_1}, \ldots, \omega_{k_m}\}$: $\mathrm{P}(A) = \frac{m}{n}$

Die entscheidenden, im Allgemeinen großen Zahlen n und m werden meist mit Hilfe der Kombinatorik (⊳⊳ S.13) ermittelt.

Rechenregeln und Abschätzungen für Wahrscheinlichkeiten

$P(\emptyset) = 0 \qquad P(\overline{A}) = 1 - P(A) \qquad A \subseteq B \Longrightarrow P(A) \leq P(B)$

$P(A \cup B) = P(A) + P(B) - P(A \cap B)$

$P(A \cup B \cup C) = P(A) + P(B) + P(C) - P(A \cap B) - P(A \cap C) - P(B \cap C) + P(A \cap B \cap C)$

$$P(A_1 \cup \ldots \cup A_n) = \sum_{k=1}^{n} P(A_k) - \sum_{1 \leq k_1 < k_2 \leq n} P(A_{k_1} \cap A_{k_2})$$
$$+ \sum_{1 \leq k_1 < k_2 < k_3 \leq n} P(A_{k_1} \cap A_{k_2} \cap A_{k_3}) - + \ldots + (-1)^n P(A_1 \cap \ldots \cap A_n)$$

$$P\left(\bigcup_{k=1}^{n} A_k\right) \leq \sum_{k=1}^{n} P(A_k) \qquad P\left(\bigcap_{k=1}^{n} A_k\right) \geq 1 - \sum_{k=1}^{n} (1 - P(A_k))$$

speziell für Zerlegung: $P(A_1 \cup A_2 \cup \ldots \cup A_n) = P(A_1) + P(A_2) + \ldots + P(A_n)$

Bedingte Wahrscheinlichkeiten und Rechenregeln

$P(A/B) = \dfrac{P(A \cap B)}{P(B)}, P(B) \neq 0$ **bedingte** Wahrscheinlichkeit von A bez. B (Wahrscheinlichkeit von A unter der Bedingung B)

$P(A/B) = P(A) - P(A \cap B) \qquad P(\overline{A}/B) = 1 - P(A/B)$

$P(A/B) = 1$ für $B \subseteq A \qquad P(A/B) = 0$ für $A \cap B = \emptyset$

$P(A/B) = \dfrac{P(A)}{P(B)}$ für $A \subseteq B$

Multiplikationssatz:

$P(A \cap B) = P(B)P(A/B) = P(A)P(B/A)$

$P(A_1 \cap \ldots \cap A_n) = P(A_1) \cdot P(A_2/A_1) \cdot P(A_3/A_1 \cup A_2) \cdot \ldots \cdot P(A_n/A_1 \cap \ldots \cap A_{n-1})$

Formel von der totalen Wahrscheinlichkeit und **Bayessche Formel:**
(für Zerlegung von Ω in unvereinbare (disjunkte) Ereignisse $A_1, \ldots, A_n$)

$$P(B) = \sum_{k=1}^{n} P(A_k)P(B/A_k) \qquad P(A_k/B) = \frac{P(A_k)P(B/A_k)}{\sum_{k=1}^{n} P(A_i)P(B/A_i)}$$

Unabhängige Ereignisse

A, B **unabhängig**, falls $P(A \cap B) = P(A)P(B)$ bzw. $P(A/B) = P(A)$, $P(B) \neq 0$

$A_1, \ldots, A_n$ **vollständig unabhängig**, falls für jede Auswahl gilt:
$P(A_{k_1} \cap \ldots \cap A_{k_r}) = P(A_{k_1}) \cdot \ldots \cdot P(A_{k_r})$

Zufallsgrößen und Zufallsvektoren

Ω	Ereignisraum eines zufälligen Versuches
Abbildung $\Omega \longrightarrow \mathbb{R}$	(reellwertige) Zufallsgröße $\mathcal{X}$ (auf Ω) für alle $x \in \mathbb{R}$ gilt: $\{\omega \in \Omega : \mathcal{X}(\omega) \leq x\}$ ist Ereignis
Abbildung $\Omega \longrightarrow \mathbb{R}^n$	Zufallsvektor $\mathcal{X}$ (auf Ω), $\mathcal{X} = (\mathcal{X}_1, \ldots, \mathcal{X}_n)$ Vektor (reellwertiger) Zufallsgrößen

Verteilungsfunktion von Zufallsgrößen

$F(x) = \mathrm{P}(\mathcal{X} \le x)$ Verteilungsfunktion der Zufallsgröße $\mathcal{X}$, $-\infty < x < \infty$
Eigenschaften:
$\lim\limits_{x\to-\infty} F(x) = 0, \quad \lim\limits_{x\to\infty} F(x) = 1$
$F(x_1) \le F(x_2)$ für $x_1 < x_2$: $F(x)$ monoton wachsend
$\mathrm{P}(x_1 < \mathcal{X} \le x_2) = F(x_2) - F(x_1), \mathrm{P}(\mathcal{X} > x) = 1 - F(x)$

Parameter von Verteilungen

$\mathrm{E}\mathcal{X} = \int\limits_{-\infty}^{\infty} x \mathrm{d}F(x)$	Erwartungswert
$\mathrm{D}^2\mathcal{X} = \mathrm{E}(\mathcal{X} - \mathrm{E}\mathcal{X})^2$	Varianz (Dispersion)
$\sigma = \sqrt{\mathrm{D}^2\mathcal{X}}$	Standardabweichung
$m_r = \mathrm{E}(\mathcal{X}^r) = \int\limits_{-\infty}^{\infty} x^r \mathrm{d}F(x)$	r-tes Moment, $r = 1, 2, \ldots$, $m_1 = \mathrm{E}\mathcal{X}$
$\mu_r = \mathrm{E}(\mathcal{X} - \mathrm{E}\mathcal{X})^r = \int\limits_{-\infty}^{\infty} (x - \mathrm{E}\mathcal{X})^r \mathrm{d}F(x)$	r-tes zentrales Moment, $r = 2, 3, \ldots$ $\mu_2 = \mathrm{D}^2\mathcal{X} = \sigma^2$
$\mathrm{E}\lvert\mathcal{X}\rvert^r = \int\limits_{-\infty}^{\infty} \lvert x\rvert^r \mathrm{d}F(x)$	r-tes absolutes Moment, $r = 1, 2, \ldots$
$\mathrm{E}\lvert\mathcal{X} - \mathrm{E}\mathcal{X}\rvert^r = \int\limits_{-\infty}^{\infty} \lvert x - \mathrm{E}\mathcal{X}\rvert^r \mathrm{d}F(x)$	r-tes absolutes zentrales Moment $r = 1, 2, \ldots$
$\mathrm{E}g(\mathcal{X}) = \int\limits_{-\infty}^{\infty} g(x) \mathrm{d}F(x)$	Erwartungswert der Zufallsgröße $g(\mathcal{X})$
$\gamma = \frac{\mu_3}{\sigma^3}$	Schiefe
$\eta = \frac{\mu_4}{\sigma^4} - 3$	Exzess (Kurtosis, Wölbung)
$x_p : \int\limits_{-\infty}^{x_p} \mathrm{d}F(x) = p$	p-Quantil ($x_{0,25}$ unteres Quartil, $x_{0,5}$ Median, $x_{0,75}$ oberes Quartil)
$x_{0,75} - x_{0,25}$	Quartilsabstand

Das (Stieltjes-)Integral $\int\limits_a^b g(x)\mathrm{d}F(x)$ wird im Gebrauch bei diskreten bzw. stetigen Zufallsgrößen als Summe bzw. als (Lebesgue-/Riemann-)Integral verstanden.

Eigenschaften des Erwartungswertes

$\mathrm{E}c = c \qquad \mathrm{E}(\mathcal{X} - \mathrm{E}\mathcal{X}) = 0 \qquad \mathrm{E}(a + b\mathcal{X}) = a + b\mathrm{E}\mathcal{X} \qquad \mathrm{E}\Big(\sum\limits_{k=1}^{n} \mathcal{X}_k\Big) = \sum\limits_{k=1}^{n} \mathrm{E}(\mathcal{X}_k)$
für unabhängige Zufallsgrößen (▷▷S.37): $\mathrm{E}\Big(\prod\limits_{k=1}^{n} \mathcal{X}_k\Big) = \prod\limits_{k=1}^{n} \mathrm{E}(\mathcal{X}_k)$
für positive Zufallsgrößen ($\mathrm{P}(\mathcal{X} > 0) = 1$) : $\mathrm{E}\mathcal{X} = \int\limits_0^{\infty} (1 - F(x))\mathrm{d}x$

Eigenschaften der Varianz und der Standardabweichung

$D^2\mathcal{X} \geq 0$ $D^2 c = 0$ $D^2(a + b\mathcal{X}) = b^2 D^2\mathcal{X}$ $D^2\mathcal{X} = E(\mathcal{X}^2) - (E\mathcal{X})^2$

$\sigma_{\mathcal{X}} \geq 0$ $\sigma_c = 0$ $\sigma_{a+b\mathcal{X}} = b\,\sigma_{\mathcal{X}}$

für unabhängige Zufallsgrößen: $D^2\left(\sum_{k=1}^{n} \mathcal{X}_k\right) = \sum_{k=1}^{n} D^2(\mathcal{X}_k)$

allgemein: $D^2\left(\sum_{k=1}^{n} \mathcal{X}_k\right) = \sum_{k=1}^{n} D^2(\mathcal{X}_k) + 2\sum_{k<l} \operatorname{cov}(\mathcal{X}_k, \mathcal{X}_l)$ Kovarianz ▷▷ S.37

Ungleichungen mit Wahrscheinlichkeiten

Tschebyschev-Ungleichung: $P(|\mathcal{X} - E\mathcal{X}| > a) \leq \frac{D^2\mathcal{X}}{a^2}$, $P(|\mathcal{X} - E\mathcal{X}| > \lambda\sigma) \leq \frac{1}{\lambda^2}$

Jensensche Ungleichung: $E[g(\mathcal{X})] \geq g(E\mathcal{X})$ für konvexe Funktion $g(x)$

Diskrete und stetige Zufallsgrößen

diskrete Zufallsgröße: Verteilungsfunktion $F(x)$ ist Treppenfunktion (stückweise konstant)

$$\int_{-\infty}^{\infty} g(x)\,dF(x) = \sum_k g(x_k)p_k$$

stetige Zufallsgröße: Verteilungsfunktion $F(x)$ ist stetig und bis auf höchstens abzählbar viele Stellen x differenzierbar

$$\int_{-\infty}^{\infty} g(x)\,dF(x) = \int_{-\infty}^{\infty} g(x)f(x)\,dx$$

Diskrete Zufallsgrößen und Verteilungen

x_k mögliche Werte der Zufallsgröße $\mathcal{X}$ - Sprungstellen der Verteilungsfunktion

$p_k = P(\mathcal{X} = x_k)$ Einzelwahrscheinlichkeiten

Verteilungstabelle:

x_k	$x_1 \quad x_2 \ldots x_n \ldots$
$P(\mathcal{X} = x_k)$	$p_1 \quad p_2 \ldots p_n \ldots$

$\sum_{k=1}^{n \text{ oder } \infty} p_k = 1$

$P(\mathcal{X} \in G) = \sum_{k: x_k \in G} p_k$

Verteilungsfunktion:

$$F(x) = P(\mathcal{X} \leq x) = \begin{cases} 0 & \text{für } x < x_1 \\ \sum_{l=1}^{k} p_l & \text{für } x_k \leq x < x_{k+1}, \quad k = 1, 2, \ldots, n-1 \\ 1 & \text{für } x_n \leq x \end{cases}$$

Berechnung der Parameter diskreter Verteilungen

$E\mathcal{X} = \sum_k x_k p_k$ Erwartungswert der diskreten Zufallsgröße $\mathcal{X}$

$D^2\mathcal{X} = \sum_k (x_k - E\mathcal{X})^2 p_k$ Varianz

$\mu_3 = \sum_k (x_k - E\mathcal{X})^3 p_k$ $\mu_4 = \sum_k (x_k - E\mathcal{X})^4 p_k$ 3./4. zentrales Moment

Für Operations Research wichtige diskrete Verteilungen

Gleichverteilung	$P(\mathcal{X} = x_k) = \frac{1}{n},\ k = 1, 2, \ldots, n$
Poisson-Verteilung	$P(\mathcal{X} = k) = \frac{\lambda^k}{k!}\mathrm{e}^{-\lambda}, \lambda > 0,\ k \in \mathbf{G}_+$
Binomialverteilung	$P(\mathcal{X}=k)=\binom{n}{k} p^k(1-p)^{n-k}, 0 \leq p \leq 1, n \in \mathbb{N}$ $k = 0, \ldots, n$
geometrische Verteilung	$P(\mathcal{X} = k) = (1-p)p^{k-1}, k \in \mathbf{G}_+$

Die Eigenschaften (z.B. die Verteilungsparameter) und Anwendungsfälle dieser und weiterer diskreter Verteilungen sind der Standardliteratur zu entnehmen.

Dichtefunktion stetiger Verteilungen/Zufallsgrößen

$f(x) = F'(x)$ Dichtefunktion (Ableitung der Verteilungsfunktion)

Eigenschaften:

$f(x) \geq 0 \qquad F(x) = \int\limits_{-\infty}^{x} f(t)\mathrm{d}t \qquad P(x_1 < \mathcal{X} \leq x_2) = \int\limits_{x_1}^{x_2} f(x)\mathrm{d}x \qquad \int\limits_{-\infty}^{\infty} f(x)\mathrm{d}x = 1$

Berechnung der Parameter stetiger Verteilungen

$\mathrm{E}\mathcal{X} = \int\limits_{-\infty}^{\infty} x f(x)\,\mathrm{d}x$	Erwartungswert der Zufallsgröße $\mathcal{X}$
$\mathrm{D}^2\mathcal{X} = \int\limits_{-\infty}^{\infty}(x - \mathrm{E}\mathcal{X})^2 f(x)\mathrm{d}x$	Varianz
$\mu_3 = \int\limits_{-\infty}^{\infty}(x - \mathrm{E}\mathcal{X})^3 f(x)\mathrm{d}x \quad \mu_4 = \int\limits_{-\infty}^{\infty}(x - \mathrm{E}\mathcal{X})^4 f(x)\mathrm{d}x$	3./4. zentrales Moment
$x_p : F(x_p) = \int\limits_{-\infty}^{x_p} f(x)\,\mathrm{d}x = p$	p-Quantil, $0 < p < 1$

Für Operations Research wichtige stetige Verteilungen (Bedienungstheorie, Netzplantechnik, Simulationstechnik u.a.)

Gleichverteilung	$f(x) = \begin{cases} \frac{1}{b-a} & a \leq x \leq b \\ 0 & \text{sonst} \end{cases}$	
Exponentialverteilung	$f(x) = \begin{cases} \lambda\mathrm{e}^{-\lambda x} & x > 0 \\ 0 & \text{sonst} \end{cases}$	$\lambda > 0$
Normalverteilung $N(\mu, \sigma^2)$	$f(x) = \frac{1}{\sigma\sqrt{2\pi}}\mathrm{e}^{-\frac{(x-\mu)^2}{2\sigma^2}}$	$-\infty < \mu < \infty$ $\sigma > 0$
Standard-Normalverteilung $N(0, 1)$	$\varphi(x) = \frac{1}{\sqrt{2\pi}}\mathrm{e}^{-\frac{1}{2}x^2}$	Tabelle ▷▷S.175
Chiquadrat-Verteilung	$f(x) = \begin{cases} \dfrac{x^{\frac{m}{2}-1}\mathrm{e}^{-\frac{x}{2}}}{2^{\frac{m}{2}}\Gamma(\frac{m}{2})} & x > 0 \\ 0 & \text{sonst} \end{cases}$	$m \in \mathbb{N}$

Lognormalverteilung	$f(x) = \begin{cases} \frac{1}{\sigma x\sqrt{2\pi}} e^{-\frac{(\ln x-\mu)^2}{2\sigma^2}} & x > 0 \\ 0 & \text{sonst} \end{cases}$
Betaverteilung ($a > 0, b > 0$)	$f(x) = \begin{cases} \frac{x^{a-1}(1-x)^{b-1}}{B(a,b)} & 0 < x < 1 \\ 0 & \text{sonst} \end{cases}$ ($B(a,b)$ Betafunktion ▷▷S.12)
Gammaverteilung ($\lambda > 0, \nu > 0$)	$f(x) = \begin{cases} \frac{\lambda^\nu}{\Gamma(\nu)} x^{\nu-1} e^{-\lambda x} & x > 0 \\ 0 & \text{sonst} \end{cases}$ ($\nu \in \mathbf{G}_+$: Erlangverteilung)

Die Chiquadrat-Verteilung ist die Verteilung einer Quadratsumme normalverteilter Zufallsgrößen; die Lognormalverteilung ist die Verteilung von $e^{\mathcal{X}}$, $\mathcal{X}$ normalverteilt. Exponential-, Gamma- bzw. Erlangverteilung werden in der Bedienungstheorie, die Betaverteilung wird in stochastischen Modellen der Netzplantechnik benötigt. Die Gleichverteilung ist die Basis in der stochastischen Simulation.

Die Eigenschaften (z.B. auch die Verteilungsparameter) dieser und weiterer stetiger Verteilungen sind der Standardliteratur zu entnehmen. In der mathematischen Statistik sind weitere stetige Verteilungen in Gebrauch, z.B. t-Verteilung, F-Verteilung, Kolmogoroff-Verteilung; siehe dazu in der entsprechenden Literatur sowie in statistischen Tabellenwerken.

Zweidimensionale Zufallsvektoren

$\boldsymbol{\mathcal{X}} = (\mathcal{X}, \mathcal{Y})$	Zufallsvektor
$F_{\boldsymbol{\mathcal{X}}}(x,y) = \mathrm{P}(\mathcal{X} \le x, \mathcal{Y} \le y)$	Verteilungsfunktion
$\boldsymbol{\mathcal{X}}$ diskreter Zufallsvektor	falls $\mathcal{X}, \mathcal{Y}$ diskrete Komponenten sind $\mathrm{P}(\mathcal{X} = x_k, \mathcal{Y} = y_l) = p_{kl}$ Einzelwahrscheinlichkeiten
$\mathrm{P}(\boldsymbol{\mathcal{X}} \in G) = \sum\limits_{(x_k,y_l)\in G} p_{kl}$	Berechnung von P im diskreten Fall
$\boldsymbol{\mathcal{X}}$ stetiger Zufallsvektor	falls Dichtefunktion existiert: $f_{\boldsymbol{\mathcal{X}}}(x,y) = \frac{\partial^2 F_{\boldsymbol{\mathcal{X}}}(x,y)}{\partial x \partial y}$
$\mathrm{P}(\boldsymbol{\mathcal{X}} \in G) = \iint\limits_G f_{\boldsymbol{\mathcal{X}}}(x,y)\mathrm{d}x\mathrm{d}y$	Berechnung von P im stetigen Fall

Randverteilungen zweidimensionaler Zufallsgrößen

Verteilung von $\mathcal{X}$ ohne Einfluss von $\mathcal{Y}$:	
diskret: $\mathrm{P}(\mathcal{X} = x_k) = \sum\limits_l p_{kl}$	stetig: $f_{\mathcal{X}}(x) = \int\limits_{-\infty}^{\infty} f(x,y)\mathrm{d}y$
Verteilung von $\mathcal{Y}$ ohne Einfluss von $\mathcal{X}$:	
diskret: $\mathrm{P}(\mathcal{Y} = y_l) = \sum\limits_k p_{kl}$	stetig: $f_{\mathcal{Y}}(y) = \int\limits_{-\infty}^{\infty} f(x,y)\mathrm{d}x$

Erste und zweite Momente zweidimensionaler Zufallsvektoren

$\mathrm{E}\mathcal{X}, \mathrm{E}\mathcal{Y}$	erste Momente: Erwartungswerte der Komponenten
$\mathrm{D}^2\mathcal{X}, \mathrm{D}^2\mathcal{Y}, \mathrm{cov}\,(\mathcal{X},\mathcal{Y})$	zweite Momente: Varianzen der Komponenten Kovarianz des Paares (s.u.)
Berechnung:	
$\mathrm{E}\mathcal{X} = \int_{-\infty}^{\infty}\int_{-\infty}^{\infty} x f_{\boldsymbol{\mathcal{X}}}(x,y)\mathrm{d}x\mathrm{d}y$	Erwartungswert von $\mathcal{X}$ (ohne Einfluss von $\mathcal{Y}$) $\mathrm{E}\mathcal{Y}$ analog
bzw. diskret: $\mathrm{E}\mathcal{X} = \sum_k \sum_l x_k p_{kl}$	
$\mathrm{D}^2\mathcal{X} = \int_{-\infty}^{\infty}\int_{-\infty}^{\infty} (x - \mathrm{E}\mathcal{X})^2 f_{\boldsymbol{\mathcal{X}}}(x,y)\mathrm{d}x\mathrm{d}y$	Varianz von $\mathcal{X}$ (ohne Einfluss von $\mathcal{Y}$) $\mathrm{D}^2\mathcal{Y}$ analog
bzw. diskret: $\mathrm{D}^2\mathcal{X} = \sum_k \sum_l (x_k - \mathrm{E}\mathcal{X})^2 p_{kl}$	

Erwartungswerte von Funktionen zweier Zufallsgrößen

diskreter Fall: $\mathrm{E}[g(\mathcal{X},\mathcal{Y})] = \sum_k \sum_l g(x_k, y_l) p_{kl}$

stetiger Fall: $\mathrm{E}[g(\mathcal{X},\mathcal{Y})] = \int\int_{\mathbb{R}^2} g(x,y) f(x,y)\mathrm{d}x\mathrm{d}y$

$(\mathrm{E}[\mathcal{X}\mathcal{Y}])^2 \le \mathrm{E}(\mathcal{X}^2)\mathrm{E}(\mathcal{Y}^2)$ (Cauchy-Schwarz-Ungleichung)

Unabhängige Zufallsgrößen

$\mathcal{X}$ und $\mathcal{Y}$ unabhängig, falls alle mit $\mathcal{X}$ zusammenhängenden Ereignisse von allen mit $\mathcal{Y}$ zusammenhängenden Ereignissen unabhängig sind

Eigenschaften unabhängiger Zufallsgrößen:

$F_{\boldsymbol{\mathcal{X}}}(x,y) = F_{\mathcal{X}}(x) \cdot F_{\mathcal{Y}}(y) \qquad f_{\boldsymbol{\mathcal{X}}}(x,y) = f_{\mathcal{X}}(x) \cdot f_{\mathcal{Y}}(y)$ für alle x, y

$\mathrm{E}[\mathcal{X}\mathcal{Y}] = \mathrm{E}\mathcal{X} \cdot \mathrm{E}\mathcal{Y} \qquad \mathrm{D}^2(\mathcal{X}+\mathcal{Y}) = \mathrm{D}^2\mathcal{X} + \mathrm{D}^2\mathcal{Y}$

Kovarianz

$\mathrm{cov}\,(\mathcal{X},\mathcal{Y}) = \mathrm{E}[(\mathcal{X} - \mathrm{E}\mathcal{X})(\mathcal{Y} - \mathrm{E}\mathcal{Y})] = \mathrm{E}[\mathcal{X}\mathcal{Y}] - \mathrm{E}\mathcal{X} \cdot \mathrm{E}\mathcal{Y} = \mathrm{cov}\,(\mathcal{Y},\mathcal{X})$

$\mathrm{cov}\,(\mathcal{X},\mathcal{X}) = \mathrm{D}^2\mathcal{X}$

$\mathcal{X},\mathcal{Y}$ unabhängig $\longrightarrow \mathrm{cov}\,(\mathcal{X},\mathcal{Y}) = 0$

$\mathrm{D}^2(\mathcal{X}+\mathcal{Y}) = \mathrm{D}^2\mathcal{X} + \mathrm{D}^2\mathcal{Y} + 2\,\mathrm{cov}\,(\mathcal{X},\mathcal{Y})$

Berechnung der Kovarianz für diskreten Zufallsvektor:

$\mathrm{cov}\,(\mathcal{X},\mathcal{Y}) = \sum_k \sum_l (x_k - \mathrm{E}\mathcal{X})(y_l - \mathrm{E}\mathcal{Y})\mathrm{P}(\mathcal{X} = x_k, \mathcal{Y} = y_l)$

Berechnung der Kovarianz für stetigen Zufallsvektor:

$\mathrm{cov}\,(\mathcal{X},\mathcal{Y}) = \int_{-\infty}^{\infty}\int_{-\infty}^{\infty} (x - \mathrm{E}\mathcal{X})(y - \mathrm{E}\mathcal{Y}) f_{\boldsymbol{\mathcal{X}}}(x,y)\mathrm{d}x\mathrm{d}y$

Linearer Korrelationskoeffizient

$$\varrho_{\mathcal{X}\mathcal{Y}} = \varrho = \frac{\operatorname{cov}(\mathcal{X},\mathcal{Y})}{\sqrt{\mathrm{D}^2\mathcal{X}\cdot\mathrm{D}^2\mathcal{Y}}} \qquad -1 \le \varrho \le 1$$

$$\mathrm{D}^2(\mathcal{X}+\mathcal{Y}) = \mathrm{D}^2\mathcal{X} + \mathrm{D}^2\mathcal{Y} + 2\varrho\sqrt{\mathrm{D}^2\mathcal{X}\cdot\mathrm{D}^2\mathcal{Y}}$$

$|\varrho| = 1$, falls $\mathcal{Y} = a + b\mathcal{X}$,

d.h. lineare Abhängigkeit: $\varrho = 1 \to b > 0$, $\varrho = -1 \to b < 0$

$\varrho = 0$ bzw. $\operatorname{cov}(\mathcal{X},\mathcal{Y}) = 0 \longrightarrow \mathcal{X},\mathcal{Y}$ unkorrelierte Zufallsgrößen

(Unkorreliertheit $\longrightarrow$ Unabhängigkeit)

Lineare Regression/Methode der kleinsten Quadratsumme

Approximation der Zufallsgröße $\mathcal{Y}$ durch lineare Funktion von $\mathcal{X}$:

$\mathrm{E}[\mathcal{Y} - (a+b\mathcal{X})]^2 \to \min\limits_{a,b}$ Lösung: $b^* = \dfrac{\operatorname{cov}(\mathcal{X},\mathcal{Y})}{\mathrm{D}^2\mathcal{X}}$, $a^* = \mathrm{E}\mathcal{Y} - b^*\mathrm{E}\mathcal{X}$

$\min\limits_{a,b} \mathrm{E}[\mathcal{Y} - (a+b\mathcal{X})]^2 = (1-\varrho^2)\cdot\mathrm{D}^2\mathcal{Y}$ Kleinst-Quadrat-Problem ▷▷S.18

Dichtefunktion der zweidimensionalen Normalverteilung

$$f_{\boldsymbol{\mathcal{X}}}(x,y) = \frac{1}{2\pi\sigma_{\mathcal{X}}\sigma_{\mathcal{Y}}\sqrt{1-\varrho^2}}\exp\left[-\frac{1}{2(1-\varrho^2)}\left(\frac{(x-\mu_{\mathcal{X}})^2}{\sigma_{\mathcal{X}}^2} - 2\varrho\frac{(x-\mu_{\mathcal{X}})(y-\mu_{\mathcal{Y}})}{\sigma_{\mathcal{X}}\sigma_{\mathcal{Y}}} + \frac{(y-\mu_{\mathcal{Y}})^2}{\sigma_{\mathcal{Y}}^2}\right)\right]$$

$$\mu_{\mathcal{X}} = \mathrm{E}\mathcal{X},\ \mu_{\mathcal{Y}} = \mathrm{E}\mathcal{Y},\ \sigma_{\mathcal{X}}^2 = \mathrm{D}^2\mathcal{X},\ \sigma_{\mathcal{Y}}^2 = \mathrm{D}^2\mathcal{Y}$$

$$\varrho = \frac{\operatorname{cov}(\mathcal{X},\mathcal{Y})}{\sigma_{\mathcal{X}}\sigma_{\mathcal{Y}}} \quad \text{Korrelationskoeffizient}$$

Faltung von Verteilungen

Verteilung der Summe zweier unabhängiger ganzzahliger Zufallsgrößen:

$$P(\mathcal{X}+\mathcal{Y}=k) = \sum_{l=-\infty}^{\infty} P(\mathcal{X}=l)\cdot P(\mathcal{Y}=k-l)$$

Verteilung der Summe zweier unabhängiger ganzzahliger nichtnegativer Zufallsgrößen:

$$P(\mathcal{X}+\mathcal{Y}=k) = \sum_{l=0}^{k} P(\mathcal{X}=l)\cdot P(\mathcal{Y}=k-l)$$

Dichtefunktion der Summe zweier unabhängiger stetiger Zufallsgrößen:

$$f_{\mathcal{X}+\mathcal{Y}}(x) = \int_{-\infty}^{\infty} f_{\mathcal{X}}(t) f_{\mathcal{Y}}(x-t)\,\mathrm{d}t$$

Dichtefunktion der Summe zweier unabhängiger stetiger nichtnegativer Zufallsgrößen:

$$f_{\mathcal{X}+\mathcal{Y}}(x) = \int_{0}^{x} f_{\mathcal{X}}(t) f_{\mathcal{Y}}(x-t)\,\mathrm{d}t$$

Mehrdimensionale Zufallsvektoren

$\boldsymbol{\mathcal{X}} = (\mathcal{X}_1, \mathcal{X}_2, \ldots, \mathcal{X}_n)$ n-dimensionaler Zufallsvektor

$F_{\boldsymbol{\mathcal{X}}}(x_1,\ldots,x_n) = P(\mathcal{X}_1 \le x_1, \ldots, \mathcal{X}_n \le x_n)$ Verteilungsfunktion

$(x_1, x_2, \ldots, x_n) \in \mathbb{R}^n$

Erwartungswertvektor und Kovarianzmatrix

für zweidimensionalen Zufallsvektor:

$$\mathrm{E}\boldsymbol{\mathcal{X}} = (\mathrm{E}\mathcal{X}, \mathrm{E}\mathcal{Y}), \quad \mathrm{Cov}\boldsymbol{\mathcal{X}} = \begin{pmatrix} \mathrm{D}^2\mathcal{X} & \mathrm{cov}\,(\mathcal{X},\mathcal{Y}) \\ \mathrm{cov}\,(\mathcal{X},\mathcal{Y}) & \mathrm{D}^2\mathcal{Y} \end{pmatrix}$$

für n-dimensionalen Zufallsvektor:

$$\mathrm{E}\boldsymbol{\mathcal{X}} = (\mathrm{E}\mathcal{X}_1, \ldots, \mathrm{E}\mathcal{X}_n)$$

$$\mathrm{cov}\boldsymbol{\mathcal{X}} = \begin{pmatrix} \mathrm{D}^2\mathcal{X}_1 & \mathrm{cov}\,(\mathcal{X}_1,\mathcal{X}_2) & \ldots & \mathrm{cov}\,(\mathcal{X}_1,\mathcal{X}_n) \\ \mathrm{cov}\,(\mathcal{X}_1,\mathcal{X}_2) & \mathrm{D}^2\mathcal{X}_2 & \ldots & \mathrm{cov}\,(\mathcal{X}_2,\mathcal{X}_n) \\ \cdots & \cdots & \cdots & \cdots \\ \mathrm{cov}\,(\mathcal{X}_1,\mathcal{X}_n) & \mathrm{cov}\,(\mathcal{X}_2,\mathcal{X}_n) & \ldots & \mathrm{D}^2\mathcal{X}_n \end{pmatrix}$$ symmetrische Matrix

Matrix der Korrelationskoeffizienten für n-dimensionalen Zufallsvektor:

$$\varrho_{\mathcal{X}} = \begin{pmatrix} 1 & \varrho_{\mathcal{X}_1\mathcal{X}_2} & \ldots & \varrho_{\mathcal{X}_1\mathcal{X}_n} \\ \varrho_{\mathcal{X}_1\mathcal{X}_2} & 1 & \ldots & \varrho_{\mathcal{X}_2\mathcal{X}_n} \\ \cdots & \cdots & \cdots & \cdots \\ \varrho_{\mathcal{X}_1\mathcal{X}_n} & \varrho_{\mathcal{X}_2\mathcal{X}_n} & \ldots & 1 \end{pmatrix}$$ symmetrische Matrix $\quad \varrho_{\mathcal{X}_k\mathcal{X}_l} = \dfrac{\mathrm{cov}\,(\mathcal{X}_k,\mathcal{X}_l)}{\sqrt{\mathrm{D}^2\mathcal{X}_k\mathrm{D}^2\mathcal{X}_l}}$

Lineare Funktionen zweidimensionaler Zufallsvektoren

$\boldsymbol{\mathcal{X}} = (\mathcal{X}_1,\mathcal{X}_2), \boldsymbol{\mathcal{Y}} = (\mathcal{Y}_1,\mathcal{Y}_2)$	zweidimensionale Zufallsvektoren
$\begin{cases} \mathcal{Y}_1 = a_{11}\mathcal{X}_1 + a_{12}\mathcal{X}_2 + b_1 \\ \mathcal{Y}_2 = a_{21}\mathcal{X}_1 + a_{22}\mathcal{X}_2 + b_2 \end{cases}$	lineare Transformation: $\boldsymbol{\mathcal{Y}} = \mathbf{A}\boldsymbol{\mathcal{X}} + \mathbf{b}$
$\mathrm{E}\boldsymbol{\mathcal{Y}} = \mathbf{A}\mathrm{E}\boldsymbol{\mathcal{X}} + \mathbf{b}$	Erwartungswertvektor bei linearer Funktion
$\mathrm{cov}\,(\boldsymbol{\mathcal{Y}}) = \mathbf{A}\mathrm{cov}\,(\boldsymbol{\mathcal{X}})\mathbf{A}^\top$	Kovarianzmatrix bei linearer Funktion

Diese Eigenschaften sind auf lineare Funktionen mehrdimensionaler Zufallsvektoren unmittelbar übertragbar.

n-dimensionale Normalverteilung

$\mathrm{E}\boldsymbol{\mathcal{X}} = \mu$ Erwartungsvektor, $\mathrm{cov}\,\boldsymbol{\mathcal{X}} = \Sigma$ Kovarianzmatrix

Dichtefunktion von $N(\mu, \Sigma)$:

$$\varphi(\mathbf{x}) = \frac{1}{(2\pi)^{(n/2)}\sqrt{\det \Sigma}} \mathrm{e}^{-\frac{1}{2}(\mathbf{x}-\mu)\Sigma^{-1}(\mathbf{x}-\mu)^\top}$$

Lineare Funktionen normalverteilter Zufallsvektoren sind wiederum normalverteilt (die Klasse der Normalverteilungen ist hinsichtlich linearer Transformationen abgeschlossen).

Grenzwertsätze der Wahrscheinlichkeitstheorie

Schwaches Gesetz der großen Zahlen:
Für unabhängige Zufallsgrößen $\mathcal{X}_1, \mathcal{X}_2, \ldots$ mit gleichem Erwartungswert $\mu = \mathrm{E}\mathcal{X}_k$ und gleicher Varianz $\sigma^2 = \mathrm{D}^2\mathcal{X}_k$, $k = 1, 2, \ldots$ und für jedes $\varepsilon > 0$ gilt

$$\lim_{n\to\infty} P\Big(\Big|\frac{1}{n}\sum_{k=1}^{n} \mathcal{X}_k - \mu\Big| \geq \varepsilon\Big) = 0.$$

Bedeutung: Stabilität relativer Häufigkeiten als Schätzung des Erwartungswertes

Zentraler Grenzverteilungssatz (Lindeberg-Levy):
für Partialsummen $\mathcal{S}_n = \mathcal{X}_1 + \ldots + \mathcal{X}_n$ unabhängiger Zufallsgrößen $\mathcal{X}_1, \mathcal{X}_2, \ldots$ mit gleichem Erwartungswert $\mu = \mathrm{E}\mathcal{X}_k$ und gleicher Varianz $\sigma^2 = \mathrm{D}^2\mathcal{X}_k$, $k = 1, 2, \ldots$ gilt:

$$\lim_{n\to\infty} \mathrm{P}\Big(\frac{\mathcal{S}_n - n\mu}{\sqrt{n}\sigma} \leq x\Big) = \Phi(x),$$ $\Phi(x)$ Verteilungsfunktion der Standard-Normalverteilung

Bedeutung: Summen von Zufallsgrößen sind näherungsweise normalverteilt $\sum \mathcal{X}_k \sim N(n\mu, n\sigma^2)$

Mathematische Statistik

Es folgen nur einige Angaben über die Schätzung von Parametern, wie sie in Modellen von Operations Research auftreten können. Die Probleme und Verfahren der Testtheorie sowie spezieller Teile der mathematischen Statistik (wie z.B. Clusteranalyse, Varianzanalyse, Diskriminanzanalyse, Rangstatistik) werden in diese Formelsammlung nicht aufgenommen (statistische Entscheidungstheorie ▷▷ S.134); siehe dazu die ausreichend vorhandene Spezialliteratur.

Stichproben

(mathematische) Stichprobe zur Zufallsgröße $\mathcal{X}$:
Zufallsvektor $\boldsymbol{\mathcal{X}} = (\mathcal{X}_1, \ldots, \mathcal{X}_n)$, wobei die Zufallsgrößen $\mathcal{X}_k$ unabhängig und wie $\mathcal{X}$ verteilt sind
Stichprobe von $\mathcal{X}$:
Realisierung $\mathbf{x} = (x_1, \ldots, x_n)$ des Zufallsvektors $\boldsymbol{\mathcal{X}}$ (Messreihe)

Darstellung von Stichproben

Urliste	Auflistung der Stichprobenwerte $x_1, x_2, \ldots, x_n$ gemäß Messablauf
geordnete Stichprobe	Anordnung der Stichprobenwerte der Größe nach: $x_{[1]}, x_{[2]}, \ldots, x_{[n]} \to$ Rangstatistik
Klassenbildung	Eingruppierung der Stichprobenwerte in Klassen $K_1,.., K_r$ mit absoluten Häufigkeiten $H_1, \ldots, H_r$ bzw. mit relativen Häufigkeiten $h_1, \ldots, h_r$
Histogramm	grafische Darstellung der Häufigkeiten der Klassen für diskrete Zufallsgrößen: Schätzung der Verteilungsliste für stetige Zufallsgröße: Schätzung der Dichtefunktion
empirische Verteilungsfunktion	$F(x) = \begin{cases} 0 & \text{für } x < x_{[1]} \\ \frac{m}{n} & \text{für } x_{[m]} \leq x < x_{[m+1]}, m = 1, \ldots, n-1 \\ 1 & \text{für } x \geq x_{[n]} \end{cases}$

Punktschätzungen

Problem:	Verteilung der Zufallsgröße $\mathcal{X}$ enthält unbekannten Parameter θ
Ziel:	Schätzwert für $\theta : \widehat{\theta}$
Instrument:	Punktschätzung/Schätzfunktion aus Stichprobe: $g(\boldsymbol{\mathcal{X}}) = \widehat{\theta}(\boldsymbol{\mathcal{X}})$

Wichtige Punktschätzungen

Erwartungswert	arithmetisches Mittel	$\widehat{\mu} = \overline{x} = \frac{1}{n}\sum_{k=1}^{n} x_k$
	Median	$\widehat{\mu} = \widehat{x_{0,5}} = x_{\text{med}}$ (*) (für symmetrische Verteilungen)
Varianz	Stichprobenvarianz	$\widehat{\sigma^2} = s^2 = \frac{1}{n-1}\sum_{k=1}^{n}(x_k - \overline{x})$
Standardabweichung	Stichproben-standardabweichung	$\widehat{\sigma} = s$
	Rangweite	$\widehat{\sigma} = R = \max_k x_k - \min_k x_k$ (*)
Wahrscheinlichkeit	relative Häufigkeit	$\widehat{p} = h_n(A)$
Kovarianz	Stichprobenkovarianz	$\widehat{\text{cov}}(\mathcal{X}, \mathcal{Y}) = \frac{1}{n-1}\sum_{k=1}^{n}(x_k - \overline{x})(y_k - \overline{y})$
Korrelationskoeff.	Stichprobenkorr.koeff.	$\widehat{\varrho} = \frac{\widehat{\text{cov}}(\mathcal{X}, \mathcal{Y})}{s_{\mathcal{X}} s_{\mathcal{Y}}}$

(*) Der Median einer Stichprobe $x_1, x_2, \ldots, x_n$ ist der "mittlere" Wert. Es ist $x_{\text{med}} = x_{[\frac{n+1}{2}]}$ für ungerades n, $x_{\text{med}} = \frac{1}{2}(x_{[\frac{n}{2}]} + x_{[\frac{n}{2}+1]})$ für gerades n. Für die Rangweite gilt: $R = x_{[n]} - x_{[1]}$.

Intervallschätzungen

Problem:	Intervall mit (von der Stichprobe abhängigen) zufälligen Intervallgrenzen g_1, g_2, welches den unbekannten Verteilungsparameter θ mit der Wahrscheinlichkeit $1-\alpha$ überdeckt: $P(g_1 < \theta < g_2) = 1-\alpha$ α Irrtumswahrscheinlichkeit
Ziel:	Bestimmung der Intervallgrenzen
Instrument:	Intervallschätzung, ermittelt aus Stichprobe $\mathcal{X}$: $g_1(\mathcal{X}), g_2(\mathcal{X})$

Wichtige Intervallschätzungen

Intervallschätzung für den Erwartungswert μ einer normalverteilten Zufallsgröße bei bekannter Varianz σ:

$$P\left(\overline{\mathcal{X}} - z_{1-\frac{\alpha}{2}}\frac{\sigma}{\sqrt{n}} < \mu < \overline{\mathcal{X}} + z_{1-\frac{\alpha}{2}}\frac{\sigma}{\sqrt{n}}\right) = 1-\alpha$$

Intervallschätzung für den Erwartungswert μ einer normalverteilten Zufallsgröße bei unbekannter Varianz (dafür Punktschätzung s):

$$P\left(\overline{\mathcal{X}} - t_{1-\frac{\alpha}{2},m}\frac{s}{\sqrt{n}} < \mu < \overline{\mathcal{X}} + t_{1-\frac{\alpha}{2},m}\frac{s}{\sqrt{n}}\right) = 1-\alpha$$

Intervallschätzung für die Varianz σ^2 einer normalverteilten Zufallsgröße:

$$P\left(\frac{n-1}{\chi^2_{1-\frac{\alpha}{2}}}s^2 < \sigma^2 < \frac{n-1}{\chi^2_{\frac{\alpha}{2}}}s^2\right) = 1-\alpha$$

$z_p, t_{p,m}, \chi^2_{p,m}$ sind die entsprechenden Quantile der verwendeten Verteilungen.

Lineare Optimierung

Lineare Optimierungsaufgaben

Die Methoden der linearen Optimierung nehmen innerhalb des Operations Research, insbesondere innerhalb der Optimierung, aus zwei Gründen einen wichtigen Platz ein: die lineare Optimierung ist oft ein ausreichendes Modell auch dann, wenn das zugrundeliegende Problem nichtlineare Optimierung erfordern würde; die Methoden der linearen Optimierung sind mit rechentechnischen Mitteln sehr gut beherrschbar.

Allgemeine Form einer linearen Optimierungsaufgabe (LOA)

Zielfunktion (ZF):

$$z = c_1x_1 + c_2x_2 + \ldots + c_nx_n \to \left\{ \begin{array}{c} \max \\ \min \end{array} \right\}$$

in Matrizenschreibweise:

$$z = \mathbf{c}^\top \mathbf{x} \to \left\{ \begin{array}{c} \max \\ \min \end{array} \right\}$$

Nebenbedingungen (NB):

$$a_{11}x_1 + a_{12}x_2 + \ldots + a_{1n}x_n \left\{ \begin{array}{c} \leq \\ \geq \\ = \end{array} \right\} b_1$$

$$a_{21}x_1 + a_{22}x_2 + \ldots + a_{2n}x_n \left\{ \begin{array}{c} \leq \\ \geq \\ = \end{array} \right\} b_2$$

....

$$a_{m1}x_1 + a_{m2}x_2 + \ldots + a_{mn}x_n \left\{ \begin{array}{c} \leq \\ \geq \\ = \end{array} \right\} b_m$$

in Matrizenschreibweise:

$$\mathbf{A}\mathbf{x} \left\{ \begin{array}{c} \leq \\ \geq \\ = \end{array} \right\} \mathbf{b}$$

Variablenbeschränkungen:

$u_1 \leq x_1 \leq v_1,\ u_2 \leq x_2 \leq v_2,\ \ldots,\ u_n \leq x_n \leq v_n$ $\qquad \mathbf{u} \leq \mathbf{x} \leq \mathbf{v}$

oder

Nichtnegativitätsbedingungen (NNB):

$x_1 \geq 0,\ x_2 \geq 0,\ \ldots,\ x_n \geq 0$ $\qquad \mathbf{x} \geq \mathbf{0}$

---

m Anzahl der NB

n Anzahl der Entscheidungsvariablen

Entscheidungsvariable (EV):

$$\mathbf{x} = \begin{pmatrix} x_1 \\ x_2 \\ \ldots \\ x_n \end{pmatrix}$$

Koeffizienten der ZF:

$$\mathbf{c} = \begin{pmatrix} c_1 \\ c_2 \\ \ldots \\ c_n \end{pmatrix}$$

Koeffizienten der NB:

$$\mathbf{A} = \begin{pmatrix} a_{11} & a_{12} & \ldots & a_{1n} \\ a_{21} & a_{22} & \ldots & a_{2n} \\ \ldots & \ldots & \ldots & \ldots \\ a_{m1} & a_{m2} & \ldots & a_{mn} \end{pmatrix}$$

rechte Seiten:

$$\mathbf{b} = \begin{pmatrix} b_1 \\ b_2 \\ \ldots \\ b_m \end{pmatrix}$$

Normalform einer LOA

Zielstellung: Die Optimierungsaufgabe ist eine Maximumaufgabe; in den NB treten nur Gleichungen auf.

Zielfunktion:	in Matrizenschreibweise:
$z = c_1x_1 + c_2x_2 + \ldots + c_{m+n}x_{m+n} \to \max$	$z = \mathbf{c}^\mathsf{T}\mathbf{x} \to \max$
Nebenbedingungen:	
$a_{11}x_1 + a_{12}x_2 + \ldots + a_{1,m+n}x_{m+n} = b_1$	
$a_{21}x_1 + a_{22}x_2 + \ldots + a_{2,m+n}x_{m+n} = b_2$	$\mathbf{Ax} = \mathbf{b}$
....	
$a_{m1}x_1 + a_{m2}x_2 + \ldots + a_{m,m+n}x_{m+n} = b_m$	
Nichtnegativitätsbedingungen:	
$x_1 \geq 0, x_2 \geq 0, \ldots, x_{m+n} \geq 0$	$\mathbf{x} \geq 0$

Substitutionen zur Überführung in die Normalform

- Eine Minimumaufgabe kann stets in eine Maximumaufgabe überführt werden: $z = \mathbf{c}^\mathsf{T}\mathbf{x} \to \min \Longrightarrow -z = z^* = (-\mathbf{c})^\mathsf{T}\mathbf{x} \to \max$.
- Eine Konstante in der ZF kann entfallen; nachträglich muss nur der Optimalwert (falls vorhanden) der ZF korrigiert werden.
- Ungleichungen in den NB können durch Schlupfvariable in Gleichungen überführt werden:
  $a_{i1}x_1 + \ldots + a_{in}x_n \leq b_i \Longrightarrow a_{i1}x_1 + \ldots + a_{in}x_n + s_i = b_i,\ s_i \geq 0$
  $a_{j1}x_1 + \ldots + a_{jn}x_n \geq b_j \Longrightarrow a_{j1}x_1 + \ldots + a_{jn}x_n - s_j = b_j, s_j \geq 0.$
  Umbenennung: $s_i \to x_{n+i}$
- Beschränkungen in den EV können, soweit sie endliche Grenzen oder $+\infty$ sind, in NB umgewandelt werden; gilt $-\infty < x_k < \infty$ (freie Variable), so sind die betreffenden Variablen jeweils in zwei Variable zu zerlegen:
  $x_k = x_k^* - x_k^{**}, x_k^* \geq 0, x_k^{**} \geq 0$ $\to$ die Anzahl der Variablen nimmt zu.

Kanonische Form einer LOA

Spezielle Normalform:

- Alle rechten Seiten sind nichtnegativ: $b_i \geq 0$ bzw. $\mathbf{b} \geq 0$.
  Dies kann stets durch Vorzeichenwechsel in der betreffenden NB erreicht werden.
- Alle NB enthalten eine Variable mit positivem Koeffizienten, die nur in dieser NB auftritt. Ist dies in einer NB nicht der Fall, so kann durch Einführung einer zusätzlichen (künstlichen) Variablen $+k_i$ (die im späteren Verfahren null wird) Abhilfe geschaffen werden.

Mit der Nutzung von Schlupfvariablen und von künstlichen Variablen sowie mit der Zerlegung freier Variabler entstehen zusätzlich zu den Entscheidungsvariablen weitere Variable, die das LOA-Modell spürbar vergrößern können, zum Nachteil des Rechenaufwandes.

Weitere Begriffe und Eigenschaften von LOA

- Jede Lösung $\mathbf{x}$ von $\mathbf{Ax} = \mathbf{b}, \mathbf{x} \geq \mathbf{0}$ heißt **zulässige** Lösung.
- Die Menge G der zulässigen Lösungen, der **zulässige Bereich**, bildet den Definitionsbereich der Zielfunktion.
- Je m linear unabhängige Spaltenvektoren von $\mathbf{A}$ bilden eine Basis; die diesen Vektoren zugeordneten Variablen heißen **Basisvariable** (BV); die restlichen Variablen heißen **Nichtbasisvariable** (NBV).
- Der Vektor $\mathbf{x}$ zerfällt in zwei Teilvektoren: $\mathbf{x_B}$ Vektor der Basisvariablen, $\mathbf{x_N}$ Vektor der Nichtbasisvariablen $\rightarrow \mathbf{x} = \begin{pmatrix} \mathbf{x_B} \\ \mathbf{x_N} \end{pmatrix}$.
- $\mathbf{A}$ zerfällt in zwei Teilmatrizen: $\mathbf{A}_B$ Matrix der die Basis bildenden Spaltenvektoren, $\mathbf{A}_N$ Matrix der die Nichtbasis bildenden Spaltenvektoren $\rightarrow \mathbf{A} = \begin{pmatrix} \mathbf{A_B} & \mathbf{A_N} \end{pmatrix}$. $\mathbf{A}_B$ ist reguläre Matrix.
- Der Vektor $\mathbf{c}$ der Koeffizienten der Zielfunktion ist zerlegbar $\rightarrow \mathbf{c} = \begin{pmatrix} \mathbf{c_B} \\ \mathbf{c_N} \end{pmatrix}$.
- Zerlegung der LOA:
  $z = \mathbf{c}^\mathsf{T}\mathbf{x} = \mathbf{c_B}^\mathsf{T}\mathbf{x_B} + \mathbf{c_N}^\mathsf{T}\mathbf{x_N} \rightarrow \max, \ \mathbf{Ax} = \mathbf{A_B x_B} + \mathbf{A_N x_N} = \mathbf{b}, \ \ \mathbf{x_B}, \mathbf{x_N} \geq \mathbf{0}$.
- Eine Lösung $\mathbf{x}$ von $\mathbf{Ax} = \mathbf{b}$, bei der alle Nichtbasisvariablen gleich Null sind, heißt **Basislösung**.
- Eine Basislösung heißt **zulässige** Basislösung, wenn alle Basisvariablen nichtnegativ sind. Eine zulässige Basislösung ist eine Lösung der LOA, die höchstens m von Null verschiedene Variable enthält.
- In einer kanonischen Form gilt: $\mathbf{A_B} = \mathbf{E}$; zulässige Basislösung: $\mathbf{x_B} = \mathbf{b}, \mathbf{x_N} = \mathbf{0}$.
- Eine zulässige Basislösung ist mit einem Eckpunkt des Definitionsbereiches der Zielfunktion gleichzusetzen.
- Die **optimale** Lösung einer LOA ist eine zulässige Basislösung, die der Zielfunktion einen optimalen Wert erteilt.
- Existiert die optimale Lösung der LOA, dann nimmt die Zielfunktion den optimalen Wert für mindestens eine Basislösung an.
- Es gibt mindestens eine optimale Lösung, wenn G nicht leer ist und wenn die Zielfunktion auf G beschränkt ist.
- Gibt es mehrere optimale Lösungen, dann besteht die Gesamtheit aller optimalen Lösungen aus deren Linearkombination $\rightarrow$ **mehrdeutige** Lösung.

Grafische Lösung einer linearen Optimierungsaufgabe

Die grafische Lösung einer linearen Optimierungsaufgabe ist bei Vorhandensein von nur zwei Variablen x_1 und x_2 möglich. Sind die Restriktionen Ungleichungen, dann entstehen in der x_1, x_2-Ebene Halbebenen (das sind durch eine Gerade begrenzte Gebiete). Alle diese Halbebenen bilden insgesamt einen konvexen, durch Geradenabschnitte - Polygonzug - begrenzten Bereich. Dies ist der zulässige Bereich der LOA. Kommen noch Gleichungen als Restriktionen hinzu, dann entstehen zusätzlich Geraden; bei deren Vorkommen wird der zulässige Bereich stark eingeschränkt: zum zulässigen Bereich gehören dann nur jene Punkte der x_1, x_2-Ebene, die zugleich allen Restriktionen genügen.

Die lineare Zielfunktion erzeugt in der x_1, x_2-Ebene ein Netz von Niveaulinien, die sämtlich Geraden sind und auch den zulässigen Bereich überdecken. Klar ist, dass die optimale Lösung der LOA einer Ecke oder einer Kante des zulässigen Bereiches entspricht. Bei den den zulässigen Bereich überdeckenden Niveaulinien gibt es zwei mit Randlage (sofern der zulässige Bereich endlich ist); diese sind dem maximalen bzw. dem minimalen Zielfunktionswert zugeordnet. Ist diese Randlage eine Ecke, dann ist die zugehörige optimale Lösung eindeutig: die Koordinaten der Ecke sind die optimalen Werte der Variablen, der Niveauwert der Schargeraden ist der Optimalwert der Zielfunktion. Ist ausnahmsweise der Anstieg der Niveaulinien gleich dem Anstieg einer sich in Randlage befindlichen Kante, dann entsteht eine nichteindeutige optimale Lösung: alle Punkte auf dieser Kante sind dann optimal.

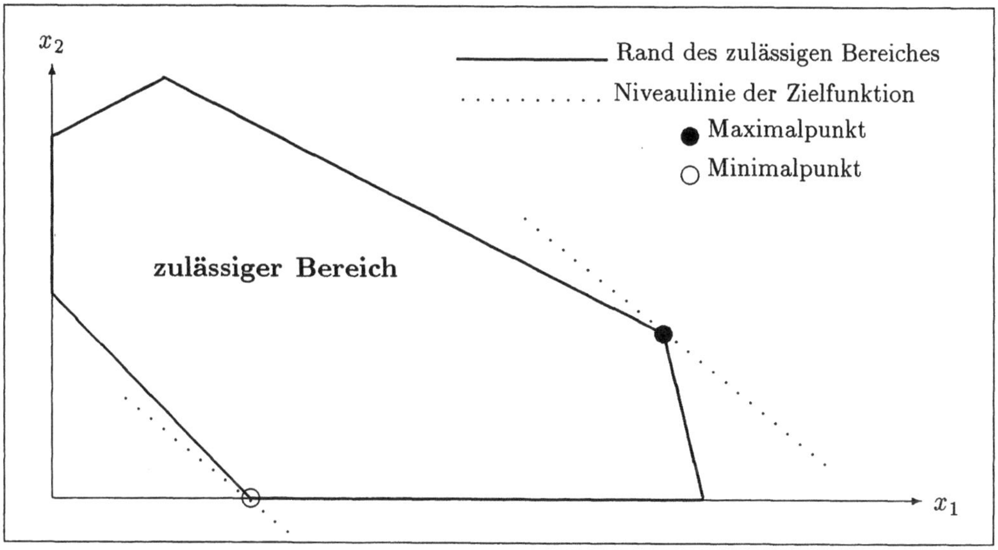

Simplexverfahren

Während Kantorowitsch 1939 erstmals lineare Optimierungsaufgaben und hierfür erste Lösungsmethoden vorstellte, wurde ein brauchbares Lösungsverfahren erst 1947 von Dantzig publiziert: es wurde unter dem Namen Simplexverfahren bekannt und gilt als klassisches Lösungsverfahren der linearen Optimierung. Ausgangspunkt ist eine zulässige Basislösung (die in einem Eröffnungsverfahren bereitgestellt werden muss), aus der in (im Allgemeinen endlich vielen) Schritten weitere Basislösungen entwickelt werden, wobei der Wert der Zielfunktion in jedem Schritt dem Optimum näher kommt.

Das Simplexverfahren beinhaltet in jedem Schritt:
- die Überprüfung der Optimalität der vorliegenden Basislösung,
- die Auswahl einer Nichtbasisvariablen, die Basisvariable wird,
- die Auswahl einer Basisvariablen, die Nichtbasisvariable wird,
- den möglichen Nachweis der Unlösbarkeit der LOA,
- den möglichen Nachweis einer mehrdeutigen optimalen Lösung.

Standard-Maximum-LOA

Die Standard-Maximum-Aufgabe ist der Kern der linearen Optimierung. Jedoch deckt diese nur einen kleinen Teil der LOA ab; für den allgemeinen Fall ist z.B. die Zwei-Phasen-Methode entwickelt worden.

Zielfunktion:	in Matrizenschreibweise:
$z = c_1x_1 + c_2x_2 + \ldots + c_nx_n \to \max$	$z = \mathbf{c}^\mathsf{T}\mathbf{x} \to \max$
Nebenbedingungen:	
$a_{11}x_1 + a_{12}x_2 + \ldots + a_{1n}x_n \leq b_1$	
$a_{21}x_1 + a_{22}x_2 + \ldots + a_{2n}x_n \leq b_2$	$\mathbf{Ax} \leq \mathbf{b}$
....	
$a_{m1}x_1 + a_{m2}x_2 + \ldots + a_{mn}x_n \leq b_m$	
$b_1 \geq 0, b_2 \geq 0, \ldots, b_m \geq 0$	$\mathbf{b} \geq 0$
Nichtnegativitätsbedingungen:	
$x_1 \geq 0, x_2 \geq 0, \ldots, x_n \geq 0$	$\mathbf{x} \geq 0$

Bereitstellung der ersten zulässigen Basislösung

- Ausgangsform ist die Standard-Maximum-LOA mit anschließender Überführung in die kanonische Form mit Hilfe von Schlupfvariablen:

$z = c_1x_1 + c_2x_2 + \ldots + c_{m+n}x_{m+n} \to \max$	$z = \mathbf{c}^\mathsf{T}\mathbf{x} \to \max$
$a_{11}x_1 + a_{12}x_2 + \ldots + a_{1,n}x_n + x_{n+1} = b_1$	
$a_{21}x_1 + a_{22}x_2 + \ldots + a_{2n}x_n + x_{n+2} = b_2$	$\mathbf{Ax_N}+\mathbf{Ex_B} = \mathbf{b}$
....	
$a_{m1}x_1 + a_{m2}x_2 + \ldots + a_{mn}x_n + x_{m+n} = b_m$	
$b_1 \geq 0, b_2 \geq 0, \ldots, b_m \geq 0$	$\mathbf{b} \geq 0$
$x_1 \geq 0, x_2 \geq 0, \ldots, x_n \geq 0, \ldots, x_{m+n} \geq 0$	$\mathbf{x} \geq 0$

- Die Schlupfvariablen bilden die Start-Basisvariablen: $\mathbf{x_B} = \mathbf{b}$.
- Die Entscheidungsvariablen bilden die Start-Nichtbasisvariablen: $\mathbf{x_N} = \mathbf{0}$.
- Startwert der Zielfunktion: $z = 0$.

Starttabelle des Simplexverfahrens

Die Starttabelle enthält die kanonische Form einer LOA und damit auch eine erste zulässige Basislösung.

BV	x_1	x_2	...	x_n	x_{n+1}	x_{n+2}	...	x_{n+m}	b	Q
x_{n+1}	a_{11}	a_{12}	...	a_{1n}	1	0	...	0	b_1	
x_{n+2}	a_{21}	a_{22}	...	a_{2n}	0	1	...	0	b_2	
$\vdots$	$\vdots$	$\vdots$		$\vdots$	$\vdots$	$\vdots$		$\vdots$	$\vdots$	
x_{n+m}	a_{m1}	a_{m2}	...	a_{mn}	0	0	...	1	b_m	
	$-c_1$	$-c_2$	...	$-c_n$	0	0	...	0	$z=0$	

Jede Variable (Entscheidungs- und Schlupfvariable; sie werden durchweg mit x bezeichnet) besitzt eine Spalte. Die Basisvariablen werden in der linken äußersten Spalte deklariert; die übrigen Variablen sind Nichtbasisvariable; die Spalten der Basisvariablen sind Einheitsvektoren. Aus der Nummerierung der Variablen ist die Zuordnung zu Basis- bzw. Nichtbasisvariablen nicht mehr erkennbar; deswegen muss im Rechenprogramm für eine klare Trennung der beiden Variablenarten gesorgt werden. Die letzte Zeile, Kellerzeile genannt, enthält die Informationen aus der Zielfunktion. Die rechte äußerste Spalte ist für die Berechnung von Quotienten (zwecks Entscheidung über den Variablentausch) in den Simplexschritten vorbereitet.

Umformung der Simplextabelle - Simplexschritt

Mit Hilfe des Gaußschen Algorithmus (⊳⊳ S.15 Lineare Algebra, Lösung linearer Gleichungssysteme) wird aus einer Simplextabelle, die eine zulässige Basislösung enthält, eine neue Simplextabelle mit einer neuen, veränderten Basislösung konstruiert. Dieser Simplexschritt sichert, dass sich der Wert der Zielfunktion nicht verschlechtert.

- **Pivotspalte:** Suche in der (Keller-)Zielfunktionszeile bez. der NBV einen negativen Koeffizienten: $c_s < 0$. Wenn ein solcher existiert, wird die betreffende Spalte markiert; die betreffende NBV wird zur BV. Andernfalls ist die vorliegende Tabelle die Schlusstabelle mit optimaler Lösung.
- **Pivotzeile:** Ermittle unter allen positiven Elementen der b-Spalte den kleinsten Quotienten (Engpass): $\frac{b_r}{a_{rs}} = \min\limits_{a_{is}>0} \frac{b_i}{a_{is}}$. Wenn eine solche Zeile existiert, wird diese markiert; die betreffende BV wird zur NBV. Findet sich keine solche Zeile, so ist die LOA nicht lösbar.
- **Pivotelement:** a_{rs}
  Dividiere Pivotzeile durch das Pivotelement. Elemente der Pivotspalte, außer Pivotelement, werden null.
- **Umformung der restlichen Tabelle inkl. der b-Spalte und der Kellerzeile:**

$$a^*_{ij} = a_{ij} - \frac{a_{is}}{a_{rs}} a_{rj}, j = 1 \ldots m+n, i = 1 \ldots m, i \neq r$$

$$b^*_i = b_i - \frac{a_{is}}{a_{rs}} b_r, i = 1 \ldots m, i \neq r$$

$$c^*_j = c_j - \frac{c_s}{a_{rs}} a_{rj}, j = 1 \ldots m+n \qquad \text{abschließend: } a^*_{ij} \to a_{ij}, b^*_i \to b_i, c^*_j \to c_j$$

Mögliche Sonderfälle / Entartungen

- Die Auswahl des minimalen positiven Quotienten zur Festlegung der Pivotzeile ist nicht eindeutig → eine BV wird null → Gefahr von Zyklen. Ausweg: Zufallswahl der Pivotzeile.
- Es ist kein positiver Quotient in der Quotientenspalte enthalten (Pivotspalte enthält nur negative Werte) → keine Lösung ($z \to \infty$).
- Die Kellerzeile enthält bez. einer NBV eine Null, ansonsten keine negativen Werte → es existiert eine weitere optimale Lösung → mehrdeutige Lösung: $\mathbf{x}_{\text{opt}} = \lambda \mathbf{x}_{\text{opt1}} + (1-\lambda)\mathbf{x}_{\text{opt2}}$.

Die Gefahr von Zyklen ist praktisch sehr gering, aber theoretisch nicht auszuschließen. Ebenso ist die Möglichkeit einer mehrdeutigen Lösung gering.

Schlusstabelle des Simplexverfahrens

Die Schlusstabelle mit optimaler Basislösung liegt dann vor, wenn die Kellerzeile keine negativen Werte enthält und sofern nicht vorher wegen Entartung abgebrochen wurde.

BV	x_1	x_2	...	x_n	x_{n+1}	x_{n+2}	...	x_{n+m}	b	Q
x_{B_1}	a_{11}	a_{12}	...	a_{1n}	$a_{1,n+1}$	$a_{1,n+2}$	...	$a_{1,m+n}$	b_1	
x_{B_2}	a_{21}	a_{22}	...	a_{2n}	$a_{2,n+1}$	$a_{2,n+2}$	...	$a_{2,m+n}$	b_2	
$\vdots$	$\vdots$	$\vdots$		$\vdots$	$\vdots$	$\vdots$		$\vdots$	$\vdots$	
x_{B_m}	a_{m1}	a_{m2}	...	a_{mn}	$a_{m,n+1}$	$a_{m,n+2}$	...	$a_{m,m+n}$	b_m	
	$-c_1$	$-c_2$	...	$-c_n$	$-c_{n+1}$	$-c_{n+2}$	...	$-c_{m+n}$	$z = z_{\max}$	

Optimale Lösung

Die zulässige Basislösung der Schlusstabelle ist die optimale Lösung.

$x_{B_1} = b_1, x_{B_2} = b_2, \ldots, x_{B_m} = b_m$ $\quad\quad$ $\mathbf{x_B} = \mathbf{b}$

$x_{N_1} = 0, x_{N_2} = 0, \ldots, x_{N_n} = 0$ $\quad\quad$ $\mathbf{x_N} = \mathbf{0}$

$z = z_{\max}$ $\quad\quad$ $z = z_{\max}$

Die Schlupfvariablen unter den Basisvariablen deuten auf nicht ausgeschöpfte Restriktionen. Die positiven Elemente der Kellerzeile heißen **Schattenpreise**; sie deuten auf ausgeschöpfte Restriktionen und geben die mögliche Vergrößerung von z bei Veränderung der Kapazitätsgrenze b_i um eine Einheit an.

Die Zweiphasenmethode

Im Allgemeinen ist eine LOA keine Standard-Maximum-Aufgabe und nicht in eine solche überführbar. Damit liegt zunächst keine erste zulässige Basislösung vor. Deswegen ist ein aufwändigeres Eröffnungsverfahren, Phase I genannt, erforderlich.

Die Zweiphasenmethode besteht aus zwei Schritten:

1. Phase I: Konstruktion einer ersten zulässigen Basislösung und damit einer Start-(Simplex-)Tabelle.
2. Phase II: Durchführung des Simplexverfahrens

Phase I

Die Original-LOA wird auf kanonische Form gebracht. Sind künstliche Variable nicht erforderlich, ist die erste Basislösung sofort erhältlich.
Sind künstliche Variable erforderlich, dann ist zunächst eine Hilfs-LOA mit der Zielfunktion $z^* = k_1 + k_2 + \ldots + k_r \to$ min zu lösen, indem aus der Basislösung schrittweise alle Basisvariablen eliminiert werden, die künstliche Variable sind.
Ergebnis:

- entweder eine für das Simplexverfahren brauchbare zulässige Basislösung
- oder die Erkenntnis, dass die LOA nicht lösbar ist, weil die LOA keine zulässigen Lösungen hat.

Phase II

Die in der Phase I ermittelte zulässige Basislösung wird mit dem Simplexverfahren behandelt → Umformung in Simplexschritten mit den Ausgängen:
- entweder Ende wegen Optimalität
- oder Abbruch wegen Entartung.

Dualität

Primale und duale Aufgabe

	Primale Aufgabe		Duale Aufgabe
Paare von LOA	$z = \mathbf{c}^\mathsf{T}\mathbf{x} \to \max$ $\mathbf{A}\mathbf{x} \le \mathbf{b}$ $\mathbf{x} \ge \mathbf{0}$	$\Longleftrightarrow$	$z^* = \mathbf{b}^\mathsf{T}\mathbf{u} \to \min$ $\mathbf{A}^\mathsf{T}\mathbf{u} \ge \mathbf{c}$ $\mathbf{u} \ge \mathbf{0}$

Eigenschaften der Dualität

- Die primale Aufgabe ist eine Maximum-, die duale Aufgabe eine Minimum-Aufgabe.
- Die Nebenbedingungen enthalten keine Gleichungen. Die primale Aufgabe enthält in den Nebenbedingungen nur $\le$, während die duale Aufgabe nur $\ge$-Zeichen enthält.
- Die Zahl der Variablen der dualen Aufgabe ist gleich der Zahl der Nebenbedingungen der primalen Aufgabe. Die Zahl der Nebenbedingungen der dualen Aufgabe ist gleich der Anzahl der Variablen der primalen Aufgabe.
- Die Koeffizienten der Zielfunktion der dualen Aufgabe sind die rechten Seiten der Nebenbedingungen der primalen Aufgabe und umgekehrt.
- Die Matrizen in den Nebenbedingungen der primalen und dualen Aufgabe unterscheiden sich nur durch Transposition.

Eigenschaften der Lösungen dualer Aufgabenpaare

- Die duale Aufgabe zur dualen Aufgabe ist die primale Aufgabe (damit ist es nicht entscheidend, welche der beiden Aufgaben primal bzw. dual heißt - **Symmetrieeigenschaft**).
- Für die zulässigen Lösungen gilt stets: $z \le z^*$ (**schwache Dualitätseigenschaft**).
- Wenn $z(\widetilde{x}) = z^*(\widetilde{u})$, dann besitzen beide Aufgaben optimale Lösungen: $x_{\max} = \widetilde{x}$, $u_{\min} = \widetilde{u}$ (**starke Dualitätseigenschaft**).
- Entweder beide Aufgaben besitzen eine optimale Lösung oder keine der beiden Aufgaben besitzt eine solche.
- Notwendig und hinreichend für die Lösbarkeit einer Aufgabe des dualen Paares ist, dass beide Aufgaben zulässige Lösungen haben.
- Dafür dass die erste Aufgabe zulässige Lösungen hat, die andere Aufgabe aber keine zulässigen Lösungen hat und damit unlösbar ist, ist notwendig und hinreichend, dass die Zielfunktion der ersten Aufgabe unbeschränkt ist.

- Die optimale Simplextabelle der primalen Aufgabe enthält in ihrer Kellerzeile auch eine optimale Lösung der dualen Aufgabe; dabei besteht eine Zuordnung zwischen den Entscheidungsvariablen der primalen/dualen und den Schlupfvariablen der dualen/primalen Aufgabe und umgekehrt.

Mit der Behandlung (und ggf. optimalen Lösung) einer Aufgabe eines dualen Paares von LOA wird gleichzeitig die duale Aufgabe betrachtet (und ggf. optimal gelöst).

Sensitivitätsanalyse

Die Sensitivitätsanalyse untersucht die Wirkung veränderter Parameter der LOA (rechte Seiten, Koeffizienten der Basisvariablen in der Zielfunktion, Koeffizienten der Nichtbasisvariablen in der Zielfunktion, Koeffizienten in den Nebenbedingungen, neue Variable, neue Nebenbedingungen) auf die optimale Lösung der LOA, ohne dass sich die Lösung qualitativ (d.h. in der Aufteilung in Basis- und Nichtbasisvariable) ändert. Insbesondere geht es um die empfindlichen Parameter, bei deren Änderung die Werte der Variablen in der optimalen Lösung verändert werden; es ist jedoch auch wichtig zu wissen, welche Parameter keine Änderungen hervorrufen und damit möglicherweise Kapazitätsreserven erschließen könnten. Annahme: optimale Lösung sei nicht entartet.

Ändern sich Parameter einer LOA so stark, dass sich die optimale Lösung auch qualitativ verändert (d.h., Basisvariable gehen in Nichtbasisvariable über bzw. umgekehrt), so heißt dies **parametrische Optimierung**.

Darstellung der Sensitivitätsanalyse

Standardproblem der LO:	$z(\mathbf{x}) = \mathbf{c}^{\mathsf{T}}\mathbf{x} \to \max,\ \mathbf{A}\mathbf{x} = \mathbf{b},\ \mathbf{x} \geq \mathbf{0}$ mit $\mathbf{A} \in \mathbb{R}^{m\times n}, r(\mathbf{A}) = m < n; \mathbf{c}, \mathbf{x} \in \mathbb{R}^n, \mathbf{b} \in \mathbb{R}^m$ $\mathbf{x}^*$ optimale Lösung
zulässige Lösungen:	$\mathbf{x} = \begin{pmatrix}\mathbf{x}_B\\ \mathbf{x}_N\end{pmatrix}, \mathbf{x}_B = \mathbf{A}_B^{-1}\mathbf{b} - \mathbf{A}_B^{-1}\mathbf{A}_N\mathbf{x}_N$
optimale Lösung:	$\mathbf{x}^* = \begin{pmatrix}\mathbf{x}_B^*\\ \mathbf{x}_N^*\end{pmatrix}, \mathbf{x}_B^* = \mathbf{A}_B^{-1}\mathbf{b}, \mathbf{x}_N^* = \mathbf{0}$ wobei: $\mathbf{A}_B, \mathbf{A}_N$ Teilmatrizen von $\mathbf{A}$, entsprechend der Einteilung von $\mathbf{x}$ in $\mathbf{x}_B$ (Basisvariable) und $\mathbf{x}_N$ (Nichtbasisvariable) $\mathbf{A} = (\mathbf{A}_B\,\mathbf{A}_N),\ \mathbf{A}_B\mathbf{x}_B + \mathbf{A}_N\mathbf{x}_N = \mathbf{b}$ $\mathbf{c}_B$ Vektor der Zielfunktionskoeffizienten der Basisvariablen $\mathbf{a}_k$ Spaltenvektor der Matrix $\mathbf{A}$ $\mathbf{g}_k$ Spaltenvektor der Matrix $\mathbf{A}_B^{-1}\mathbf{A}_N$ $\mathbf{A}_B^{-1} = (\beta_{ij}),\ \beta_i$ Spaltenvektor der Matrix $\mathbf{A}_B^{-1}$
Änderungen:	$(\mathbf{c}+\mathbf{\Delta c})^{\mathsf{T}}\mathbf{x} \to \max,\ (\mathbf{A}+\mathbf{\Delta A})\mathbf{x} = \mathbf{b}+\mathbf{\Delta b},\ \mathbf{x} \geq \mathbf{0}$
Frage:	$\Delta\mathbf{x}^* = \mathbf{0}$ oder $\Delta\mathbf{x}^* \neq \mathbf{0}$ bzw. wie stark ändert sich die optimale Lösung, d.h. wie groß ist $\|\|\Delta\mathbf{x}^*\|\|$ (oder gibt es etwa keine optimale Lösung mehr)?

Fälle

- Fall: Änderung der Zielfunktionskoeffizienten
  $\mathbf{c}^\mathsf{T}\mathbf{x} \to (\mathbf{c}+\Delta\mathbf{c})^\mathsf{T}\mathbf{x}$ $\quad z(\mathbf{x}^*) \to z^{\Delta\mathbf{c}}(\mathbf{x}^*) = z(\mathbf{x}^*) + \mathbf{K}_c\Delta\mathbf{c}$
- Fall: Änderung der rechten Seiten der Nebenbedingungen
  $\mathbf{Ax} = \mathbf{b} \to \mathbf{Ax} = \mathbf{b} + \Delta\mathbf{b}$ $\quad z(\mathbf{x}^*) \to z^{\Delta\mathbf{b}}(\mathbf{x}^*) = z(\mathbf{x}^*) + \mathbf{K}_b\Delta\mathbf{b}$
- Fall: Änderung der Koeffizienten in den Nebenbedingungen
  $\mathbf{Ax} = \mathbf{b} \to (\mathbf{A} + \Delta\mathbf{A})\mathbf{x} = \mathbf{b}$ $\quad z(\mathbf{x}^*) \to z^{\Delta\mathbf{A}}(\mathbf{x}^*) = z(\mathbf{x}^*) + \mathbf{K}_A\Delta\mathbf{A}$
- Fall: Wegfall oder Hinzunahme von Nebenbedingungen
  in der Regel gänzlich neue Rechnung

Auswirkung der Änderung nur eines Zielfunktionskoeffizienten

Fall 1: k ist Index einer Nichtbasisvariablen
Aufteilung in Basis und Nichtbasis bleibt unverändert, falls
$\Delta c_k \le \mathbf{c_B}^\mathsf{T}\mathbf{B}^{-1}\mathbf{a}_k - c_k$

Fall 2: k ist Index einer Basisvariablen
Aufteilung in Basis und Nichtbasis bleibt unverändert, falls
$\underline{\lambda} \le \Delta c_k \le \overline{\lambda}$, wobei

$$\underline{\lambda} = \begin{cases} \max\limits_{l\in I^+}\left(-\dfrac{\mathbf{c_B}^\mathsf{T}\mathbf{B}^{-1}\mathbf{a}_l - c_l}{a_{kl}}\right) \\ -\infty,\ I^+ = \emptyset \end{cases}, \quad \overline{\lambda} = \begin{cases} \min\limits_{l\in I^-}\left(-\dfrac{\mathbf{c_B}^\mathsf{T}\mathbf{B}^{-1}\mathbf{a}_l - c_l}{a_{kl}}\right) \\ \infty,\ I^- = \emptyset \end{cases}$$

$I^+ = \{l \text{ NBV-Nummer}, a_{kl} > 0\},\ I^- = \{l \text{ NBV-Nummer}, a_{kl} < 0\}$

Auswirkung der Änderung nur einer rechten Seite

Aufteilung in Basis und Nichtbasis bleibt unverändert, falls $\underline{\lambda} \le \Delta b_k \le \overline{\lambda}$,

wobei $\underline{\lambda} = \begin{cases} \max\limits_{l\in I^+}\left(-\dfrac{b_k}{\beta_{lk}}\right) \\ -\infty,\ I^+ = \emptyset \end{cases}, \quad \overline{\lambda} = \begin{cases} \min\limits_{l\in I^-}\left(-\dfrac{b_k}{\beta_{lk}}\right) \\ \infty,\ I^- = \emptyset \end{cases}$

$I^+ = \{i \text{ NB-Nummer}, \beta_{ik} > 0\},\ I^- = \{i \text{ NB-Nummer}, \beta_{ik} < 0\}$

Auswirkung der Änderung nur eines Koeffizienten in den Nebenbedingungen

Aufteilung in Basis und Nichtbasis bleibt unverändert, falls $\underline{\lambda} \le \Delta a_{ij} \le \overline{\lambda}$,

$$\underline{\lambda} = \begin{cases} \dfrac{c_j - \mathbf{c}_B^\mathsf{T}\mathbf{A}_B^{-1}\mathbf{a}_j}{\mathbf{c}_B^\mathsf{T}\beta_i} & \text{falls} \quad \mathbf{c}_B^\mathsf{T}\beta_i < 0 \\ -\infty & \text{sonst} \end{cases} \qquad \overline{\lambda} = \begin{cases} \dfrac{c_j - \mathbf{c}_B^\mathsf{T}\mathbf{A}_B^{-1}\mathbf{a}_j}{\mathbf{c}_B^\mathsf{T}\beta_i} & \text{falls} \quad \mathbf{c}_B^\mathsf{T}\beta_i > 0 \\ \infty & \text{sonst} \end{cases}$$

Parametrische lineare Optimierung

Die parametrische Optimierung ist mit der Sensitivitätsanalyse eng verwandt. Hier geht es um die Frage, in welchem Maße die Variation eines Parameters der LOA Einfluss auf die optimale Lösung hat. Gelegentlich wird zwischen Sensitivitätsanalyse und parametrischer Optimierung keine Grenze gezogen.

Typisch für die parametrische Optimierung ist die Einführung eines (oder mehrerer) Parameter zwecks Abgrenzung der qualitativen Verhaltensweisen bei der (postoptimalen) Variation einer optimalen Lösung.

Fall: Variation der Zielfunktionskoeffizienten

$\mathbf{c}(\lambda)$	variierender Zielfunktionsvektor: $\mathbf{c}(\lambda) = \mathbf{c}^* + \lambda\mathbf{c}^{**}$ $\lambda \in \mathbb{R}$, $\lambda' \leq \lambda \leq \lambda''$
$\begin{cases} \mathbf{c}^\top(\lambda)\mathbf{x} \to \min / \max \\ \mathbf{A}\mathbf{x} = \mathbf{b},\ \mathbf{x} \geq \mathbf{0} \end{cases}$	parametrische lineare Optimierungsaufgabe $\mathbf{A} \in \mathbb{R}^{m \times n}$, $\operatorname{rang} \mathbf{A} = m < n$; $\mathbf{c}^*, \mathbf{c}^{**}, \mathbf{x} \in \mathbb{R}^n$, $\mathbf{b} \in \mathbb{R}^m$

Fall: Variation der rechten Seiten der Nebenbedingungen

$\mathbf{b}(\lambda)$	variierender Vektor der rechten Seiten: $\mathbf{b}(\lambda) = \mathbf{b}^* + \lambda\mathbf{b}^{**}$ $\lambda \in \mathbb{R}$, $\lambda' \leq \lambda \leq \lambda''$
$\begin{cases} \mathbf{c}^\top\mathbf{x} \to \min / \max \\ \mathbf{A}\mathbf{x} = \mathbf{b}(\lambda),\ \mathbf{x} \geq \mathbf{0} \end{cases}$	parametrische lineare Optimierungsaufgabe $\mathbf{A} \in \mathbb{R}^{m \times n}$, $\operatorname{rang} \mathbf{A} = m < n$; $\mathbf{c}$, $\mathbf{x} \in \mathbb{R}^n$, $\mathbf{b}^*, \mathbf{b}^{**} \in \mathbb{R}^m$

Generelle Verfahrensweise: der Parameter λ wird zunächst maximiert, solange kein Basiswechsel eintritt; nach Überschreiten des Maximum entsteht eine neue optimale Lösung, mit der entsprechend weiter (parametrisch) verfahren wird. Die Untersuchung endet dann, wenn Unbeschränktheit eintritt oder kein Basiswechsel mehr durchgeführt werden kann. Bei Feststellung zyklischen Verhaltens muss abgebrochen werden.

Lineare Optimierungsaufgaben mit mehreren Zielfunktionen

Die lineare Optimierung mit mehreren Zielfunktionen wird auch **multikriterielle Optimierung** oder **Vektoroptimierung** genannt.

Vektoroptimierungsaufgabe - VOA

$\mathbf{c}^{(1)\top}\mathbf{x}, \mathbf{c}^{(2)\top}\mathbf{x}, \ldots, \mathbf{c}^{(r)\top}\mathbf{x}$	lineare Zielfunktionen
$\mathbf{C} = \begin{pmatrix} \mathbf{c}^{(1)\top} \\ \ldots \\ \mathbf{c}^{(r)\top} \end{pmatrix}$	Zielfunktionsmatrix, $\mathbf{C} \in \mathbb{R}^{r \times n}$
$\begin{cases} \mathbf{C}\mathbf{x} \to \min / \max \\ \mathbf{A}\mathbf{x} = \mathbf{b} \\ \mathbf{x} \geq \mathbf{0} \end{cases}$	Vektormaximum- bzw. Vektorminimum-Problem $\mathbf{A} \in \mathbb{R}^{m \times n}, \operatorname{rang}(\mathbf{A}) = m < n, \mathbf{x} \in \mathbb{R}^n_+, \mathbf{b} \in \mathbb{R}^m$
$G = \{\mathbf{x} \in \mathbb{R}^m_+ \mid \mathbf{A}\mathbf{x} = \mathbf{b}\}$	zulässiger Bereich

Somit besteht eine VOA aus mehreren LOA mit gleichem zulässigem Gebiet, aber verschiedenen Zielfunktionen. Im Regelfall stimmen, wenn sie überhaupt existieren, die optimalen Lösungen der Einzel-LOA nicht überein; deshalb besteht ein Zielkonflikt und es muss ein Kompromiss gefunden werden, weil nicht sämtliche Zielfunktionen die gleiche optimale Lösung haben.

Effiziente Lösungen des Vektorminimumproblems

Menge der effizienten Punkte des Vektorminimumproblems:
$G^+ = \{\mathbf{x}^+ \in G|$ es gibt kein $\mathbf{x} \in G$ mit $\mathbf{c}^{(k)\top}\mathbf{x} \leq \mathbf{c}^{(k)\top}\mathbf{x}^+$ für $k = 1, \ldots, r;$
$\mathbf{c}^{(l)\top}\mathbf{x} < \mathbf{c}^{(l)\top}\mathbf{x}^+$ für mindestens ein $l : 1 \leq l \leq r\}$
G^+ ist Menge von "Kompromiss-Lösungen"

Eigenschaften der Menge der effizienten Punkte:

- Jede optimale Einzellösung $\mathbf{x}^{(k)}_{\text{opt}}$ ist auch effizienter Punkt.
- Sind $\mathbf{x}^*$ und $\mathbf{x}^{**}$ effiziente Punkte und gleichzeitig Ecken von G, dann existiert in G eine Kantenfolge zwischen $\mathbf{x}^*$ und $\mathbf{x}^{**}$, die nur aus effizienten Punkten besteht.
- G^+ ist zusammenhängend und nicht konvex.

Für das Vektormaximumproblem ändern sich lediglich die Ungleichungsrichtungen in der Definition der effizienten Punkte.

Aus der Menge G^+ der effizienten Punkte (Kompromisse) kann auf verschiedene Weise (Kompromiss-Modelle) ein Punkt ausgewählt werden, der als optimale Lösung ("bester" Kompromiss) des Vektorminimumproblems deklariert wird.

Sequentielle Berücksichtigung der Einzel-Zielfunktionen

Ablauf:

1. (metrische oder ordinale) Bewertung der Einzel-Zielfunktionen und Aufstellung einer Rangordnung (Prioritäten/Präferenzen): $\mathbf{c}^{(1)\top}\mathbf{x}, \mathbf{c}^{(2)\top}\mathbf{x}, \ldots, \mathbf{c}^{(r)\top}\mathbf{x}$.
2. Start: $k = 1$.
3. Bestimmung der Menge G_k^+ der optimalen Lösungen von $\mathbf{c}^{(k)\top}\mathbf{x}$.
4. Besteht G_k^+ nur aus einem Punkt, dann ist dieser effiziente Punkt die optimale Lösung, dann gehe zu 6.
5. Andernfalls ist G_k^+ zulässiger Bereich für den nächsten Schritt, erhöhe k um 1, gehe zu 3.
6. Ende: dieses ist nach spätestens r Schritten erreicht.

Simultane Berücksichtigung der Einzel-Zielfunktionen

Überführung des Vektoroptimierungsproblems mit Hilfe eines gewichteten Mittels in eine LOA, unter der Bedingung, dass die Einzel-Zielfunktionen substantiell vergleichbar sind und optimale Einzel-Lösungen existieren.
Neue Zielfunktion: $z(\mathbf{x}) = \lambda_1\mathbf{c}^{(1)\top}\mathbf{x} + \ldots + \lambda_r\mathbf{c}^{(r)\top}\mathbf{x}, \lambda_k > 0, k = 1, \ldots, r$
LOA: $z(\mathbf{x}) \to$ max bzw. min, $\quad \mathbf{A}\mathbf{x} = \mathbf{b}, \quad \mathbf{x} \geq \mathbf{0}$

Goal-Optimierung
Ansatz zur Lösung einer LOA mit mehreren Zielfunktionen; für die Maximal- bzw. Minimalwerte der Einzel-Zielfunktionen werden Fenster/Abweichungen vorgegeben, die unter Beachtung der Nebenbedingungen getroffen werden sollen. Diese Abweichungen werden in eine Straffunktion als Zielfunktion einer neuen umfangreicheren LOA eingearbeitet. Die vorherige Zielfunktion wird in zusätzlichen Nebenbedingungen versteckt.

$z_1, z_2, \ldots, z_r$	Zielwerte der Einzel-Zielfunktionen
$\alpha_1, \alpha_2, \ldots, \alpha_r; \beta_1, \beta_2, \ldots, \beta_r$	zulässige Abweichungen in den Zielwerten nach oben und unten
$\lambda_1^\alpha, \ldots, \lambda_r^\alpha; \lambda_1^\beta, \ldots, \lambda_r^\beta$ (alle $\lambda > 0$)	Gewichte für die Abweichungen
neue LOA:	
$x_1, \ldots, x_n; \alpha_1, \ldots, \alpha_r; \beta_1, \ldots, \beta_r$	$n + 2r$ Variable
$\zeta = \sum\limits_{k=1}^{n} (\lambda_k^\alpha \alpha_k + \lambda_k^\beta \beta_k) \to \min$	Zielfunktion
$\mathbf{Ax} = \mathbf{b}, \quad \mathbf{x} \geq \mathbf{0}$ $\alpha_k, \beta_k \geq 0$ für $k = 1, \ldots, r$ $\mathbf{c}^{(k)\top}\mathbf{x} - \alpha_k + \beta_k = z_k$ für $k = 1, \ldots, r$	$m + r$ Nebenbedingungen

Iterationsverfahren in der linearen Optimierung

Die klassischen Verfahren der linearen Optimierung führen nach endlicher Schrittzahl zu einer Lösung/Entscheidung (im Falle eines zyklischen Verhaltens muss nach dessen Erkennen abgebrochen werden).

Nach dem Vorbild von Lösungsverfahren in der nichtlinearen Optimierung (▷▷ S.102) wurden Suchstrategien entwickelt, die entweder zum Einschluss des zulässigen Bereiches (Ellipsoidverfahren) oder im Inneren des zulässigen Bereiches zur Annäherung an die optimale Lösung (Projektionsverfahren) führen.

Ellipsoidverfahren

- gegebene LOA: $z = \mathbf{c}^\top\mathbf{x} \to \min, \ \mathbf{Ax} \leq \mathbf{b}, \ \mathbf{x} \geq \mathbf{0}$
  $\mathbf{c}, \mathbf{x} \in \mathbb{R}^n, \mathbf{A} \in \mathbb{R}^{m\times n}, \mathbf{b} \in \mathbb{R}^m$
  dazu duale Aufgabe: $z^* = \mathbf{b}^\top\mathbf{u} \to \max, \ \mathbf{A}^\top\mathbf{u} \geq \mathbf{c}, \ \mathbf{u} \geq \mathbf{0}, \ \mathbf{u} \in \mathbb{R}^m$
- zusammen: $\mathbf{Ax} \leq \mathbf{b}, \ -\mathbf{A}^\top\mathbf{u} \leq -\mathbf{c}, \ \mathbf{c}^\top\mathbf{x} - \mathbf{b}^\top\mathbf{u} \leq \mathbf{0}, \ -\mathbf{x} \leq \mathbf{0}, \ -\mathbf{u} \leq \mathbf{0}$
  also erweiterte LOA: $\mathbf{z} = \begin{pmatrix}\mathbf{x}\\ \mathbf{u}\end{pmatrix}, \ \mathbf{Dz} \leq \mathbf{r}, \ \mathbf{D} \in \mathbb{R}^{m'\times n'}, \ \mathbf{z} \in \mathbb{R}^{n'}, \ \mathbf{r} \in \mathbb{R}^{m'}$
  $m' = 2m + 2n + 1, n' = m + n$
- zulässiger Bereich der erweiterten LOA: $G' = \{\mathbf{z} : \mathbf{Dz} \leq \mathbf{r}\}$
- $\mathbf{d}_i$ i-te Zeile von $\mathbf{D}$, d_{ij} Elemente von $\mathbf{D}$, r_i Elemente von $\mathbf{r}$
- $L = \operatorname{int}\Big(\sum\limits_{i=1}^{m'}\sum\limits_{j=1}^{n'} \operatorname{ld}(|d_{ij}| + 1) + \sum\limits_{i=1}^{m'} \operatorname{ld}(|r_i| + 1) + \operatorname{ld}(n'm') + 1\Big)$
  obere Schranke für die Anzahl der Verfahrensschritte

Konstruktion einer Folge von Ellipsoiden $\mathcal{E}_k$ in $\mathbb{R}^{n'}$ mit Mittelpunkt $\mathbf{z}^k$:

$$\mathcal{E}_k = \{\mathbf{w} : \mathbf{w} \in \mathbb{R}^{n'}, \mathbf{w} = \mathbf{z}^k + \mathbf{B}_k\mathbf{y}, ||\mathbf{y}|| \leq 1\}, \ \mathbf{B}_k \in \mathbb{R}^{n'\times n'}, \mathbf{y}, \mathbf{z}_k \in \mathbb{R}^{n'}$$

die G' umfassen und deren Volumen bei jedem Schritt um konstanten Faktor abnimmt (Schrumpfungsprozess); die Folge bricht dann ab, wenn der Mittelpunkt eines Ellipsoids in G' liegt.

Ablauf des Verfahrens:

1. Start mit $\mathbf{z}^0 = \mathbf{0}$, $\mathbf{B}_0 = 2^L \mathbf{E}_{n'}$, $k = 0$.
2. Bestimme δ_k, i_k aus $\delta_k = \max(\mathbf{d}_i^\top \mathbf{z}^k - r_i) = \mathbf{d}_{i_k}^\top \mathbf{z}_k - r_{i_k}$.
3. Falls $k = n'^2 L$, dann LOA nicht lösbar, Ende.
4. Falls $\delta_k \le 2^{-L}$, dann ist $\mathbf{z}^k$ (fast) optimale Lösung, Ende; ansonsten gehe zu 5.
5. Berechne $g_k = \mathbf{B}_k \mathbf{d}_{i_k}$, $g'_k = \dfrac{g_k}{\sqrt{g_k^\top g_k}}$, $\mathbf{z}^{k+1} = \mathbf{z}^k - \dfrac{1}{n+1} \mathbf{B}_k g'_k$

   sowie $\mathbf{B}_{k+1} = \left(1 + \dfrac{1}{16n'^2}\right) \dfrac{n'}{\sqrt{n'^2 - 1}} \left[\mathbf{B}_k + \left(\dfrac{n'-1}{n'+1} - 1\right) \mathbf{B}_k g'_k g'^\top_k\right]$.
6. Erhöhe k um 1, gehe zu 2.

Zeitkomplexität: $O(n'^4)$

Verfahren von Karmarkar

Dieses Verfahren (auch Projektionsverfahren genannt) konstruiert eine Punktfolge im Innern des zulässigen Bereiches (unabhängig von der Gestalt des Randes) bei ständiger Verbesserung der zulässigen Lösung.

Vorbereitung:

Jede LOA ($\widehat{z} = \mathbf{c}^\top \widehat{\mathbf{x}} \to \min, \mathbf{A}\widehat{\mathbf{x}} = \mathbf{b}, \widehat{\mathbf{x}} \ge \mathbf{0}$) lässt sich stets auf die folgende Form bringen:

$$z = \mathbf{c}^\top \mathbf{x} \to \min, \mathbf{A}\mathbf{x} = \mathbf{0}, \mathbf{e}^\top \mathbf{x} = 1, \mathbf{x} \ge \mathbf{0}$$

mit: $\mathbf{e} = (1, 1, ..., 1)^\top \in \mathbb{R}^n$ Einsvektor, $\mathbf{A} \in \mathbb{R}^{m \times n}$ Matrix.

Dies wird erreicht durch Verwendung einer zulässigen Lösung $\mathbf{a} \ge \mathbf{0}$ mit Hilfe der Transformation

$$x_i = \frac{\dfrac{\widehat{x}_i}{a_i}}{1 + \sum\limits_{i=1}^{n} \dfrac{\widehat{x}_i}{a_i}}, \quad i = 1, \ldots, n.$$

Mit Hilfe einer Diagonalmatrix $\mathbf{D}$ werden $\mathbf{A}$ und $\mathbf{c}$ schrittweise in $\mathbf{AD}$ bzw. $\mathbf{c}^\top \mathbf{D}$ abgeändert und es wird eine konvergente Folge $\{\mathbf{x}^k\}$ so erzeugt, dass $\{\mathbf{c}^\top \mathbf{x}^k\}$ eine Nullfolge ist.

Ablauf des Verfahrens:

1. Start: $\mathbf{x}^0 = \mathbf{a}^0 = (\frac{1}{n}, \ldots, \frac{1}{n})^\top$, $\varepsilon > 0$, $\alpha \in (0, \frac{1}{4}]$, $r = \dfrac{1}{\sqrt{n(n-1)}}$, $k = 0$.
2. Setze $\mathbf{D}_k = \operatorname{diag}(\mathbf{x}_k)$, $\mathbf{B}_k = \begin{pmatrix} \mathbf{AD}_k \\ \mathbf{e}^\top \end{pmatrix}$.
3. Setze $\mathbf{p}^k = \left(\mathbf{E} - \mathbf{B}_k (\mathbf{B}_k \mathbf{B}_k^\top)^{-1} \mathbf{B}_k\right) \mathbf{D}_k \mathbf{c}$, $\mathbf{q}^k = \mathbf{a}^0 - \alpha r \dfrac{\mathbf{p}^k}{||\mathbf{p}^k||}$.
4. Neuer Iterationspunkt: $\mathbf{x}^{k+1} = (\mathbf{e}^\top \mathbf{D}_k \mathbf{q}^k)^{-1} \mathbf{D}_k \mathbf{q}^k$.
5. Falls $\dfrac{\mathbf{c}^\top \mathbf{x}^{k+1}}{\mathbf{c}^\top \mathbf{a}^0} > \varepsilon$, erhöhe k um 1, gehe zu 2., ansonsten Ende: $\mathbf{x}^{k+1}$ ist Näherungslösung.

Zeitintensität: $\mathrm{O}\left(n\left(\dfrac{\ln(\varepsilon^{-1})}{\ln 2} + \ln n\right)\right)$

Transport- und Zuordnungsoptimierung

Die Standard-Transportaufgabe

Die Transport- und Zuordnungsoptimierung ist lineare Optimierung mit spezieller Struktur der Nebenbedingungen. Diese Struktur favorisiert eigenständige Lösungsverfahren.

Grundgrößen und Begriffe der Transportoptimierung

$A_1, A_2, \ldots, A_m$	-	m Aufkommensorte mit den Aufkommensmengen $a_1, a_2, \ldots, a_m$
$B_1, B_2, \ldots, B_n$	-	n Bedarfsorte mit den Bedarfsmengen $b_1, b_2, \ldots, b_n$
c_{ij}	-	Aufwand für den Transport einer Mengeneinheit von A_i nach B_j
x_{ij}	-	zu transportierende Menge von A_i nach B_j
T	-	Gesamt-Transportaufwand

Transportoptimierung im Sinne der linearen Optimierung

Zielfunktion - Gesamt-Transportaufwand

$$T = c_{11}x_{11} + \ldots + c_{mn}x_{mn} = \sum_{i=1}^{m}\sum_{j=1}^{n} c_{ij}x_{ij} \to \min$$

Nebenbedingungen - Aufkommensbilanz

$$x_{i1} + \ldots + x_{in} = \sum_{j=1}^{n} x_{ij} = a_i, i = 1, \ldots, m$$

Nebenbedingungen - Bedarfsbilanz

$$x_{1j} + \ldots + x_{mj} = \sum_{i=1}^{m} x_{ij} = b_j, j = 1, \ldots, n$$

Nichtnegativitätsbedingungen - nur nichtnegative Mengen

$$x_{11}, \ldots, x_{mn} \geq 0$$

Standardaufgabe - Übereinstimmung von Aufkommen und Bedarf

$$\sum_{i=1}^{m} a_i = \sum_{j=1}^{n} b_j$$

Transporttabelle

	B_1	B_2	$\ldots$	B_n	Aufwandsmengen
A_1	c_{11} x_{11}	c_{12} x_{12}		c_{1n} x_{1n}	a_1
A_2	c_{21} x_{21}	c_{22} x_{22}		c_{2n} x_{2n}	a_2
$\vdots$					
A_m	c_{m1} x_{m1}	c_{m2} x_{m2}		c_{mn} x_{mn}	a_m
Bedarfsmengen	b_1	b_2		b_n	

Basislösung einer Transportoptimierungsaufgabe

- Das lineare Gleichungssystem der Nebenbedingungen besteht aus $m+n$ Gleichungen, aber wegen der Übereinstimmung von Aufkommen und Bedarf ist eine Gleichung überflüssig.
- Damit besteht die Basislösung (bei Nichtausartung) aus $m+n-1$ Basisvariablen; die Transporttabelle hat dann $m+n-1$ (positiv) besetzte Felder.
- Die nichtbesetzten (d.h. mit 0 besetzten) Felder enthalten die Nichtbasisvariablen.
- Sind in den Nebenbedingungen weitere Gleichungen überflüssig, dann entartet die Transportoptimierungsaufgabe.

Erzeugung einer ersten zulässigen Basislösung

Als erste zulässige Basislösung ist ein realer (funktionierender) Transportplan zu konstruieren (Eröffnungsverfahren), der in der Regel das Transportproblem noch nicht optimal löst. Der Aufwand bei der Festlegung der ersten zulässigen Basislösung beeinflusst auch deren Güte, d.h. deren Nähe zur optimalen Lösung und damit den Rechenaufwand in diesem Teil der Transportoptimierung.

Nord-West-Ecken-Regel
Festlegung von Transportmengen $x_{ij} > 0$ in $m+n-1$ Feldern in der linken oberen Ecke (Nord-West-Ecke) der Matrix in Richtung der rechten unteren Ecke (Süd-Ost-Ecke); in den restlichen Feldern gilt $x_{ij} = 0$. Geringer Aufwand. Entscheidend sind hier Vergleiche zwischen Aufkommen und Bedarf.

1. Begonnen wird mit der Belegung von x_{11} mit dem größtmöglichen Wert: $x_{11} = \min(a_1, b_1)$.
2. Ist $a_1 > b_1$, dann wird das Feld mit $x_{11} = b_1$ belegt; damit ist auch die Spalte 1 belegt; a_1 ist durch $a_1 - x_{11}$ zu ersetzen.
3. Ist $a_1 < b_1$, dann wird das Feld mit $x_{11} = a_1$ belegt; damit ist auch die Zeile 1 belegt; b_1 ist durch $b_1 - x_{11}$ zu ersetzen.
4. Gilt aber $a_1 = b_1$, so ist $x_{11} = a_1 = b_1$ zu setzen. Zeile 1 und Spalte 1 gelten als belegt. Zur Verhinderung einer Degeneration ist in Zeile 1 ein weiteres Feld zu markieren: das Feld mit dem nächstgrößeren c_{1j}.
5. Die Schritte 1. bis 4. werden sinngemäß in der Restmatrix für die Elemente $x_{12}, x_{21}, x_{13}, x_{22}, x_{31}, \ldots$ wiederholt, bis sämtliche Reihen belegt sind.

Die belegten Felder bilden eine Basislösung.

Matrixminimummethode
Festlegung von Transportmengen $x_{ij} > 0$ in $m+n-1$ Feldern, in den restlichen Feldern gilt $x_{ij} = 0$. Entscheidend sind hier die Verbindungen mit den kleinsten Transportaufwendungen (z.B. kürzeste Entfernungen).

1. Es wird das Feld mit $\min c_{ij}$ ermittelt (bei mehreren Feldern Auswahl beliebig).
2. Ist für das ermittelte Feld $a_i > b_j$, dann wird das Feld mit $x_{ij} = b_j$ belegt; damit ist auch die Spalte j belegt; a_i ist durch $a_i - x_{ij}$ zu ersetzen.
3. Ist für das ermittelte Feld $a_i < b_j$, dann wird das Feld mit $x_{ij} = a_i$ belegt; damit ist auch die Zeile i belegt; b_j ist durch $b_j - x_{ij}$ zu ersetzen.
4. Gilt im ermittelten Feld aber $a_i = b_j$, so ist $x_{ij} = a_i = b_j$ zu setzen. Zeile i und Spalte j gelten als belegt. Zur Verhinderung einer Degeneration ist in der belegten Zeile ein weiteres Feld zu markieren: das Feld mit dem nächstgrößeren c_{ij}.
5. Die Schritte 1. bis 4. werden für die Restmatrix (die belegten Reihen führen zur Reduktion) wiederholt, bis sämtliche Reihen belegt sind.

Die belegten Felder bilden eine Basislösung.

Vogelsche Approximationsmethode

Der rechnerische Aufwand ist hoch, aber deshalb liefert die erste zulässige Basislösung bereits einen Transportplan, der dem Optimum recht nahe kommt.

1. In jeder Reihe (Zeilen und Spalten) der Transporttabelle wird die Differenz zwischen dem kleinsten und nächstkleinsten Transportaufwand gebildet.
2. Die Reihe mit der größten Differenz wird markiert (bei Gleichheit Auswahl beliebig).
3. In der markierten Reihe wird das Feld (a_{i^*}, b_{j^*}) mit dem kleinsten Transportaufwand markiert (bei Gleichheit Auswahl beliebig).
4. Das in 3. markierte Feld wird maximal belegt: $x_{i^*j^*} = \min(a_{i^*}, b_{j^*})$
5. Die betreffenden Aufwands- bzw. Bedarfsmengen werden reduziert: $a_{i^*}^+ = a_{i^*} - \min(a_{i^*}, b_{j^*})$, $b_{j^*}^+ = b_{j^*} - \min(a_{i^*}, b_{j^*})$.
6. Die für das Minimum verantwortliche Reihe wird gestrichen - es entsteht eine reduzierte Tabelle.
7. Mit der reduzierten Tabelle wird das Verfahren wiederholt, bis nur noch ungestrichene Felder übrigbleiben, auf die dann die Restmengen verteilt werden.

Die belegten Felder bilden eine Basislösung.

Überprüfung der Optimalität einer Basislösung

Potentialmethode
(u-v-Methode, Modifizierte Distributionsmethode - MODI-Methode)

1. Den Reihen (Zeilen und Spalten) der Transporttabelle einer Basislösung werden Zahlen $u_1, \ldots, u_m$ bzw. $v_1, \ldots, v_n$ so zugeordnet, dass auf den belegten Feldern gilt: $u_i + v_j = c_{ij}$. Dieses lineare Gleichungssystem mit $m + n$ Variablen hat $m + n - 1$ Gleichungen und damit 1 Freiheitsgrad; für das Weitere reicht eine spezielle Lösung, d.h., ein Potential wird frei gewählt, damit sind die anderen eindeutig bestimmt.

2. Auf den restlichen Feldern, die zu den Nichtbasisvariablen gehören, wird geprüft: $u_i + v_j \leq c_{ij}$. Wenn dies durchweg erfüllt ist, liegt die optimale Lösung der Transportaufgabe vor, anderfalls ist die Basislösung nichtoptimal, gehe zu: Verbesserung der Basislösung.

Verbesserung einer Basislösung

Polygonzugmethode

1. In der Transporttabelle einer nichtoptimalen Basislösung existiert mindestens ein Feld, für das nach Potentialmethode gilt: $u_i + v_j > c_{ij}$.
2. Es existiert in diesem Falle stets ein Polygonzug (Rundweg, Kreis), der entlang von Reihen über besetzte Felder zurück zum Ausgangsfeld führt.
3. Die Eckfelder dieses Polygonzuges werden abwechselnd mit + (positiv) und – (negativ) markiert, beginnend mit + im Ausgangsfeld.
4. In den negativ markierten Eckfeldern wird die minimale Transportmenge d bestimmt.
5. Diese Transportmenge d wird in den positiv markierten Eckfeldern addiert, in den negativ markierten Eckfeldern subtrahiert. Daraus entsteht eine neue Basislösung (Transporttabelle) mit kleinerem Wert der Zielfunktion.
6. Überprüfe diese Basislösung auf Optimalität (siehe oben).

Nicht-Standard-Transportaufgaben

Mehrdeutige Lösungen

Mehrdeutige Lösungen liegen dann vor, wenn auf mindestens einem nicht belegten Feld (Nichtbasisvariable) gemäß Potentialmethode gilt: $u_i + v_j = c_{ij}$.

Offene Transportprobleme

Gesamtaufkommen und Gesamtbedarf stimmen nicht überein: $\sum_{i=1}^{m} a_i \neq \sum_{j=1}^{n} b_j$.

$\sum_{i=1}^{m} a_i > \sum_{j=1}^{n} b_j$	es wird ein fiktiver Bedarfsort zusätzlich eingeführt, mit dem Bedarf $b_{n+1} = \sum_{i=1}^{m} a_i - \sum_{j=1}^{n} b_j$
$\sum_{i=1}^{m} a_i < \sum_{j=1}^{n} b_j$	es wird ein fiktiver Aufkommensort zusätzlich eingeführt, mit dem Aufkommen $a_{m+1} = \sum_{j=1}^{n} b_j - \sum_{i=1}^{m} a_i$

Der Transportaufwand für den fiktiven Aufkommensort bzw. Bedarfsort wird Null gesetzt.

Transportprobleme mit Beschränkungen

Sind bestimmte Verbindungen $i \to j$ nicht zulässig (gesperrte Wege), dann sollte der betreffende Transportaufwand c_{ij} hoch angesetzt werden, z.B. ∞. Sind die Transportmengen auf bestimmten Verbindungen $i \to j$ beschränkt, dann wird empfohlen, Methoden zur Bestimmung optimaler Flüsse in Netzwerken zu verwenden (⊳⊳ S.82).

Mehrstufige Transportprobleme - Umladeprobleme

Außer den Aufkommens- und Bedarfsorten kann es noch Umladeorte geben, in denen weder ein Aufkommen noch eine Nachfrage bestehe. Im Sinne der Graphentheorie bilden alle Orte Knoten und alle Transportwege Kanten (Wege) eines Graphen (Digraphen).

Zweistufiges Umladeproblem

Aufkommensorte, Bedarfsorte, Umladeorte, Verbindungen
A_i, B_j, U_k, (r, s) $\quad r, s$ alle vorhandenen Orte

Zielfunktion - Gesamt-Transportaufwand
$$T = \sum_{(r,s)} c_{rs} x_{rs} \to \min$$

Nebenbedingungen - Aufkommensbilanz
$$\sum_{(i,s)} x_{is} - \sum_{(r,i)} x_{ri} = a_i \quad \text{für alle Aufkommensorte } A_i$$

Nebenbedingungen - Bedarfsbilanz
$$\sum_{(r,j)} x_{rj} - \sum_{(j,s)} x_{js} = b_j \quad \text{für alle Bedarfsorte } B_j$$

Nebenbedingungen - Umladebilanz
$$\sum_{(r,k)} x_{rk} - \sum_{(k,s)} x_{ks} = 0 \quad \text{für alle Umladeorte } U_k$$

Nichtnegativitätsbedingungen - nur nichtnegative Transportmengen
$x_{rs} \geq 0$ $\quad$ auf allen Transportwegen (r, s)

Mehrstufiges Umladeproblem

Mengen der Aufkommensorte, Bedarfsorte, Umladeorte sowie Verbindungen
O_a, O_b, O_u, $(i, j) \in E$

Zielfunktion - Gesamt-Transportaufwand
$$T = \sum_{(i,j)} c_{ij} x_{ij} \to \min$$

Nebenbedingungen - Aufkommensbilanz
$$\sum_{(i,j)} x_{ij} - \sum_{(k,i)} x_{ki} = a_i \quad \text{für alle Aufkommensorte } i \in O_a$$

Nebenbedingungen - Bedarfsbilanz
$$\sum_{(k,i)} x_{ki} - \sum_{(i,j)} x_{ij} = b_i \quad \text{für alle Bedarfsorte } i \in O_b$$

Nebenbedingungen - Umladebilanz
$$\sum_{(k,i)} x_{ki} - \sum_{(i,j)} x_{ij} = 0 \quad \text{für alle Umladeorte } i \in O_u$$

Nichtnegativitätsbedingungen - nur nichtnegative Transportmengen
$x_{ij} \geq 0$ $\quad$ auf allen Transportwegen $(i, j) \in E$

Standardaufgabe - Übereinstimmung von Aufkommen und Bedarf sowie Beschränktheit der Transportmengen
$$\sum_{i=1}^{m} a_i = \sum_{j=1}^{n} b_j, \quad 0 \leq x_{ij} \leq \kappa_{ij}$$

Zuordnungsprobleme

In einer quadratischen Matrix mit bewerteten Feldern sind n Elemente, in jeder Zeile und jeder Spalte genau eines, so auszuwählen, dass die Gesamtbewertung der ausgewählten Elemente optimal ist. Dies ist ein Spezialfall eines Transportproblems, in dem die Anzahl der Aufkommensorte und die Anzahl der Bedarfsorte übereinstimmen sowie die Aufkommens- und Bedarfsmengen 1 sind. Zuordnungsproblem (Ernennungsproblem): optimale Zuordnung von n Objekten auf n Orte. In der quadratischen Zuordnungstabelle ist jede Zeile und jede Spalte mit genau einer 1 zu besetzen (0-1-Problem, BOOLEsches Problem ▷▷ S.63).

Zuordnungsoptimierung im Sinne der linearen Optimierung

Bewertungsmatrix: $C = (c_{ij}) \quad i, j = 1, 2, \ldots, n$
Zuordnungsmatrix: $X = (x_{ij}) \quad i, j = 1, 2, \ldots, n$
Zielfunktion
$$Z = c_{11}x_{11} + \ldots + c_{nn}x_{nn} = \sum_{i=1}^{n} \sum_{j=1}^{n} c_{ij}x_{ij} \rightarrow \text{min oder max}$$
Nebenbedingungen
$$x_{i1} + \ldots + x_{in} = \sum_{j=1}^{n} x_{ij} = 1 \qquad i = 1, \ldots, n$$
$$x_{1j} + \ldots + x_{nj} = \sum_{i=1}^{n} x_{ij} = 1 \qquad j = 1, \ldots, n$$
spezielle Nichtnegativitäts- und Ganzzahligkeitsbedingungen
$x_{ij} = 0$ oder 1 $\quad i, j = 1, 2, \ldots, n$

Potentialmethode

1. Bereitstellung einer guten Startlösung, z.B. Vogelsche Methode (wegen der Entartung müssen viele Felder mit Nullen besetzt werden).
2. Verwendung der in der Transportoptimierung verwendeten Potentialmethode zur Verbesserung der Anfangslösung.

Ungarische Methode

Das Zuordnungsproblem ist ein extrem entartetes Transportproblem (anstelle $2n - 1$ Feldern sind nur n Felder der Zuordnungsmatrix besetzt), deshalb sind die Lösungsmethoden der Transportoptimierung nicht günstig und bessere Verfahren erforderlich. Die Ungarische Methode (KÖNIG, EGERVÁRY, KUHN) ist eine exakte Methode zur Lösung des Zuordnungsproblems.

1. Reduktion der Bewertungsmatrix: In jeder Zeile der Bewertungsmatrix wird das kleinste Element ausgewählt und von allen Elementen der betreffenden Zeile subtrahiert (damit entsteht in jeder Zeile eine 0). Alsdann wird in jeder Spalte der entstandenen Matrix das kleinste Element ausgewählt und von allen Elementen der betreffenden Spalte subtrahiert (damit entsteht auch in jeder Spalte eine 0).

2. Zeilen- und spaltenweise Überdeckung der reduzierten Bewertungsmatrix mit Decklinien: alle Nullen sind durch mindestens eine Decklinie zu erfassen. Die minimale Anzahl solcher Decklinien sei d.
3. Ist $d = n$, dann liegt die optimale Zuordnung vor. Ist $d < n$, dann wird das kleinste, von Decklinien nicht erfasste Element der Matrix ausgewählt; man subtrahiert es von allen nicht von Decklinien erfassten Elementen und addiert es zu allen Elementen in Schnittpunkten von Decklinien.

Mit den Schritten 2 und 3 wird die jeweils entstandene Matrix solange bearbeitet, bis $d = n$ gilt; damit ist die optimale Zuordnung möglich.

Für den Fall, dass die Anzahlen der Objekte und Orte nicht übereinstimmen, kann durch Einführung fiktiver Objekte bzw. Orte ein quadratischer Plan hergestellt werden.

Das Zuordnungsproblem kann auch als Spezialfall des Umladeproblems (▷▷ S.60) gesehen werden, wobei lediglich aus den binären Variablen x_{ij} reelle nichtnegative Variable werden; diese Nebenbedingung ist in der Regel leichter zu handhaben. Weitere mögliche Interpretationen des Zuordnungs- bzw. Umladeproblems sind durch Flüsse in Graphen und insbesondere Netzwerken erreichbar.

Verteilungsprobleme

Verteilungsprobleme sind LOA, insbesondere Transportprobleme, mit modifizierten Nebenbedingungen; unter diesen Problemen befindet sich auch das Maschinenbelegungsproblem (▷▷ S.72).

Varianten des Verteilungsproblems

$z = \sum_{k=1}^{m} \sum_{l=1}^{n} c_{kl} x_{kl} \to \min$ Zielfunktion (Aufwandsminimierung)

Nebenbedingungen:

- $\sum_{l=1}^{n} x_{kl} = a_k,\ k = 1, \ldots, m; \quad \sum_{k=1}^{m} c_{kl} x_{kl} \leq b_l,\ l = 1, \ldots, n; \quad x_{kl} \geq 0$
- $\sum_{l=1}^{n} x_{kl} = a_k,\ k = 1, \ldots, m; \quad \sum_{k=1}^{m} b_{kl} x_{kl} \leq b_l,\ l = 1, \ldots, n; \quad x_{kl} \geq 0$
- $\sum_{l=1}^{n} a_{kl} x_{kl} = a_k,\ k = 1, \ldots, m; \quad \sum_{k=1}^{m} b_{kl} x_{kl} \leq b_l,\ l = 1, \ldots, n; \quad x_{kl} \geq 0$
- $\sum_{l=1}^{n} a_{kl} x_{kl} \leq a_k,\ k = 1, \ldots, m; \quad \sum_{k=1}^{m} b_{kl} x_{kl} = b_l,\ l = 1, \ldots, n; \quad x_{kl} \geq 0$
- $\sum_{l=1}^{n} a_{kl} x_{kl} \leq a_k,\ k = 1, \ldots, m; \quad \sum_{k=1}^{m} x_{kl} \leq b_l,\ l = 1, \ldots, n; \quad x_{kl} \geq 0$

Weitere Varianten können durch Modifizierungen der Nebenbedingungen entstehen, z.B. wenn Bedingungen nur für Teilmengen von Objekten bzw. Orten gestellt werden. Die Lösung erfolgt gemäß Ungarischer Methode für Zuordnungsprobleme.

Ganzzahlige und kombinatorische Optimierung

Ganzzahlige und kombinatorische Optimierungsaufgaben sind lineare Optimierungsaufgaben, bei denen die Variablen ganzzahlig, ggf. boolesch/binär (d.h. nur 0 und 1), sind. Unterliegen die Ganzzahligkeitsbereiche kombinatorischen Strukturen (Anordnungs- und Reihenfolgestruktur), dann spricht man von kombinatorischen Optimierungsaufgaben.

Der Rechenaufwand (Zeitkomplexität) in ganzzahligen und kombinatorischen Optimierungsproblemen ist im Allgemeinen größer (größer als polynomial, z.B. exponentiell) als in reellwertigen linearen Optimierungsproblemen (polynomial).

Ganzzahlige Optimierungsaufgaben

Begriffe

- Eine lineare Optimierungsaufgabe heißt **ganzzahlig**, wenn mindestens eine Variable ganzzahlig ist (alle Variablen ganzzahlig → **rein-ganzzahlig**, ansonsten → **gemischt-ganzzahlig**).
- Eine rein-ganzzahlige Optimierungsaufgabe heißt **binär** (oder BOOLEsch oder 0-1-Problem), wenn alle Variablen binär sind, d.h. nur die Werte 0 und 1 annehmen.
- Eine rein-ganzzahlige Optimierungsaufgabe heißt **kombinatorisch**, wenn der zulässige Bereich eine endliche Menge ist, für deren Gestaltung und Beschreibung Prinzipien der Kombinatorik ▷▷S.12 (Anordnungs- und Reihenfolgeprobleme) maßgeblich sind.

Standardform einer linearen ganzzahligen Optimierungsaufgabe (LGOA)

Zielfunktion	- $f(\mathbf{x}) = \mathbf{c}^\top \mathbf{x} \to$ max oder min
Nebenbedingungen	- $\mathbf{A}\mathbf{x} = \mathbf{b}$ und/oder $\mathbf{A}\mathbf{x} \leq \mathbf{b}$
Nichtnegativität	- rein-ganzzahlig: $\mathbf{x} \in \mathbf{G}_+^n$
	- gemischt-ganzzahlig: $x_1, \ldots, x_r \in \mathbf{G}_+, \quad x_{r+1}, \ldots, x_n \in \mathbb{R}_+$
	- binär: $\mathbf{x} \in \{0, 1\}^n$ (Binarität)

Werden Nebenbedingungen in einer Optimierungsaufgabe gelockert (oder weggelassen), dann heißt das neue Optimierungsproblem **relaxiertes Problem** und der Vorgang heißt **Relaxation**. So wird aus einer LGOA durch Weglassen der Ganzzahligkeitsbedingung eine LOA; die optimale Lösung der betreffenden LOA ist damit Näherung der optimalen Lösung der LGOA.

Prinzipiell kann eine rein-ganzzahlige Optimierungsaufgabe in eine binäre Optimierungsaufgabe gewandelt werden (über die Binärdarstellung nichtnegativer ganzer Zahlen). Ebenso kann eine kombinatorische Optimierungsaufgabe, deren zulässiger Bereich ein konvexes Polytop (konvexe Hülle einer endlichen Anzahl von Punkten im $\mathbf{R}^\mathbf{n}$) mit ganzzahligen Gitterpunkten ist, in eine binäre Optimierungsaufgabe gewandelt werden.

Lösungsverfahren für kombinatorische Optimierungsaufgaben

- Exakte Verfahren:
  Vollständige Enumeration: Durchmusterung des gesamten zulässigen Bereiches, d.h. aller zulässigen Lösungen.
  Branch-and-Bound-Methode: Durchmusterung entlang der Äste eines Entscheidungsbaumes unter Aussonderung von Ästen, die die optimale Lösung nicht tragen.
- Heuristische Verfahren:
  Näherungsverfahren, die nur auf **suboptimale** Lösungen führen.

Vollständige Enumeration

Grundgedanke der Vollständigen Enumeration (erschöpfende Aufzählung) ist die komplette Durchmusterung aller zulässigen Lösungen der ganzzahligen Optimierungsaufgabe. Voraussetzung ist, dass alle zulässigen Lösungen beschrieben und bewertet werden können. In vielen Fällen ist die Anzahl der zulässigen Lösungen so groß (exponentielle Zeitkomplexität), dass selbst enorme Rechnerleistungen die Vollständige Enumeration zeitlich nicht bewältigen können.

Vollständige Enumeration bei Permutationen, Variationen, Kombinationen und Partitionen

Anordnung in lexikografischer Anordnung, beginnend mit der natürlichen Startkonstellation:
- z.B. $(1, 2, \ldots, n)$ bei Problemen ohne Wiederholung
- z.B. $(1, 1, \ldots, 1)$ bei Problemen mit Wiederholung

Ablauf:
Von rechts nach links werden je zwei Elemente verglichen, ob sie noch in natürlicher Reihenfolge stehen (ohne Wiederholung) bzw. werden die Elemente durch lexikografisch nachfolgende Elemente ersetzt (mit Wiederholung).

Branch-and-Bound-Methode

Grundprinzip ist die sukzessive Zerlegung des zulässigen Bereiches in Teilmengen in Form einer Baumstruktur (Suchbaum, Entscheidungsbaum) und die Ermittlung von Schranken für die Zielfunktionswerte. Beginnend mit der Wurzel (zulässiger Bereich insgesamt oder eine geeignete kleinere Startmenge) wird in Knoten verästelt/verzweigt, wobei die Knoten Teilmengen zulässiger Lösungen sind. Die Verzweigung soll so erfolgen, dass solche Teilmengen abgetrennt werden, in denen die optimale Lösung der Optimierungsaufgabe liegen kann (interessante Teilmengen) bzw. nicht liegen kann (uninteressante Teilmengen). Jede Variable der Optimierungsaufgabe befindet sich in einem von drei Zuständen: gesetzt - gesperrt - nicht entschieden. Es ist eine effiziente Abarbeitung des Entscheidungsbaumes anzustreben.

Schrittfolge in einem Branch-and-Bound-Verfahren

Es liege eine Minimierungsaufgabe vor (andernfalls Umgestaltung in Minimierungsaufgabe).

1. Formulierung einer Verzweigungsregel (oder Auswahlregel) zur Auftrennung von Mengen zulässiger Lösungen (**Branching**).
2. Formulierung einer Vorschrift zur Berechnung der unteren Schranke Z_u der Zielfunktion in den Teilmengen (**Bounding**).
3. Festlegung der Startmenge - hinreichend umfangreiche Menge zulässiger Lösungen; setze $Z_o = \infty$ (aktueller Minimalwert).
4. Verzweigung einer Teilmenge in n neue Teilmengen gemäß 1., setze $k = 1$.
5. Für die k-te Teilmenge wird entschieden:
   - In dieser Teilmenge ist der kleinste Zielfunktionswert Z_u gemäß 2. erkannt worden und es ist $Z_u < Z_o$, dann setze $Z_o = Z_u$ (Z_o aktueller Minimalwert) gehe zu 6., oder
   - in dieser Teilmenge ist der kleinste Zielfunktionswert Z_u gemäß 2. erkannt worden und es ist $Z_u \geq Z_o$, dann beende Verzweigung dieser Teilmenge.
6. Erhöhung von k um 1; falls $k > n$, gehe zur Teilmenge mit aktuellem Minimalwert zurück und gehe zu 7., andernfalls gehe zu 5.
7. Falls Teilmenge weiter verzweigbar, gehe zu 4., andernfalls ist aktueller Minimalwert optimale Lösung.

Für die Auswahl der Zweige im Entscheidungsbaum (Verzweigungsregel) gibt es unterschiedliche Suchstrategien (analog den Bedienungsprioritäten in Bedienungssystemen): z.B. FIFO - first in first out, LIFO - last in first out, LLB - least lower bound.

Heuristische Verfahren

Die **exakten** Verfahren erlauben die Lösung eines Problems nach endlichen Schritten sowie den Nachweis dafür, dass es sich um die Lösung handelt. Hingegen garantieren **heuristische** Verfahren nicht die exakte Lösung. Zielstellung ist hier das Finden einer vertrauenswürdigen **Sublösung**. Heuristische Verfahren sind in der Regel auf das spezielle Problem zugeschnitten und sollten schnelle Verfahren sein. Bei Optimierungsproblemen gilt: der zulässige Bereich wird nicht vollständig, sondern nur in einer Teilmenge (bei entsprechender Vorschrift für deren Konstruktion) nach optimalen Lösungen abgesucht. Dabei wird im Allgemeinen nur eine **suboptimale Lösung** gefunden. Wichtig wäre hier die Möglichkeit einer Fehleranalyse.

Beispiele für heuristische Verfahren

- Eröffnungsverfahren: schnelle Entscheidung mit dem Ergebnis einer lokalen optimalen Teillösung bzw. Bereitstellung einer Startlösung für ein exaktes Verfahren oder ein Verbesserungsverfahren.
  (z.B. Greedy-Algorithmen: Zusammenfügung lokal optimaler Lösungen)
- Verbesserungsverfahren: z.B. lokale Suche in der Umgebung einer (vermeintlich nahezu optimalen) zulässigen Lösung.

Möglichkeiten:

- Vorzeitiger Abbruch bzw. unvollständige Abarbeitung eines Suchverfahrens.

- Simulated-Annealing-Verfahren: die Grenze von Annahme oder Ablehnung von Zwischenwerten wird mit Hilfe eines Maßes (z.B. Wahrscheinlichkeit) unscharf gehalten und so die Rückkehr zu unzuverlässigeren Werten der Zielfunktion ermöglicht.
- Güteanalyse der Sublösung (Worst-Case-Analyse, stochastische Fehleranalyse, Analyse der Leistungsfähigkeit des heuristischen Verfahrens).

Schnittebenen-Verfahren

Kern des Schnittebenen-Verfahrens ist die Benutzung zusätzlicher Nebenbedingungen zur Einschränkung auf die ganzzahligen zulässigen Lösungen: nichtganzzahlige optimale Lösungen werden weggeschnitten.

Ablauf eines Schnittebenen-Verfahrens

1. Ausgangspunkt ist die Formulierung einer (weniger aufwändig lösbaren) nichtganzzahligen Version des Problems (Ersatzproblem)
2. Optimale Lösung des Ersatzproblems.
3. Ist die optimale Lösung des Ersatzproblems ganzzahlig, dann gehe zu 4., andernfalls werden zusätzliche Nebenbedingungen eingeführt, um die nichtganzzahlige optimale Lösung wegzuschneiden; es wird ein neues Ersatzproblem formuliert, gehe zu Schritt 2.
4. Eine ganzzahlige optimale Lösung ist erzielt (werden in 2. mehrere optimale Lösungen gefunden, sind diese analog weiter zu behandeln).

In Schritt 2. kommt in der Regel die Simplexmethode zum Einsatz.

Schnittebenverfahren von Gomory

Besteht die optimale Lösung einer LGOA aus relativ großen ganzen Zahlen, dann ist die optimale Lösung des relaxierten Problems (LOA) eine gute Näherung der optimalen Lösung der LGOA; durch Rundung kann daraus eine ganzzahlige Lösung gewonnen werden, die jedoch nicht die optimale Lösung der LGOA sein muss. Besteht hingegen die optimale Lösung einer LGOA aus relativ kleinen ganzen Zahlen, dann ist obige Überlegung nicht zutreffend: die Näherung der relaxierten LOA ist nicht gut geeignet.
Das Verfahren von Gomory löst die LGOA exakt.

$\mathbf{c} \in \mathbf{G}^n$	rein-ganzzahliger Zielfunktionsvektor
$\mathbf{A} \in \mathbf{G}^{m \times n}$	rein-ganzzahlige Koeffizientenmatrix, $\operatorname{rang} \mathbf{A} = m < n$
$\mathbf{b} \in \mathbf{G}^m$	rein-ganzzahliger Vektor der rechten Seiten
$\begin{cases} z = \mathbf{c}^\mathsf{T}\mathbf{x} \to \max / \min \\ \mathbf{A}\mathbf{x} = \mathbf{b},\ \mathbf{x} \in \mathbf{G}^n \end{cases}$	Zielfunktion und Nebenbedingungen der LGOA

Verfahren:
1. Löse das relaxierte Problem - eine LOA - mit dem Simplexverfahren.
2. Existiert die optimale Lösung der LOA, dann gehe zu 3., andernfalls zu 6.
3. Ist die optimale Lösung $\mathbf{x}^*$ der LOA nicht ganzzahlig, dann gehe zu 4.; andernfalls ist $\mathbf{x}^*$ optimale Lösung der LGOA, gehe zu 7.

4. Konstruiere eine neue Nebenbedingung, die folgendes sichert:
   (a) $\mathbf{x}^*$ wird durch die neue Nebenbedingung weggeschnitten,
   (b) die neue Nebenbedingung verletzt nicht den zulässigen Bereich der LGOA.
5. Erweitere die alte LGOA durch die neue Nebenbedingung, gehe zu 1.
6. Falls die LOA keine optimale Lösung hat, dann trifft dies auch für die LGOA zu, gehe zu 8.
7. Ende: optimale Lösung gefunden.
8. Ende: es existiert keine optimale Lösung.

Nachteil des Gomory-Verfahrens: es sind viele zusätzliche Nebenbedingungen einzuführen (und damit ist viele Male das Simplexverfahren durchzuführen), ehe das Verfahren abbricht.

Kombinatorische Optimierung

Kombinatorische Optimierungsprobleme

Einige kombinatorische Optimierungsprobleme sind auch als Optimierung in Graphen (endliche Menge von Knoten und Kanten) zu verstehen: sie werden hier nur genannt, aber deren Lösungsverfahren dort beschrieben ⊳⊳ S.79.

- **Überdeckungsproblem** • **Partitionsproblem**
- **Packungsproblem** • **Zuordnungsproblem** • **Rucksackproblem**

Überdeckungen und Partitionen/Zerlegungen

S sei eine endliche Menge, $P_1, P_2, \ldots, P_r$ seien Teilmengen von S

- $P_1, \ldots, P_r$ bilden **Überdeckung** von S, wenn $\bigcup\limits_{i=1}^{r} P_i = S$, ggf. auch $\bigcup\limits_{i=1}^{r} P_i \supseteq S$.
- $P_1, \ldots, P_r$ bilden **Partition** von S, wenn $\bigcup\limits_{i=1}^{r} P_i = S$ und die Teilmengen zusätzlich disjunkt sind: $P_i \cap P_j = \emptyset, i \neq j$.

Überdeckungsproblem

- $P_1, P_2, \ldots, P_r$ Teilmengen von $S = \{s_1, s_2, \ldots, s_n\}$
  $c_1, c_2, \ldots, c_r > 0$ Bewertungen dieser Teilmengen, $\mathbf{c} = (c_j)$
  $J = \{i_1, \ldots, i_s\}$ Indexmenge, so dass $\{P_{i_1}, \ldots, P_{i_s}\}$ Überdeckung von S ist.
  Überdeckungsproblem: wähle aus allen Überdeckungen diejenige aus, für die $\sum\limits_{j \in J} c_j \to \min$.
- Formulierung in binären Veränderlichen:
  $\mathbf{x} = (x_j),\ x_j = \begin{cases} 1 & \text{falls } P_j \in J \\ 0 & \text{sonst} \end{cases}$ $\quad \mathbf{A} = (a_{ij}),\ a_{ij} = \begin{cases} 1 & \text{falls } s_i \in P_j \\ 0 & \text{sonst} \end{cases}$
  $\mathbf{e} = (1, 1, \ldots, 1)^\top$
  $\mathbf{x}$ kennzeichnet die an der Überdeckung beteiligten Teilmengen.
  $\mathbf{A}$ kennzeichnet die in den Teilmengen vorhandenen Elemente von S.
  Überdeckungsproblem: $\mathbf{c}^\top \mathbf{x} \to \min$, $\mathbf{A}\mathbf{x} \geq \mathbf{e}$, $\mathbf{x} \in \{0, 1\}^n$

Partitionsproblem

- $P_1, P_2, \ldots, P_r$ Teilmengen von $S = \{s_1, s_2, \ldots, s_n\}$
  $c_1, c_2, \ldots, c_r > 0$ Bewertungen dieser Teilmengen, $\mathbf{c} = (c_j)$
  $J = \{i_1, \ldots, i_s\}$ Indexmenge, so dass $\{P_{i_1}, \ldots, P_{i_s}\}$ Partition von S ist
  Partitionsproblem: wähle aus allen Partitionen diejenige aus, für die
  $\sum\limits_{j \in J} c_j \to \min$.
- Formulierung in binären Veränderlichen:
  $\mathbf{x} = (x_j),\ x_j = \begin{cases} 1 & \text{falls } P_j \in J \\ 0 & \text{sonst} \end{cases}$ $\quad \mathbf{A} = (a_{ij}),\ a_{ij} = \begin{cases} 1 & \text{falls } s_i \in P_j \\ 0 & \text{sonst} \end{cases}$
  $\mathbf{e} = (1, 1, \ldots, 1)^{\mathsf{T}}$
  $\mathbf{x}$ kennzeichnet die an der Partition beteiligten Teilmengen.
  $\mathbf{A}$ kennzeichnet die in den Teilmengen vorhandenen Elemente von S.
  Partitionsproblem: $\mathbf{c}^{\mathsf{T}}\mathbf{x} \to \min$,, $\mathbf{A}\mathbf{x} = \mathbf{e}$, $\mathbf{x} \in \{0,1\}^n$
- Anzahl von Partitionen einer endlichen Menge: Bell-Zahl B_n
  rekursive Formel für B_n: $B_{n+1} = \sum\limits_{k=0}^{n} B_k \binom{n}{k}$, $B_0 = 1$
  $B_1 = 1, B_2 = 2, B_3 = 5, B_4 = 15, B_5 = 52, B_6 = 203, B_7 = 877, B_8 = 4140, \ldots$

Zuordnungsproblem

Hierzu siehe ▹▹S.61.

Rucksackproblem

Binäres Rucksackproblem:

M	Gesamtmasse des Inhalts des Rucksacks
$m_1, \ldots, m_n \le M$	Massen der Teile (von denen entweder keins oder eins in den Rucksack kommt)
$c_1, \ldots, c_n$	Werte je Teil
$x_1, \ldots, x_n = 1$ oder 0	Entscheidung, ob Teil in Rucksack kommt oder nicht

Ziel: Gesamtwert der verpackten Teile ist zu maximieren: $\sum\limits_{k=1}^{n} c_k x_k \to \max$,
wobei Gesamtmasse nicht überschritten werden darf: $\sum\limits_{k=1}^{n} m_k x_k \le M$,
also GLOA: $\mathbf{c}^{\mathsf{T}}\mathbf{x} \to \max$, $\mathbf{m}^{\mathsf{T}}\mathbf{x} \le M$, $\mathbf{x} \in \{0,1\}^n$.

Verfahren für suboptimale Lösung des Rucksackproblems - Eröffnungsverfahren:
Verfahren errechnet eine untere Schranke z_u und eine obere Schranke z_o für den maximalen Zielfunktionswert (Höchstwert des Rucksackinhalts).

1. Ordne die Teile nach absteigenden relativen Werten: $\dfrac{c_k}{m_k}$, $k = 1, \ldots, n$.
   Es sei $k^* > 1 : \sum\limits_{l=1}^{k^*-1} m_l \le M,\ \sum\limits_{l=1}^{k^*} m_l > M$ kritischer Index.
2. Setze $z_1 = 0$, $M_1 = M$.
3. Für $k = 1, \ldots, n$: falls $m_k > M$, setze $l = k$, $x_k^* = 0$, gehe zu 4.,
   andernfalls setze $x_k^* = 1$, $z_{k+1} = z_k + c_k$.

4. Für $k = l+1, \dots, n$: falls $m_k > M$, setze $x_k^* = 0$,
   andernfalls setze $x_k^* = 1$, $z_{k+1} = z_k + c_k$, $M_{k+1} = M_k - m_k$.
5. $z_u = z_n$, M_n Restmasse.
6. $z_o = \sum_{l=1}^{k^*-1} c_l + \left(M - \sum_{l=1}^{k^*-1} m_k\right) \frac{c_{k^*}}{m_{k^*}}$

Dann gilt: $z_u \le z_{\max} \le z_o$, $\mathbf{x}^*$ ist suboptimale Lösung.
Zeitkomplexität: $O(n)$

Verfahren für optimale Lösung des Rucksackproblems - Verbesserungsverfahren (Branch-and-Bound-Methode):

1. Ermittle Startlösung mit Eröffnungsverfahren: $\mathbf{x}^*$
   dazu Zielfunktionswert z_u, Restmasse M.
2. Setze $r = n$, K Indexvektor derjenigen Komponenten von $\mathbf{x}^*$, für die $x_k^* = 1$.
3. Entferne letzten Index $s \in K$; falls $K = \emptyset$, gehe zu 8.
4. Falls $s < r$, setze $r = s$, $M = M + m_s$, gehe zu 5., andernfalls entferne letzten Index $t \in K$, falls nunmehr $K = \emptyset$, gehe zu 8.,
   ansonsten $r = t$, $M = M + m_s + m_t$, gehe zu 5.
5. Berechne $z' = \begin{cases} \sum_{l=r+1}^{k^*-1} c_l + \left(M - \sum_{l=r+1}^{k^*-1} m_k\right) \frac{c_{k^*}}{m_{k^*}} & r < n-1 \\ M \frac{c_n}{m_n} & r = n-1 \\ 0 & r = n \end{cases}$
   und $w = \sum_{l \in K} c_l + z'$.
6. Falls $w \le M$, gehe zu 3., andernfalls
   - falls $r = n$, gehe zu 7.
   - falls $m_{r+1} = M$, setze $r+1$ als letzten Index von K, gehe zu 7.
   - falls $m_{r+1} < M$, setze $r+1$ als letzten Index von K
     falls $r+1 = n$, gehe zu 7., andernfalls erhöhe r um 1, setze $M = M - m_r$, gehe zu 5.
   - falls $m_{r+1} > M$, erhöhe r um 1, gehe zu 5.
7. Setze $\mathbf{x}^*$ neu an: $x_k^* = 1$ für $k \in K$, $x_k^* = 0$ für $k \notin K$, $M = \sum_{k \in K} c_k$, gehe zu 3.
8. Ende: $\mathbf{x}^*$ ist optimale Lösung.

Ganzzahliges Rucksackproblem:

M	Gesamtmasse des Inhalts des Rucksacks
$m_1, \dots, m_n \le M$	Massen der Teile $(0, 1, 2, \dots$ Stück)
$c_1, \dots, c_n$	Werte je Teil
$x_1, \dots, x_n \in \mathbf{G}_+$	Entscheidung, wieviele Teile in Rucksack kommen

Ziel: Gesamtwert der verpackten Teile ist zu maximieren: $\sum_{k=1}^{n} c_k x_k \to \max$,
wobei Gesamtmasse nicht überschritten werden darf: $\sum_{k=1}^{n} m_k x_k \le M$,
also GLOA: $\mathbf{c}^\mathsf{T}\mathbf{x} \to \max$, $\mathbf{m}^\mathsf{T}\mathbf{x} \le M$, $\mathbf{x} \in \mathbf{G}_+^n$.

Verfahren für suboptimale Lösung des ganzzahligen Rucksackproblems:
1. Ordne die Teile nach absteigenden relativen Werten: $\frac{c_k}{m_k}$, $k = 1, \ldots, n$.
2. Setze $z_1 = 0$, $M_1 = M$.
3. Für $k = 1, \ldots, n$ setze: $x_k^* = \left[\frac{M_k}{m_k}\right]$, $z_{k+1} = z_k + c_k x_k^*$, $M_{k+1} = M_k - m_k x_k^*$.
4. Ende: $\mathbf{x}^*$ ist suboptimale Lösung, M_n Restmasse, z_n Wert des Rucksacks.

Dann gilt für die optimale Lösung: $z_{\text{opt}} - z_n \leq c_1 \left\{\frac{M}{m_1}\right\} < c_1$.
Zeitkomplexität: $O(n \log n)$

Kombinatorische Optimierungsprobleme, die gleichzeitig Optimierungsprobleme in Graphen sind

- Zuschnittprobleme: s.u.
- Matching-Probleme: ⊳⊳ S.72
- Routenprobleme
  - ◇ Ablaufproblem: ⊳⊳ S.72
  - ◇ Problem des kürzesten Weges: ⊳⊳ S.79
  - ◇ Gerüst-Aufspannungsproblem: ⊳⊳ S.79
  - ◇ Handlungsreisendenproblem - Travelling Salesman Problem (TSP): ⊳⊳ S.75
  - ◇ Briefträgerproblem - Chinese Postman Problem (CPP): ⊳⊳ S.77

Zuschnittoptimierung

Klassifizierung der Zuschnittprobleme

- Dimension: eindimensional, zweidimensional, dreidimensional (Verpackungsprobleme)
- Wahl der Zielfunktion: Minimierung des Verschnitts, Minimierung der Anzahl der Ausgangsstücke
- Wahl der Nebenbedingungen: geometrische Forderungen, Forderungen hinsichtlich von Materialeigenschaften, mengenmäßige Beschränkungen usw.

Insbesondere die Dimension ist für den Rechenaufwand und die Durchführung eines geeigneten Optimierungsverfahrens entscheidend. Zwei- und dreidimensionale Zuschnittprobleme sind sehr viel schwerer als eindimensionale Probleme, schon ggf. aus geometrischen Gründen.

Eindimensionale Zuschnittprobleme
Objekte vorgegebener Länge L sind so zu schneiden, dass n verschiedene Teillängen $l_1 > l_2 > \ldots > l_n$ in den Anzahlen $N_1, \ldots, N_n$ entstehen. Dies kann über m geeignete Zuschnittvarianten geschehen; $x_1, \ldots, x_m$ seien die Anzahlen von Objekten, die mit den jeweiligen Zuschnittvarianten geschnitten werden; die Zuschnittvariante j enthalte a_{ij} Teillängen l_i. Der Rest einer Zuschnittvariante ist kürzer als die kleinste Teillänge.

Eindimensionale Zuschnittoptimierung als LOA:

Zielfunktion: $\sum_{j=1}^{m}\left(L-\sum_{i=1}^{n}a_{ij}l_i\right)x_j \rightarrow \min$ für Minimierung des Verschnitts

$\sum_{j=1}^{m}x_j$ für Minimierung der Anzahl der Ausgangsobjekte

Nebenbedingungen: $0 \leq L-\sum_{i=1}^{n}a_{ij}l_i < l_n,\ j=1,\ldots,m$ für zulässige Zuschnittvariante

$\sum_{j=1}^{m}a_{ij}x_j \geq N_i, i=1,\ldots,n,\ x_j \geq 0, j=1,\ldots,m$

Konstruktion der Zuschnittvarianten:

1. Start mit der ersten Zuschnittvariante:
   die größte Teillänge l_1 wird $a_{11}=[L/l_1]$-mal in L eingepasst, anschließend wird in der Restlänge $L-a_{11}l_1$ die zweitgrößte Teillänge l_2 eingepasst: $a_{21}=[L-a_{11}l_1/l_2]$ usw.
2. Aus der zuletzt gewonnenen Zuschnittvariante wird die nächste wie folgt erhalten: falls für die kleinste enthaltene Teillänge gilt $l_i \neq l_n$, wird diese durch die nächstkleinere Teillänge ersetzt bzw. auf die nächstkleineren aufgeteilt; falls jedoch in der letzten Zuschnittvariante die kleinste Teillänge l_n war, müssen die zweitkleinste usw. durch kleinere Teillängen ersetzt werden.
   Schritt 2. wird wiederholt, bis die Zuschnittvariante nur noch die kleinste Teillänge enthält → Schritt 3.
3. Die letzte Zuschnittvariante entsteht durch $a_{nm}=[L/l_n]$,
   sowie $a_{1m}=\ldots=a_{n-1,m}=0$.

Auf diese Weise entstehen alle Elemente a_{ij} und damit die Matrix **A** zur Darstellung der Zuschnittvarianten (als Spalten). **A** enthält in der Regel viele Nullen (nichtenthaltene Teillängen).

Mit der Reduzierung der Zuschnittvarianten auf eine geeignete Auswahl (mögliche Kriterien: kleine Restlänge, geringe Vielfalt der Teillängen, dominierende Teillängen) kann der Aufwand zur Lösung des eindimensionalen Zuschnittproblems wesentlich herabgesetzt werden. Die eigentliche Lösung erfolgt als Lösung einer LOA (Zweiphasenmethode ▷▷S.48).

Zwei- und dreidimensionale Zuschnittprobleme

Die Konstruktion von Zuschnittvarianten (Schnittmuster) ist wesentlich von den geometrischen Figuren abhängig, die beim Zuschnitt entstehen sollen. Beim Sonderfall **orthogonale** Schnittmuster ist das Ausgangsobjekt ein Rechteck/Quader, welches in kleinere Rechtecke/Quader zerlegt werden soll; dies legt eine Verfahrensweise analog eindimensionaler Zuschnittprobleme nahe.

Im Allgemeinen ist das Zuschnittproblem ein schweres Problem; es wird eine heuristische Erzeugung der Zuschnittvarianten erforderlich sein, zumal neben der geschickten Unterbringung der Schnittfiguren auch weitere Restriktionen, z.B. hinsichtlich Materialeigenschaften, beachtet werden müssen.

Optimierung von Matchings

Summen-Matching-Problem

Zum Begriff Matching in der Graphentheorie ⊳⊳ S.30.

$\mathcal{M}$	Menge aller vollständigen Matchings eines Graphen $G = [V, E]$
$b(M_{\text{opt}}) = \min\limits_{M \in \mathcal{M}} b(M)$	Optimierungsproblem: Summen-Matching-Problem
M_{opt}	minimales Summen-Matching in G

Summen-Matching-Problem in bipartiten Graphen

Dieses Problem ist gleichbedeutend mit dem Zuordnungsproblem ⊳⊳ S.61.

$G = [V, E, \mathbf{B}]$ bipartites bewertetes Netzwerk mit der Menge Q von n Quellen und der Menge S von n Senken (⊳⊳ S.28), d.h. insgesamt $2n$ Knoten.

$Q(j), S(i)$ Vorgänger des Knotens j bzw. Nachfolger des Knotens i.
$M, \mathcal{M}$ vollständiges Matching und Menge der vollständigen Matchings in G.

Zuordnungsproblem:

$(x_{ij})_{i,j=1,\ldots,n}$ Matrix der (binären) Veränderlichen: $x_{ij} = \begin{cases} 1 & \text{falls } (i,j) \in M \\ 0 & \text{falls } (i,j) \notin M \end{cases}$

$$\begin{cases} \text{Zielfunktion:} & z = \sum\limits_{\mathcal{M}} b_{ij} x_{ij} \to \min \\ \text{Nebenbedingungen:} & \sum\limits_{j \in S(i)} x_{ij} = 1 \quad \text{für } i \in Q, \quad \sum\limits_{i \in Q(j)} x_{ij} = 1 \quad \text{für } j \in S \end{cases}$$

Jedes Feld der quadratischen Matrix (x_{ij}) ist mit b_{ij} bewertet und in jeder Zeile und jeder Spalte mit genau einer 1 besetzt, sonst Nullen.

Optimierung von Abläufen

Die Optimierung von Abläufen, auch Maschinenbelegungsproblem, Job Scheduling genannt, untersucht die optimale Einordnung von Arbeiten in Abläufe auf einer oder mehreren Maschinen/Arbeitsstellen. Entscheidend sind die Bearbeitungsdauer, Bereitstellungstermine der Arbeiten, Fälligkeitstermine der Arbeiten und Prioritäten einzelner Arbeiten.

N Arbeiten auf einer Arbeitsstelle - Kenngrößen

$A_i, 1 \le i \le N, T^*$	Bearbeitungszeiten und Gesamtbearbeitungszeit
$R = (i_1, i_2, \ldots, i_N)$	Reihenfolge von Arbeiten
b_i, d_i	Bereitstellungstermine, Fälligkeitstermine
w_i	Prioritäten
$T_i, T_i - b_i, T_i - d_i$	Abschlusstermine, Durchlaufzeiten, Verspätungen
Zielfunktionen:	$T_{\max} = \max T_i$, $(T-d)_{\max} = \max(T_i - d_i)$, $\sum T_i$, $\sum w_i T_i$
	$\sum w_i S_i$ mit Straffunktion $S_i = \begin{cases} 1 & \text{für } T_i > d_i \\ 0 & \text{sonst} \end{cases}$

N Arbeiten auf einer Arbeitsstelle - Optimierung

Problem 1:	Minimierung der Gesamtbearbeitungszeit $T^*_{\min} = \sum_1^N A_i \rightarrow$ jede Reihenfolge ist optimal.
Problem 2:	Minimierung der größtmöglichen Verspätung einer Arbeit $\max\limits_{n=1...N} \max\left(\sum_{k=1}^{n} A_{i_k} - d_{i_n}, 0\right) \rightarrow$ min bez. aller Reihenfolgen. Optimale Reihenfolge: Arbeiten nach Fälligkeitsterminen ordnen: $d_{i_1} \leq \ldots \leq d_{i_N}$.
Problem 3:	Minimierung der größtmöglichen Verspätung einer Arbeit unter der Bedingung, dass alle Bearbeitungszeiten 1 und Bereistellungstermine b_i gegeben sind. Optimale Reihenfolge: wähle unter den bereitgestellten Arbeiten diejenige mit dem kleinsten Fälligkeitstermin aus.
Problem 4:	Minimierung der Gesamtprozessdauer: $\sum_{k=1}^{N} T_{i_k} \rightarrow$ min. Optimale Reihenfolge: Arbeiten nach nichtfallenden Bearbeitungsdauern ordnen: $A_{i_1} \leq \ldots \leq A_{i_N}$.
Problem 5:	Minimierung der nach Prioritäten gewichteten Gesamtprozessdauer: $\sum_{k=1}^{N} w_{i_k} T_{i_k} \rightarrow$ min. Optimale Reihenfolge: Arbeiten nach nichtfallenden Quotienten $\frac{T_i}{w_i}$ ordnen.

Je nach Wahl der Zielfunktionen und weiteren Einschränkungen der Reihenfolgebildung (z.B. Anordnungsbedingungen zwischen den Arbeiten) entstehen weitere, in vielen Fällen aber schwer lösbare, Optimierungsaufgaben.

N Arbeiten auf zwei Arbeitsstellen - Kenngrößen

A, B	–	zwei Arbeitsstellen, in denen die Arbeiten in dieser Reihenfolge zu leisten sind
$A_i, B_i, 1 \leq i \leq N$	–	für die Arbeiten benötigte Zeiten
$F_i, 1 \leq i \leq N$	–	freie Zeit auf Arbeitsstelle B zwischen den Arbeiten $i-1$ und i
$\sum_{i=1}^{N} F_i$	–	gesamte freie Zeit der Arbeitsstelle B bis zum Abschluss aller Arbeiten
$T, \quad T = \sum_{i=1}^{N} (B_i + F_i)$	–	Gesamtarbeitszeit bis zum Abschluss aller Arbeiten
$T \geq \sum_{i=1}^{N} A_i + B_N$		

N Arbeiten auf zwei Arbeitsstellen - Optimierung

Es wird mit $R = \{R_1, R_2, \ldots, R_N\}$ die Reihenfolge der Arbeiten bezeichnet.
Die Gesamtarbeitszeit T ist zu minimieren.

$$T_{\min} = \min_R(T) = \min_R \sum_{i=1}^{N} F_i = \min_R \max_m \left(\sum_{i=1}^{m} A_i - \sum_{i=1}^{m-1} B_i \right)$$

N Arbeiten auf zwei Arbeitsstellen - Verfahren von Johnson

Verfahren zur Minimierung der Gesamtablaufzeit:

1. Wenn $A_i = \min_k(A_k, B_k)$, dann setze $R_i = 1$,
   andernfalls wenn $B_i = \min_k(A_k, B_k)$, dann setze $R_i = N$
   (bei Gleichheit ist die Wahl freigestellt).
2. Wenn $A_j = \min_{k^*}(A_k, B_k)$, dann setze $R_j = 2$,
   andernfalls wenn $B_j = \min_{k^*}(A_k, B_k)$, dann setze $R_j = N - 1$
   (k^* sind die noch verfügbaren zur Einordnung freien Indizes der Arbeiten).
3. Setze die Auswahl gemäß 2. fort, bis die frei verfügbaren Indizes aufgebraucht sind.
4. Die Folge $R_1, \ldots, R_N$ benennt die optimale Lösung des Ablaufproblems.

Andere Variante des Verfahrens von Johnson:

1. Es ist eine Reihenfolge der Arbeiten $1, 2, \ldots, N$ vorgegeben.
2. Benachbarte Arbeiten werden solange getauscht, bis für alle i erfüllt ist:
   $\min(A_i, B_{i+1}) \leq min(A_{i+1}, B_i)$.
3. Die entstandene Reihenfolge ist optimal.

N Arbeiten auf drei Arbeitsstellen - Kenngrößen

A, B, C	– drei Arbeitsstellen, in denen die Arbeiten in dieser Reihenfolge zu leisten sind
$A_i, B_i, C_i \quad 1 \leq i \leq N$	– für die Arbeiten benötigte Zeiten

N Arbeiten auf drei Arbeitsstellen - Verfahren von Johnson

Das Ablaufproblem kann für folgenden speziellen Fall gelöst werden:
Entweder es gilt $\min_k(A_k) \geq \max_k(B_k)$ oder es gilt $\min_k(C_k) \geq \max_k(B_k)$
(die zweite Arbeitsstelle benötigt im wesentlichen kleine Arbeitszeiten!).

Verfahren:

1. Setze $U_i = A_i + B_i, V_i = B_i + C_i, 1 \leq i \leq N$.
2. Verwende U_i und V_i wie beim Fall von zwei Arbeitsstellen und ermittle die optimale Reihenfolge.

Travelling-Salesman-Probleme (TSP)

Zu den Begriffen der Graphentheorie siehe ▷▷ S.28. Travelling-Salesman-Probleme werden auch Rundreiseprobleme oder Handlungsreisendenprobleme genannt: Ermittlung kürzester bzw. kostenminimaler Fahrtrouten und optimaler Reihenfolgen bei der Bearbeitung von Produkten auf Maschinen und Anlagen.

Problemstellung

Bedingung	zugrunde liegender bewerteter Digraph (ggf. Graph) ist stark zusammenhängend, enthält keine Zyklen negativer Länge und keine Kurzzyklenmenge*
Rundreise	geschlossene Folge von Kanten/Pfeilen, die jeden Knoten des Graphen/Digraphen genau einmal enthält: $i_1 \to i_2 \to \ldots \to i_n \to i_1$
TSP	Minimierung der Länge (Gesamtbewertung) einer Rundreise (optimale Rundreise)
symmetrisches TSP	für alle Bewertungen gilt $b_{ij} = b_{ji}$ (dann ist der Digraph ein Graph)

(*) Kurzzyklenmenge: Menge von Zyklen, die jeweils weniger als n Knoten, aber insgesamt alle Knoten genau einmal erfassen.

symmetrisches TSP	Ermittlung eines kürzesten Hamiltonschen Kreises in einem bewerteten Graphen (die Menge der möglichen Rundreisen ist hier die Menge der Permutationen der $n-1$ Knoten $i_2, \ldots, i_n$)
asymmetrisches TSP	Ermittlung eines kürzesten Hamiltonschen Zyklus in einem bewerteten Digraphen

Daraus folgt, dass der Nachweis der Existenz Hamiltonscher Kreise bzw. Zyklen und deren Konstruktion erforderlich ist. Dafür gibt es jedoch keine einfachen notwendigen und hinreichenden Kriterien.

TSP als binäres Optimierungsproblem

Variable	$x_{ij} = \begin{cases} 1 & \text{falls Pfeil } (i,j) \text{ im Hamilton-Zyklus enthalten} \\ 0 & \text{sonst} \end{cases}$
Bewertungen	b_{ij} (vielfach Entfernungen)
Zielfunktion	$\sum\limits_{i=1}^{n} \sum\limits_{j=1}^{n} b_{ij} x_{ij} \to \min$
Nebenbedingungen	$\sum\limits_{i=1}^{n} x_{ij} = 1$ für $j = 1, \ldots, n$, $\sum\limits_{j=1}^{n} x_{ij} = 1$ für $i = 1, \ldots, n$ (in Matrix $(x_{ij})_{i,j=1,\ldots,n}$ ist jede Zeile und jede Spalte mit genau einer 1 besetzt, sonst 0).

Eröffnungsverfahren für symmetrisches TSP - bester Nachfolger

Bedingung: G bewerteter schlichter zusammenhängender Graph mit n Knoten und der Bewertungsmatrix $\mathbf{B} = (b_{ij})_{i,j=1,\dots,n}$.
Ablauf:
1. Startknoten i_1, Knotenmenge $K = \{i_1\}$, Kette $T = (i_1), j = 1$.
2. Falls $j = n$ gehe nach 4., ansonsten suche Knoten i_{j+1} mit $b_{i_j,i_{j+1}} = \min\limits_{k \notin K} b_{i_j,k}$.
3. Setze $K = K \cup \{i_{j+1}\}$, ergänze Kette: $T \to (T, i_{j+1})$, erhöhe j um 1, gehe nach 2.
4. Bilde Länge der Rundreise: $z = \sum\limits_{j=1}^{n-1} b_{i_j,i_{j+1}} + b_{i_n,i_1}$, Ende.

Eröffnungsverfahren für symmetrisches TSP - sukzessive Einbeziehung

Bedingung: G bewerteter schlichter zusammenhängender Graph mit n Knoten und der Bewertungsmatrix $\mathbf{B} = (b_{ij})_{i,j=1,\dots,n}$.
Ablauf:
1. Startknoten i_1 und i_2, Knotenmenge $K = \{i_1, i_2\}$, geschlossene Kette $T = (i_1, i_2, i_1), j = 2$.
2. Falls $j = n$ gehe nach 4., ansonsten suche Knoten i_{j+1} und Kante (i_l, i_{l+1}), $l = 1, \dots, j-1$ bzw. letzte Kante (i_j, i_1), so dass $b_{i_l,i_{j+1}} + b_{i_{j+1},i_{l+1}} - b_{i_l,i_{l+1}} = \min\limits_{h=1,\dots,j-1;k \notin K} (b_{i_h,k} + b_{l,i_{h+1}} - b_{i_h,i_{h+1}})$.
3. Setze $K = K \cup \{i_{j+1}\}$, ergänze in Kette T zwischen Knoten i_l und i_{l+1} bzw. zwischen Knoten i_j und i_1 den Knoten i_{j+1}, nummeriere Kette neu durch: $T = (i_1, i_2, \dots, i_{j+1}, i_1)$, erhöhe j um 1, gehe nach 2.
4. Bilde Länge der Rundreise: $z = \sum\limits_{j=1}^{n-1} b_{i_j,i_{j+1}} + b_{i_n,i_1}$, Ende.

Dieses Eröffnungsverfahren bringt bereits eine suboptimale Rundreise.

Eröffnungsverfahren für symmetrisches TSP - Verfahren von Christofides

Bedingung: G bewerteter schlichter zusammenhängender Graph mit n Knoten und der Bewertungsmatrix $\mathbf{B} = (b_{ij})_{i,j=1,\dots,n}$; Dreiecksungleichung $b_{ij} \le b_{ik} + b_{kj}$ sei erfüllt für alle paarweise verschiedenen i, j, k.
Ablauf:
1. Ermittlung eines Minimalgerüstes B in G (▷▷S.79).
2. Ermittlung eines minimalen Summen-Matching M auf den Knoten ungeraden Grades von B; Ergänzung von B durch die Kanten von M: B^*.
3. Ermittlung eines Hamilton-Kreises in B^*.

Verbesserungsverfahren für symmetrisches TSP - 2-opt

Verbesserungsverfahren starten mit einer durch ein Eröffnungsverfahren konstruierten Rundreise (Hamilton-Kreis). Die sogenannten **r-optimalen Verfahren** (kurz: r-opt) tauschen zwecks Verkleinerung der Länge der Rundreise r Kanten gegen andere r Kanten (die Kantenmengen müssen nicht disjunkt sein). Als Ergebnis entsteht eine r-optimale Rundreise. Für die Praxis reichen wegen des steigenden Aufwandes 2-opt- und 3-opt-Verfahren aus.

Bedingung an den Graphen: wie in den Eröffnungsverfahren. Ablauf: 1. Start: Rundreise $T = (i_1, i_2, \ldots, i_n, i_1)$ 2. Für $k = 1, 2, \ldots, n-2,\ l = k+2, k+3, \ldots, n-1$: falls $b_{i_k,i_{k+1}} + b_{i_l,i_{l+1}} > b_{i_k,i_l} + b_{i_{k+1},i_{l+1}}$ ersetze Kanten $(i_k, i_{k+1}), (i_l, i_{l+1})$ durch die Kanten $(i_k,i_l), (i_{k+1},i_{l+1})$,nummeriere Kantenfolge um, gehe zu 2. falls $b_{i_k,i_{k+1}} + b_{i_n,i_1} > b_{i_k,i_n} + b_{i_{k+1},i_1}$ ersetze Kanten $(i_k, i_{k+1}), (i_n, i_1)$ durch die Kanten $(i_k, i_n), (i_{k+1}, i_1)$, nummeriere Kantenfolge um, gehe zu 2. 3. Keine Verbesserung erzielt, Ende. Zeitkomplexität: $O(n^2)$

Verbesserungsverfahren für symmetrisches TSP - 3-opt

Bedingung an den Graphen: wie in den Eröffnungsverfahren. Ablauf: 1. Start: Rundreise $T = (i_1, i_2, \ldots, i_n, i_1)$, $r = 1$ 2. Für $k = 1, 2, \ldots, n-3,\ l = k+1, k+2, \ldots, n-1$: Falls $b_{i_k,i_{l+1}} + b_{i_1,i_l} \leq b_{i_1,i_{l+1}} + b_{i_k,i_l}$ und falls $b_{i_k,i_{l+1}} + b_{i_1,i_l} + b_{i_{k+1},i_n} < b_{i_n,i_1} + b_{i_k,i_{k+1}} + b_{i_l,i_{l+1}}$, dann nummeriere Rundreise um: $(i_1, \ldots, i_k, i_{l+1}, \ldots, i_n, i_{k+1}, \ldots, i_l, i_1)$, gehe zu 2. Falls $b_{i_1,i_{l+1}} + b_{i_k,i_l} + b_{i_{k+1},i_n} < b_{i_n,i_1} + b_{i_k,i_{k+1}} + b_{i_l,i_{l+1}}$, dann nummeriere Rundreise um: $(i_1, i_{l+1}, \ldots, i_n, i_{k+1}, \ldots, i_l, i_k, \ldots, i_1)$, gehe zu 2. 3. Keine Verbesserung, erhöhe r um 1. 4. Falls $r = n$ Ende, ansonsten verwende den nächsten Knoten der Rundreise als Startknoten, nummeriere neu, gehe zu 2. Zeitkomplexität: $O(n^3)$

Chinese-Postman-Problem/Briefträger-Problem

Zu den Begriffen der Graphentheorie siehe ▷▷ S.28. Das Chinese-Postman-Problem steht in enger Verbindung zu Transportoptimierungsproblemen, zu den Problemen der kürzesten Wege in Graphen, zu minimalen Flüssen sowie zu Matching-Problemen.

Problemstellung

Bedingung	zugrunde liegender bewerteter Graph (bzw. Digraph) ist zusammenhängend (bzw. stark zusammenhängend) und ohne Kreise (bzw. Zyklen) negativer Länge; die Kantenbewertungen (bzw. Pfeilbewertungen) seien sämtlich positiv
Briefträgertour	geschlossene Kantenfolge (bzw. Pfeilfolge), die jede Kante (bzw. jeden Pfeil) mindestens einmal enthält
optimale Briefträgertour	Minimierung der Länge/Gesamtbewertung der Briefträgertour

Jede geschlossene Eulersche Linie (bzw. gerichtete geschlossene Eulersche Linie) → geschlossene Kantenfolge (bzw. Pfeilfolge), die jede Kante (bzw. jeden Pfeil) genau einmal enthält → ist eine Briefträgertour. Damit ist eine geschlossene (ggf. gerichtete) Eulersche Linie eine suboptimale Briefträgertour, weil die Knotenverbindungen nicht mehrfach durchlaufen werden. Vorteilhaft ist also die Voraussetzung: der Graph/Digraph sei eulersch.

Konstruktion einer geschlossenen Eulerschen Linie in einem Graphen

1. Start: in beliebigem Knoten i_0; suche geschlossene Kantenfolge $[i_0, i_1], [i_1, i_2], \ldots, [i_r, i_0]$, die jede Kante nur einmal enthält.
2. Streiche die für die geschlossene Kantenfolge benutzten Kanten aus dem Graphen; falls dann ein Knoten i_k mit dem Grad $\delta(i_k) \geq 2$ existiert, suche eine geschlossene Kantenfolge mit Start und Ende in i_k und gehe zu 3., andernfalls gehe zu 4.
3. Füge die in 2. erhaltene Kantenfolge in die bereits vorhandene geschlossene Kantenfolge ein und gehe zu 2.
4. Die zuletzt erhaltene geschlossene Kantenfolge ist eine Eulersche Linie.

Grad eines Knotens: Anzahl der Nachbarknoten

Zeitkomplexität: $O(m)$, m Anzahl der Kanten des Graphen

In einem Eulerschen Graphen (alle Knoten haben geraden Grad) ist jede geschlossene Eulersche Linie eine optimale Briefträgertour. Ist der Graph nicht eulersch (d.h. es gibt Knoten mit ungeradem Grad), dann ist der Graph durch Hinzufügung von (Rückweg-)Kanten (Ketten) zwischen Knoten mit ungeradem Grad zu erweitern → **Eulersche Erweiterung**, damit die Erweiterung ein Eulerscher Graph wird.

Konstruktion einer Briefträgertour in einem (Nicht-Euler-)Graphen

1. Start: ermittle alle Knoten mit ungeradem Grad → Knotenmenge V^*.
2. Falls $V^* = \emptyset$ gehe zu 6., andernfalls gehe zu 3.
3. Ermittle alle Ketten in V^* mit entsprechenden Bewertungen $d_{kl} > 0$.
4. Ermittle auf diesen Ketten ein minimales Summen-Matching (⊳⊳S.72).
5. Füge die Kanten des minimalen Summen-Matching dem Ausgangsgraphen hinzu → Erweiterung.
6. Ermittle in diesem erweiterten Graphen (bzw. falls V^* leer war: im Ausgangsgraphen) eine geschlossene Eulersche Linie; dies ist die optimale Briefträgertour (in der einige Kanten ggf. doppelt durchlaufen werden).

Zeitkomplexität: $O(n^3 + m)$, n Anzahl der Knoten, m Anzahl der Kanten

Die Konstruktion einer **Briefträgertour in einem Digraphen** verläuft analog: mit Hilfe einer Erweiterung durch (Rückweg-)Pfeile sind geschlossene gerichtete Eulersche Linien zu finden; die Erweiterung kann Knotenverbindungen enthalten, die mehr als zweimal durchlaufen werden.

Optimierung in Graphen

Zu den Begriffen der Graphentheorie siehe ▷▷ S.28.

Minimalgerüste

- **Länge eines Gerüstes in einem bewerteten Graphen**: Summe der Bewertungen der am Gerüst beteiligten Kanten
- **Minimalgerüst**: Gerüst mit minimaler Länge
- **Minimal-1-Gerüst**: 1-Gerüst mit minimaler Länge

Verfahren von Prim

1. Auswahl der Kante mit der kleinsten Bewertung; dies ist ein Baum.
2. Hinzufügung einer weiteren Kante mit kleinstmöglicher Bewertung zum bisherigen Baum, so dass wieder ein Baum entsteht (keine Kreise!).

Schritt 2 wird wiederholt, bis der Baum alle n Knoten ($n-1$ Kanten) erfasst hat.

Verfahren von Kruskal

1. Auswahl der Kante mit der kleinsten Bewertung; dies ist ein Baum.
2. Hinzufügung einer weiteren Kante mit kleinstmöglicher Bewertung zur bisherigen Kantenmenge, so dass kein Kreis entsteht.

Schritt 2 wird wiederholt, bis die Kantenmenge alle n Knoten ($n-1$ Kanten) erfasst hat.

Verfahren zur Ermittlung eines Minimal-1-Gerüstes

1. Ermittlung des Minimalgerüstes nach PRIM oder KRUSKAL.
2. Hinzufügung einer weiteren Kante von kleinstmöglicher Bewertung (damit entsteht in diesem Teilgraphen genau ein Kreis).

Kürzeste Wege in Netzwerken von einem Knoten aus

Prinzipiell sind negative Bewertungen zugelassen. Sind jedoch die Bewertungen Entfernungen, dann sind diese natürlich nichtnegativ.

Bestimmung kürzester Wege von einem Knoten aus

n, m - Anzahl der Knoten und Kanten im Netzwerk (Digraph)

d_j - kürzeste Entfernung vom Startknoten r aus, wobei

$$d_j = \begin{cases} 0 & j = r \\ \infty & j \text{ ist nicht von } r \text{ aus erreichbar} \end{cases}$$

p_j - Nummer des letzten Knotens vor dem Knoten j auf dem kürzesten Weg von r nach j

K - Menge der vom kürzesten Weg erfassten Knoten

(Bellmansches) Baumverfahren
Es sind keine Zyklen zugelassen. Mit dem Knoten r als Start/Wurzel wird ein Baum aufgebaut, der den kürzesten Weg zum Knoten j angibt. In diesem Verfahren ist die Anwendung der dynamischen Optimierung (Kap. 8, ▷▷ S.95) erkennbar.

1. Setze $d_r = 0$, $p_r = r$, $K = \{r\}$, $d_j = \infty$, $p_j = 0$ für $j \neq r$.
2. Falls $K = \emptyset$, dann 4., andernfalls wähle $l \in K$, setze $K = K - \{l\}$.
3. Für alle Nachfolgerknoten j von l überprüfe:
   falls $d_j > d_l + b_{lj}$, dann setze $d_j = d_l + b_{lj}, p_j = l, K = K \cup \{j\}$, gehe zu 2.
4. Ende

Zeitkomplexität: $O(m)$

Auslese und Hinzufügen von Knoten zur Knotenmenge im Schritt 2. bzw. 3.:
- nur einmal möglich: **Label-Setting-Verfahren**
- mehrmals möglich: **Label-Correcting-Verfahren**

Label-Correcting-Verfahren
Es sind nur nichtnegative Bewertungen der Pfeile zugelassen. Es werden von einem vorgegebenen Knoten aus die kürzesten Entfernungen zu allen anderen Knoten ermittelt.

1. Setze $d_r = 0$, $p_r = r$, $K = \{r\}$, $d_j = \infty$, $p_j = 0$ für $j \neq r$.
2. Falls $K = \emptyset$, dann 4., andernfalls entferne den erstgenannten Knoten l aus K.
3. Für alle Nachfolgerknoten j von l überprüfe:
   falls $d_j > d_l + b_{lj}$, dann setze $d_j = d_l + b_{lj}, p_j = l$ und falls $j \notin K$, füge j als letztgenannten Knoten in K ein, gehe zu 2.
4. Ende

Zeitkomplexität: $O(mn)$

Label-Setting-Verfahren - Verfahren von Dijkstra
Nur nichtnegative Bewertungen der Pfeile sind zugelassen. Es werden von einem vorgegebenen Knoten aus die kürzesten Entfernungen zu allen anderen Knoten ermittelt.

1. Setze $d_r = 0$, $p_r = r$, $K = \{r\}$, $d_j = \infty$, $p_j = 0$ für $j \neq r$.
2. Falls $K = \emptyset$, dann 4., andernfalls entferne den Knoten l mit der kleinsten Bewertung aus K: $d_l = \min\limits_{i \in K} d_i$.
3. Für alle Nachfolgerknoten j von l überprüfe:
   falls $d_j > d_l + b_{lj}$, dann setze $d_j = d_l + b_{lj}, p_j = l$, und falls $j \notin K$, füge j in K ein, gehe zu 2.
4. Ende

Zeitkomplexität: $O(m \log n)$

Verfahren von Ford
Zyklen mit negativer Länge sind nicht zugelassen. Es werden von einem vorgegebenen Knoten r aus die kürzesten Entfernungen zu allen anderen Knoten ermittelt.

1. Start: $d_j^{(0)} = \begin{cases} 0 & j = r \\ \infty & \text{sonst} \end{cases} \qquad j = 1, 2, \ldots, n.$
2. Für jeden Zielknoten j sind $n-1$ Schritte zu durchlaufen: $k = 1, 2, \ldots, n-1$
   $d_j^{(k)} = \min\left(d_j^{(k-1)}, \min_{l \in P(j)} (d_l^{(k-1)} + b_{lk})\right)$
   $l \in P(j)$ bedeutet: für jeden Vorgänger des Knotens j.
3. Ende nach $n-1$ Schritten: $d_j = d_j^{(n-1)}$.

Zeitkomplexität: $O(mn)$

Kürzeste Wege in Netzwerken zwischen allen Knoten

Tripel-Verfahren (Floyd-Warshall)

Das Verfahren vergleicht Dreiergruppen von Knoten, benutzt dabei die Dreiecksungleichung und bekam deshalb den Namen Tripelverfahren. Zyklen negativer Länge sind nicht erlaubt. Das Verfahren liefert die kürzesten Entfernungen von allen Knoten zu allen Knoten.

d_{ij}	- **kürzeste Entfernung** von Knoten i nach Knoten j, wobei $d_{ii} = 0$; falls Weg von i nach j nicht existiert: $d_{ij} = \infty$
$\mathbf{D} = (d_{ij})_{i,j=1,\ldots,n}$	- **Matrix der kleinsten Entfernungen** (zwischen Knoten)
$\mathbf{P} = (p_{ij})_{i,j=1,\ldots,n}$	- **Wegematrix** (für den Verlauf der kürzesten Wege) ($p_{ij} = l$ bedeutet: auf dem kürzesten Weg von i nach j ist der Knoten l der letzte vor j)

1. Setze $\mathbf{D}^{(0)} = \mathbf{B}$, d.h. in Stufe 0: Entfernungsmatrix = Bewertungsmatrix (Kanten), also $d_{ij}^{(0)} = b_{ij}$ für alle Knotenpaare bzw. Kanten.
2. Setze $p_{ij}^{(0)} = \begin{cases} i & d_{ij}^{(0)} < \infty \\ 0 & \text{sonst} \end{cases}$ für alle $i, j = 1, ..., n$.
3. Setze $k = 1$.
4. Ermittle $\mathbf{D}^{(k)}$: $d_{ij}^{(k)} = \min(d_{ij}^{(k-1)}, d_{ik}^{(k-1)} + d_{kj}^{(k-1)})$ für alle Knotenpaare (i, j).
5. Ermittle $\mathbf{P}^{(k)}$: $p_{ij}^{(k)} = \begin{cases} p_{kj}^{(k-1)} & d_{ij}^{(k)} < d_{ij}^{(k-1)} \\ p_{ij}^{(k-1)} & \text{sonst} \end{cases}$ für alle $i, j = 1, ..., n$.
6. Falls für ein i, $1 \leq i \leq n$: $d_{ii} < 0$ dann 8. (vorzeitiges Ende), andernfalls 7.
7. Erhöhe k um 1; falls $k \leq n$ gehe nach 4., andernfalls 8.
8. Ende, vorzeitig oder spätestens nach n Schritten erreicht $\rightarrow \mathbf{D}, \mathbf{P}$.

Zeitkomplexität: $O(n^3)$

Nachteil des Verfahrens ist der hohe Speicherbedarf; dieser kann verringert werden, indem sequentiell kürzere Wege ermittelt werden. Das Tripelverfahren ist besonders schnell, wenn das Netzwerk im Vergleich zur Anzahl n der Knoten nur wenige Kanten enthält (zwar mindestens $n-1$, aber deutlich weniger als $n(n-1)$). In zyklenfreien Netzwerken ist die mehrmalige Verwendung des Baumverfahrens günstiger als das Tripelverfahren.

Optimale Flüsse in Netzwerken

Flüsse in Netzwerken

λ_{ij}	- Minimalkapazität eines Pfeils (i,j) eines Netzwerkes
κ_{ij}	- Maximalkapazität, $\lambda_{ij} \leq \kappa_{ij}$ ($\kappa_{ij} = \infty$ Kapazität unbeschränkt)
ϕ	- Fluss in einem Netzwerk: Funktion auf der Pfeilmenge eines Netzwerkes mit Funktionswerten $\phi_{ij} \in \mathbb{R}_+$ inkl. der Möglichkeit $\phi_{ij} = \infty$ und der Flussstärke $\omega \geq 0$
$\sum\limits_{j \in \mathcal{S}_i} \phi_{ij}$	- aus dem Knoten i herausfließende Flussmenge ($\mathcal{S}$ Nachfolgermenge)
$\sum\limits_{k \in \mathcal{P}_j} \phi_{kj}$	- in den Knoten j hineinfließende Flussmenge ($\mathcal{P}$ Vorgängermenge)

Optimale (maximale) Flüsse in Netzwerken

r, s Knoten eines Netzwerkes mit (mindestens) einem Weg, der von r nach s führt

Fluss ϕ heißt zulässiger Fluss, wenn

- Flussbedingung erfüllt: $\sum\limits_{j \in \mathcal{S}_i} \phi_{ij} - \sum\limits_{k \in \mathcal{P}_j} \phi_{kj} = \begin{cases} \omega & \text{für } i = r \\ -\omega & \text{für } i = s \\ 0 & \text{für alle anderen Knoten} \end{cases}$
- Kapazitätsbedingung erfüllt: $\lambda_{ij} \leq \phi_{ij} \leq \kappa_{ij}$.

Maximalfluss-Problem: $\omega \to \max$ (Zielfunktion)
auf der Menge der zulässigen Flüsse ϕ (Nebenbedingung)

Existenz des maximalen Flusses:
Ein zulässiger Fluss existiert und Oberkapazitäten κ_{ij} endlich.

Schnitte in Digraphen

Semiweg	Weg (Folge von Knoten und Pfeilen), wobei nicht alle Pfeile die Wegrichtung haben müssen
Semizyklus	geschlossener Semiweg
(r,k)-Semiweg	Semiweg von Knoten r nach Knoten $k \neq r$
Vorwärtspfeil	Pfeil im Semiweg, der die gleiche Orientierung hat
Rückwärtspfeil	Pfeil im Semiweg, der die entgegengesetzte Richtung wie der Semiweg hat
flussvergrößernder (r,k)-Semiweg	Semiweg, in dem für alle Pfeile gilt: $\epsilon_{ij} = \begin{cases} \kappa_{ij} - \phi_{ij} & \text{für Vorwärtspfeil} \\ \phi_{ij} - \lambda_{ij} & \text{für Rückwärtspfeil} \end{cases}$ $\quad \epsilon_{ij} > 0$

Wenn ein flussvergrößernder Semiweg existiert, kann die Flussstärke um $\epsilon = \min\limits_{(ij)} \epsilon_{ij}$ vergrößert werden.

Schnitt $S(A,B)$	Menge der von A nach B führenden Pfeile eines Digraphen, wobei A, B Knotenmengen sind: $A, B \neq \emptyset$, $V = A \cup B$, $A \cap B = \emptyset$

(A, B)-Schnitt	$S(A,B) \cup S(B,A)$
(r, s)-Schnitt	die Knoten r und s trennender Schnitt

Schnittkapazität

$\lambda(S(A,B)) = \sum_{(i,j)\in S(A,B)} \lambda_{ij}$	Minimalkapazität des Schnittes
$\kappa(S(A,B)) = \sum_{(i,j)\in S(A,B)} \kappa_{ij}$	Maximalkapazität des Schnittes
$\mu(S(A,B)) = \lambda(S(A,B)) - \kappa(S(A,B))$	Kapazität des (A, B)-Schnittes (Differenz der größtmöglichen Flussmenge von A nach B und der kleinstmöglichen Rückflussmenge von B nach A)

Minimalschnitt-Problem

minimaler (r, s)-Schnitt	(r, s)-Schnitt mit minimaler Kapazität schwächste Stelle im Netzwerk

Die Begriffe **maximale Flussstärke** und **minimaler Schnitt** bezüglich zweier Knoten sind duale Optimierungsaufgaben im Sinne der linearen Optimierung; die Kapazitäten sind dann gleich.

Verfahren von Ford-Fulkerson

Dem eigentlichen Verfahren wird ein Eröffnungsverfahren zur Feststellung eines zulässigen Startflusses vorgespannt. Jeder Schritt des Verfahrens besteht aus einem Markierungsvorgang (Semiweg) und einer Flussvergrößerung.

Eröffnungsverfahren:

- Falls alle $\lambda_{ij} = 0$ (Minimalkapazitäten), dann ist der Nullfluss (Fluss ϕ: $\phi_{ij} = 0$) ein zulässiger Fluss.
- Falls $\lambda_{ij} > 0$ für mindestens einen Pfeil des Netzwerkes, dann ist Nullfluss unzulässig; es ist durch Erweiterung des Netzwerkes mit verschwindenden Minimalkapazitäten ein Mindestfluss zu finden.

Bezeichnungen: Fluss von r nach s; r, s Flussquelle und -senke
b binäre Marke für Erreichen des maximalen Flusses
C Aufbau eines minimalen Schnittes (Pfeilmenge)
$M(i)$ enthält die von i aus markierbaren Knoten
L enthält die markierten Knoten

1. Setze $b = 0$, $C = \emptyset$, $M(1), \ldots, M(n) = \emptyset$,
   ω Flussstärke aus Eröffnungsverfahren.
2. Für alle Knoten $i = 1, \ldots, n$ untersuche alle Nachfolger, d.h. für $j \in \mathcal{S}(i)$.
   Falls $\phi_{ij} < \kappa_{ij}$ setze $M(i) = M(i) \cup \{j\}$.
   Falls $\phi_{ij} > \lambda_{ij}$ setze $M(j) = M(j) \cup \{i\}$.
3. Bestimme flussvergrößernden (r, s)-Semiweg (Prozedur I).
4. Solange $b = 0$ führe Flussvergrößerung (Prozedur II) durch und bestimme flussvergrößernden (r, s)-Semiweg (Prozedur I).
   L wird von Prozedur I bereitgestellt.

5. Für $i \in L$ untersuche deren nichtmarkierte Nachfolger, d.h. für $j \in \mathcal{S}(i) - L$ setze $C = C \cup \{(i,j)\}$.
6. Für $i \in \{1, \ldots, n\} - L$ untersuche alle markierten Nachfolger, d.h. für $j \in \mathcal{S}(i) \cap L$ setze $C = C \cup \{(i,j)\}$.
7. Ende: minimaler (r,s)-Schnitt konstruiert $\rightarrow$ maximaler Fluss erzielt.

Zeitkomplexität: $O(m^2 n)$

Prozedur I - Konstruktion eines flussvergrößernden (r,s)-Semiweges

P11. Setze $p_r = r$, $\epsilon_r = \infty$, $Q = \{r\}$, $L = \{r\}$.

P12. Solange $Q \neq \emptyset$

- streiche ersten Knoten i in Q
- für $j \in M(i) - L$
  - ◇ setze j an Ende von Q und L
  - ◇ falls $j \in \mathcal{S}(i)$ setze $p_j = i$, $\epsilon_j = \min(\epsilon_i, \kappa_{ij} - \phi_{ij})$
  - ◇ andernfalls setze $p_j = -i$, $\epsilon_j = \min(\epsilon_i, \phi_{ij} - \lambda_{ij})$
  - ◇ falls $j = s$ (Flusssenke markiert) gehe zu P14

P13. Setze $b = 1$ (Flusssenke kann nicht markiert werden).

P14. Ende der Prozedur.

Prozedur II - Flussvergrößerung

P21. Setze $\omega = \omega + \epsilon_s$, $i = s$.

P22. Solange $i \neq r$

- setze $j = i$, $i = |p_j|$, $M(j) = M(j) \cup \{i\}$
- falls $p_j > 0$

  setze $\phi_{ij} = \phi_{ij} + \epsilon_s$; falls $\phi_{ij} = \kappa_{ij}$ setze $M(i) = M(i) - \{j\}$

  andernfalls

  setze $\phi_{ij} = \phi_{ij} - \epsilon_s$; falls $\phi_{ij} = \lambda_{ij}$ setze $M(i) = M(i) - \{j\}$

P23. Ende der Prozedur: $i = r$ (Flussquelle erreicht).

Zirkulationsproblem/Zirkulationsoptimierung

Das Zirkulationsproblem ist sowohl ein spezielles Problem der Optimierung in Graphen und Netzwerken als auch ein Problem, welches Verbindung zu zahlreichen anderen, insbesondere linearen, Optimierungsaufgaben hat.

λ_{ij} - Minimalkapazität eines Pfeils (i,j) eines Netzwerkes

κ_{ij} - Maximalkapazität, $\lambda_{ij} \leq \kappa_{ij}$ ($\kappa_{ij} = \infty$ Kapazität unbeschränkt)

K_{ij} - Pfeilkosten

ϕ - Zirkulation (Fluss) in einem Netzwerk: Funktion auf der Pfeilmenge eines Netzwerkes mit Funktionswerten $\phi_{ij} \in \mathbb{R}_+$ inkl. der Möglichkeit $\phi_{ij} = \infty$

Lineare Optimierungsaufgabe:

Zielfunktion: $\sum\limits_{ij} K_{ij}\phi_{ij} \rightarrow \min$

Nebenbedingungen: $\lambda_{ij} \leq \phi_{ij} \leq \kappa_{ij}$ auf allen Pfeilen

$\sum\limits_{ij \in P_i^+} \phi_{ij} = \sum\limits_{ij \in P_i^-} \phi_{ij}$ in allen Knoten für heraus- und für hineinführende Pfeile

Spezialfälle des Zirkulationsproblems:
- Problem des kürzesten Weges
- Transportproblem (inkl. Transport mit Zwischenlagern, Mehrgütertransport)
- Maximalfluss-Problem

Out-of-kilter-Verfahren

ϕ Zirkulation auf den Pfeilen eines Netzwerkes: ϕ_{ij}
$\mathbf{p}$ Potential auf den Knoten eines Netzwerkes: p_i

Optimalitätssatz für die Zirkulationsoptimierung:

1. ϕ ist genau dann optimal, falls ein Potential $\mathbf{p}$ auf den Knoten existiert, so dass für alle Pfeile gilt: $$\begin{cases} p_j - p_i - K_{ij} \leq 0 & \text{für} \quad \phi_{ij} = \lambda_{ij} \\ p_j - p_i - K_{ij} = 0 & \text{für} \quad \lambda_{ij} < \phi_{ij} < \kappa_{ij} \\ p_j - p_i - K_{ij} \geq 0 & \text{für} \quad \phi_{ij} = \kappa_{ij} \end{cases}$$ (in-kilter-Zustände).
2. Es existiert genau dann keine zulässige Zirkulation, wenn man zu einer nichtzulässigen Zirkulation für beliebiges $M > 0$ ein Potential auf den Knoten so finden kann, so dass $$\begin{cases} p_j - p_i < -M & \text{für} \quad \phi_{ij} < \lambda_{ij} \\ p_j - p_i > M & \text{für} \quad \kappa_{ij} < \phi_{ij} \end{cases}.$$

Nichtoptimale Zustände (out-of-kilter-Zustände):

1.	$\phi_{ij} < \lambda_{ij}$ und $p_j - p_i - K_{ij} < 0$	Flusserhöhung	$F_{ij} = \lambda_{ij} - \phi_{ij}$
2.	$\phi_{ij} > \lambda_{ij}$ und $p_j - p_i - K_{ij} < 0$	Flussverringerung	$F_{ij} = q_{ij}(\phi_{ij} - \lambda_{ij})$
3.	$\phi_{ij} < \lambda_{ij}$ und $p_j - p_i - K_{ij} = 0$	Flusserhöhung	$F_{ij} = \lambda_{ij} - \phi_{ij}$
4.	$\phi_{ij} > \kappa_{ij}$ und $p_j - p_i - K_{ij} = 0$	Flussverringerung	$F_{ij} = \phi_{ij} - \kappa_{ij}$
5.	$\phi_{ij} < \kappa_{ij}$ und $p_j - p_i - K_{ij} > 0$	Flusserhöhung	$F_{ij} = q_{ij}(\kappa_{ij} - \phi_{ij})$
6.	$\phi_{ij} > \kappa_{ij}$ und $p_j - p_i - K_{ij} > 0$	Flussverringerung	$F_{ij} = \phi_{ij} - \kappa_{ij}$

$q_{ij} = p_j - p_i - K_{ij}$, F_{ij} Kilter-Zahl

Ziel des Verfahrens ist es, die out-of-kilter-Pfeile sämtlich in in-kilter-Pfeile zu verwandeln.

Start: Auswahl einer (möglicherweise unzulässigen) Zirkulation ϕ ($\phi_{ij} \geq 0$) auf den Pfeilen des Netzwerkes sowie eines Potentials $\mathbf{p}$ (ggf. $p_i = 0$) auf den Knoten
Überführung eines Pfeiles im out-of-kilter-Zustand in den in-kilter-Zustand:
Die nicht-optimale Lösung ist so zu ändern, dass die Kilterzahlen aller Pfeile monoton gegen Null streben, wobei mindestens ein in-kilter-Zustand verbessert wird und alle anderen in-kilter-Zustände bestehen bleiben.
Ablauf zur Flussveränderung (Erhöhung/Verringerung):

1. Jeweils auf den Pfeilen eines geschlossenen Semiweges (▷▷ S.82) Kilter-Zahl verkleinern.
2. Mit Hilfe der Zustände 2. und 5. kann eine Potentialänderung dann angestrebt werden, wenn keine Flussänderung mehr möglich ist.

Die optimale Zirkulation ist dann erreicht, wenn sich alle Pfeile im in-kilter-Zustand befinden.

Netzplantechnik

Die Netzplantechnik bietet Methoden zur Beschreibung, Planung, Steuerung und Überwachung von Projektabläufen hinsichtlich Ablauf, Zeiten, Kosten und Kapazitäten auf der Grundlage von Netzplanmodellen (DIN 69 900). Mathematische Grundlage der Netzplantechnik ist die Graphentheorie.

Planungsgrundlagen

Grundbegriffe der Netzplantechnik

- **Netzplantechnik** dient der optimalen Planung und Überwachung von Projekten.
- **Projekt:** ein aus **Vorgängen** (Teilarbeiten) zusammengesetztes Vorhaben.
- **Ereignisse** markieren den Abschluss der Vorgänge.
- **Strukturanalyse:** Zerlegung des Projektes in Vorgänge und deren Anordnung untereinander (Darstellung als Netzwerk, damit als spezieller Digraph - zu den Begriffen der Graphentheorie ▷▷ S.28 → **Netzplan**).
- **Zeitanalyse:** Festlegung der Zeitdauern der Vorgänge sowie ggf. der Zeitabstände aufeinanderfolgender Vorgänge.
- **Kostenanalyse:** Darstellung des Zahlungsstroms (Cash Flow) für Zahlungen gemäß den vereinbarten Zahlungsbedingungen bei Projektfortschritt und -realisierung.
- **Vorgangsliste:** enthält die Ergebnisse der Strukturanalyse in Form der Angabe der Anordnung der Vorgänge mit Nennung der Vorläufer und Nachfolger sowie die Ergebnisse der Zeitanalyse (Vorgangsdauern, Abstände).
- **Ereignisliste:** enthält die Ergebnisse der Strukturanalyse in Form der Anordnung der Ereignisse mit Nennung der Vorläufer und Nachfolger.
- **Kürzeste Projektdauer:** Mindest-Zeitdauer, in der alle Vorgänge abgearbeitet werden können.
- Vorgang heißt **kritisch**, wenn dessen Verlängerung eine gleichgroße Verlängerung der kürzesten Projektdauer bewirkt.
- Ereignis heißt kritisch, wenn es Anfang bzw. Ende eines kritischen Vorgangs ist.
- **Pufferzeit** eines Vorgangs: maximale Zeitdauer, um die der Vorgang ohne Verletzung der kürzesten Projektdauer verschoben werden kann (es gibt mehrere Varianten von Pufferzeiten).

Zielstellungen der Netzplantechnik

- Strukturierung eines Projektes als Netzplan
- Ermittlung der kürzesten Projektdauer
- Kennzeichnung der kritischen Vorgänge
- Ermittlung der Anfangs- und Endtermine aller Vorgänge (und damit der Termine aller Ereignisse)
- Ermittlung der Pufferzeiten aller Vorgänge

Methode des kritischen Weges - CPM

Spezielle Struktur eines CPM-Netzplanes

- **CPM: Critical Path Method**
- Jedem Vorgang des Projektes wird ein Pfeil mit Anfangs- und Endknoten zugeordnet; die Zeitdauer des Vorgangs wird zur Bewertung des Pfeiles → **Vorgangspfeilnetz.**
- Die Knoten des Vorgangspfeilnetzes sind die Ereignisse des Projektes.
- Zwischen den Vorgängen bestehen Ende-Start-Beziehungen.
- Start und Ende des Projektes sind Ereignisse: Startereignis (Quelle), Zielereignis (Senke).

Konstruktionsregeln für einen CPM-Netzplan

1. Haben mehrere Vorgänge einen gemeinsamen Vorgänger, dann ist dessen Endereignis das Anfangsereignis der Nachfolger; hat ein Vorgang mehrere Vorgänger, dann ist deren gemeinsames Endereignis das Anfangsereignis des Nachfolgers.
2. Zwischen zwei Ereignissen/Knoten soll es nur einen Vorgang/Pfeil geben.
3. Haben zwei Vorgänge gemeinsame Anfangs- und Endereignisse, so wird ein **Scheinvorgang** - ein Vorgang ohne Zeitbedarf - eingeführt; hängen Vorgangsketten mit verschiedenen Anfangs- und Endereignissen voneinander ab, so ist auch hier ein Scheinvorgang erforderlich, um die Abhängigkeit zu realisieren.
4. Kann ein Vorgang bereits beginnen, wenn beim Vorgänger ein Teil beendet ist, dann ist der Vorgänger in zwei Vorgänge aufzutrennen.
5. Soll zwischen zwei Vorgängen ein zeitlicher Mindestabstand bestehen, dann ist ein zusätzlicher Vorgang mit der entsprechenden Zeitdauer einzufügen (zeitliche Höchstabstände können bei CPM nicht erfasst werden).
6. Die Ereignisse/Knoten sind, abhängig von der strukturellen Aufeinanderfolge, aufsteigend zu nummerieren; damit erhält jeder Vorgang/Pfeil zur Kennzeichnung die Nummern von Anfangs- und Endknoten als Zahlenpaar; diese Nummerierung ist stets möglich und kontrolliert gleichzeitig die Zyklenfreiheit des Netzplanes.

Ein CPM-Netzplan hat genau eine Quelle und eine Senke, er ist zyklenfrei; vom Startereignis aus ist jedes Ereignis erreichbar, das Zielereignis ist von jedem Ereignis aus erreichbar; auch das Zielereignis ist vom Startereignis aus erreichbar.

Mit der Strukturanalyse wird ein gerichteter Graph mit Knoten und Kanten gebildet. Sie ist gewissenhaft durchzuführen, insbesondere sind parallele Vorgänge/Pfeile auszuschließen, Scheinvorgänge zu erkennen und die Nummerierung der Ereignisse/Knoten präzise vorzunehmen (topologisch sortiert).

Kritischer Weg im CPM-Netzplan

- Unter den Wegen vom Start- zum Zielereignis gibt es einen mit längster Dauer → **kritischer Weg** → optimaler Weg; diese Dauer ist gleichzeitig kürzeste Projektdauer; in dieser Zeit müssen sämtliche Vorgänge bearbeitbar sein.
- Alle Vorgänge auf dem kritischen Weg sind kritisch.
- Vorgänge auf anderen Wegen können nicht-kritisch, d.h. verschiebbar bzw. verlängerbar sein.

Bezeichnungen

$D(i,j)$	Dauer des Vorgangs (i,j) (für Scheinvorgänge gilt: $D(i,j)=0$)
$A_f(i,j), A_s(i,j)$	frühest- bzw. spätestmöglicher Beginn des Vorgangs (i,j)
$E_f(i,j), E_s(i,j)$	frühest- bzw. spätestmögliches Ende des Vorgangs (i,j)
$Z_f(i), Z_s(i)$	frühest- bzw. spätestmögliches Eintreten des Ereignisses i
T	vorgegebener Projektendtermin, $T \leq Z_f(n)$
$Z_f(n)$	kürzeste Projektdauer
$Z_s(n)$	$= \begin{cases} T & \text{falls vorgegeben} \\ Z_f(n) & \text{sonst} \end{cases}$
$P_g(i,j)$	gesamte Pufferzeit des Vorgangs (i,j): maximale Zeitspanne, um die der Beginn des Vorgangs ohne Verletzung der Gesamtprojektdauer verschoben werden kann
$P_v(i,j)$	freie Vorwärts-Pufferzeit: maximale Zeitspanne, um die der Beginn des Vorgangs verschoben werden kann, unter der Bedingung, dass alle Nachfolger (j,k) von (i,j) zum frühestmöglichen Termin $A_f(j,k)$ begonnen werden
$P_r(i,j)$	freie Rückwärts-Pufferzeit: maximale Zeitspanne, um die der Beginn des Vorgangs verschoben werden kann, unter der Bedingung, dass alle Vorläufer (l,i) von (i,j) zum spätestmöglichen Termin $E_s(l,i)$ beendet werden
$P_u(i,j)$	unabhängige Pufferzeit: maximale Zeitspanne, um die der Beginn des Vorgangs verschoben werden kann, unter der Bedingung, dass alle Vorläufer zum spätestmöglichen Endtermin beendet und alle Nachfolger zum frühestmöglichen Anfangstermin begonnen werden

Berechnung der Termine

Die frühesten Ereignistermine werden in einer Vorwärtsrechnung und anschließend die spätesten Ereignistermine in einer Rückwärtsrechnung ermittelt, wobei jeweils die Bellmansche Methode der Dynamischen Optimierung (▷▷ S.??) erkennbar ist. Daran schließen sich die Terminierung der Vorgänge und die Ermittlung der Pufferzeiten an. Vorgangstermine sind nur für reale Vorgänge von Interesse (keine Scheinvorgänge).

Ereignistermine:

$Z_f(1) = 0$ Startzeit

$Z_f(j) = \max\limits_{i \in P(j)} [Z_f(i) + D(i,j)]$, $P(j)$ Menge der Ereignisse vor Ereignis j

$j = 2, 3, \ldots, n$ (Bellmansche Funktionalgleichung)

$$Z_s(n) = \begin{cases} T & \text{falls vorgegeben} \\ Z_f(n) & \text{sonst} \end{cases}$$

$Z_s(i) = \min\limits_{j \in S(i)} [T - (Z_s(j) - D(i,j))]$, $S(i)$ Menge der Ereignisse nach Ereignis i

$i = 1, 2, \ldots, n-1$

Vorgangstermine:

$A_f(i,j) = Z_f(i)$ $\qquad$ $A_s(i,j) = Z_s(j) - D(i,j)$

$E_f(i,j) = Z_f(i,j) + D(i,j)$ $\qquad$ $E_s(i,j) = Z_s(j)$

Pufferzeiten:

$P_g(i,j) = A_s(i,j) - A_f(i,j) = E_s(i,j) - E_f(i,j) = Z_s(j) - Z_f(i) - D(i,j)$

$P_v(i,j) = Z_f(j) - E_f(i,j) = Z_f(j) - Z_f(i) - D(i,j)$

$P_r(i,j) = A_s(i,j) - Z_s(i) = Z_s(j) - Z_s(i) - D(i,j)$

$P_u(i,j) = \max[Z_f(j) - Z_s(i) - D(i,j), 0]$

Ermittlung des kritischen Weges

- Fall: $T > Z_f(n)$ vorgegeben, dann $Z_s(n) = T$; es gilt: $Z_s(n) - Z_f(n) = Z_s(1)$
  Vorgang (i,j) ist kritisch, wenn $P_g(i,j) = \min\limits_{(k,l) \in E} P_g(k,l) = Z_s(1)$
- Fall: $T = Z_f(n)$ bzw. T nicht vorgegeben, dann $Z_s(n) - Z_f(n) = Z_s(1) = 0$
  Vorgang (i,j) ist kritisch, wenn $P_g(i,j) = \min\limits_{(k,l) \in E} P_g(k,l) = 0$
  E Menge der Vorgänge/Pfeile (ohne Scheinvorgänge) des Netzplanes
- Fall: $T < Z_f(n)$ nicht realistisch

Gantt-Diagramm

Graphische Darstellung der Vorgänge eines Netzplanes in einem Zeit-Vorgang-System. Scheinvorgänge finden keine Berücksichtigung. Die kritischen Vorgänge werden in ihrer zeitlichen Abfolge, links oben beginnend schräg nach rechts unten durch starke Kästen (oder Linien) hervorgehoben. Die nicht-kritischen Vorgänge werden dazwischen weniger stark angeordnet. Die Kästen beginnen zur Zeit $t = A_f(i,j)$ und enden mit $t = A_f(i,j) + D(i,j)$; auftretende Gesamtpufferzeiten werden daran anschließend gestrichelt dargestellt, bis zur Zeit $t = E_s(i,j)$.

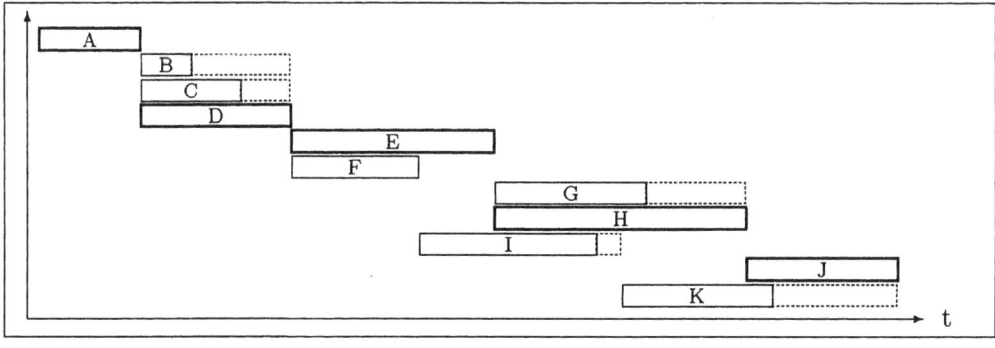

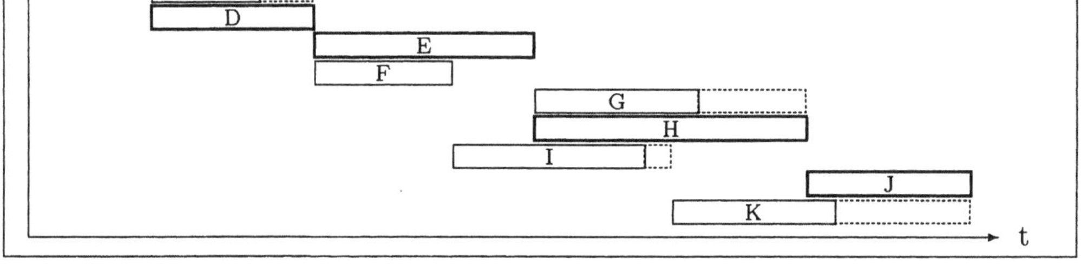

Stochastisches Netzwerk - PERT

Spezielle Struktur eines PERT-Netzplanes

- **PERT: Program Evaluation and Review Technique**
- Jedem Ereignis des Projektes wird ein Knoten zugeordnet $\rightarrow$ **Ereignisknotennetz.**
- Die Pfeile des Ereignisknotennetzes sind die Vorgänge des Projektes.
- Start und Ende des Projektes sind Ereignisse: Startereignis (Quelle), Zielereignis (Senke).

Unterschied zum CPM-Netzplan:

- PERT ist ereignisorientiert.
- Vorgangsdauern sind stochastische Größen.

Vorgangsdauern bei PERT

PERT sollte dann verwendet werden, wenn die Vorgangsdauern nicht deterministisch festgelegt werden können. Mit den nachfolgenden Annahmen über Wahrscheinlichkeitsverteilungen und deren Parameter wird gesichert, dass deren Nutzung überhaupt möglich wird.

Vorgangsdauern seien stetige, nichtnegative und nach oben beschränkte sowie unimodale (eingipflige) Zufallsgrößen: $D(i,j) \in [a,b], 0 \leq a < b$.
Außerdem: Zeitdauern verschiedener Vorgänge sowie die Termine von Ereignissen seien unabhängige Zufallsgrößen (diese Bedingung ist nicht real!).
Verwendung der **Betaverteilung** mit der Dichtefunktion

$$f(x) = \begin{cases} \dfrac{(x-a)^{\alpha}(b-x)^{\beta}}{(b-a)^{\alpha+\beta+1}B(\alpha+1,\beta+1)} & \text{falls } a \leq x \leq b \\ 0 & \text{sonst} \end{cases}$$

wobei a, b, α, β Parameter der Betaverteilung sind: $0 \leq a < b, \alpha > 0, \beta > 0$
$B(.,.)$ ist die Betafunktion (▷▷S.12)
a, b, α, β legen die Betaverteilung eindeutig fest

Modalwert (Lage des Gipfels): $m_x = \dfrac{\beta a + \alpha b}{\alpha + \beta}$

Erwartungswert: $\mu_x = \dfrac{(\beta+1)a + (\alpha+1)b}{\alpha+\beta+2}$

Varianz: $\sigma_x^2 = \dfrac{(\alpha+1)(\beta+1)}{(\alpha+\beta+2)^3(\alpha+\beta+3)}(b-a)^2$

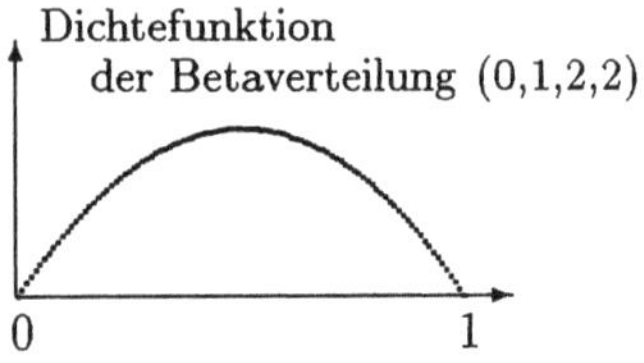

Schätzung der Vorgangsdauern bei PERT

D^-	**optimistischer** Schätzwert der Dauer des Vorgangs (unter besonders günstigen Bedingungen)
D^+	**pessimistischer** Schätzwert der Dauer des Vorgangs (unter besonders ungünstigen Bedingungen)
D^w	**wahrscheinlicher** (mittlerer, häufigster $\rightarrow$ Modalwert) Schätzwert der Dauer des Vorgangs (unter normalen Bedingungen)

Festlegung der Parameter der Betaverteilung:
Setzen: $a = D^+, b = D^-, m_x = D^w$ sowie (Vereinbarung) $\alpha + \beta = 4$,
damit: $\alpha = \frac{4D^w - D^+}{D^- - D^+}$, $\beta = \frac{D^- - 4D^w}{D^- - D^+}$, $\mu_x = \frac{1}{6}(D^+ + 4D^w + D^-)$

$$\sigma_x^2 = \frac{1}{28}(D^- - D^+)^2 - \frac{1}{63}(D^+ + D^- - 2D^w)^2$$

Näherung: $\sigma_x^2 = \frac{1}{36}(D^- - D^+)^2$.

Angabe von $D^-(i,j), D^w(i,j), D^+(i,j)$ in der Vorgangsliste für alle Vorgänge (i,j) des Netzplanes (in dieser Reihenfolge).

Weitere Bezeichnungen

$\mu_{D(i,j)}, \sigma^2_{D(i,j)}$	Erwartungswerte und Varianzen der Vorgangsdauern
$\mu_{Z_f(i)}, \mu_{Z_s(i)}$	Erwartungswerte der frühesten und spätesten Ereignistermine
$\sigma^2_{Z_f(i)}, \sigma^2_{Z_s(i)}$	Varianzen der frühesten und spätesten Ereignistermine
T	vorgegebener Projektendtermin
$\mu_{P_g(i)}, \sigma^2_{P_g(i)}$	Erwartungswerte und Varianzen der Gesamtpufferzeiten der Ereignisse

Zeitplanung bei PERT

Vorbereitung: Schätzung der Erwartungswerte und Varianzen der Vorgangsdauern.

$$\mu_{D(i,j)} = \frac{1}{6}[(D^+(i,j) + 4D^w(i,j) + D^-(i,j)]$$

$$\sigma^2_{D(i,j)} = \frac{1}{28}[D^-(i,j) - D^+(i,j)]^2 - \frac{1}{63}[D^+(i,j) + D^-(i,j) - 2D^w(i,j)]^2$$

Ablauf:

1. Start für Vorwärtsrechnung: $\mu_{Z_f(1)} = 0, \sigma^2_{Z_f(1)} = 0$.
2. Vorwärtsrechnung: $\mu_{Z_f(j)} = \max_{i \in P(j)} [\mu_{Z_f(i)} + \mu_{D(i,j)}],\ j = 2, \ldots, n$
   $\sigma^2_{Z_f(j)} = \max_{i \in P(j)} [\sigma^2_{Z_f(i)} + \sigma^2_{D(i,j)}],\ j = 2, \ldots, n$
   Bedingung: $T \geq \mu_{Z_f(n)}$, ansonsten T neu verhandeln.
3. Start für Rückwärtsrechnung: $\mu_{Z_s(n)} = \begin{cases} T & \text{falls vorgegeben} \\ \mu_{Z_f(n)} & \text{sonst} \end{cases}, \sigma^2_{Z_s(n)} = 0$.
4. Rückwärtsrechnung: $\mu_{Z_s(i)} = \min_{j \in S(i)} [\mu_{Z_s(j)} - \mu_{D(i,j)}],\ i = n-1, n-2, ..., 2, 1$
   $\sigma^2_{Z_s(i)} = \max_{j \in S(i)} [\sigma^2_{Z_s(j)} + \sigma^2_{D(i,j)}],\ i = n-1, n-2, ..., 2, 1$.

$\mu_{Z_f(n)}$ und $\sigma^2_{Z_f(n)}$ sind (genähert) Erwartungswert und Varianz der kürzesten Projektdauer.

PERT enthält wegen des Übergangs zu zufälligen Vorgangsdauern gegenüber CPM ein Problem: die Operationen Maximierung/Minimierung und Erwartungswert werden unzulässig vertauscht. Dies führt zu einem Fehler.

Pufferzeiten der Ereignisse und kritischer Weg bei PERT

$\mu_{P_g(i)} = \mu_{Z_s(i)} - \mu_{Z_f(i)}$, $\sigma^2_{P_g(i)} = \sigma^2_{Z_f(i)} + \sigma^2_{Z_s(i)}$
(Sachgemäßer wäre wegen der deutlichen Verletzung der Unabhängigkeit:
$\sigma^2_{P_g(i)} = \max[\sigma^2_{Z_f(i)}, \sigma^2_{Z_s(i)}]$)
Ereignis i ist kritisch, wenn $\mu_{P_g(i)} = \min\limits_{1 \leq j \leq n} \mu_{P_g(j)} = \mu_{Z_s(1)}$.
Menge der kritischen Ereignisse bildet den kritischen Weg.

Normalverteilte Zufallsgrößen bei PERT
Da die Vorwärts- und Rückwärtsrechnung zur Terminanalyse Summen von Zufallsgrößen enthält, ist der Einsatz des Zentralen Grenzverteilungssatzes der Wahrscheinlichkeitstheorie (⊳⊳ S.39) und daher die Nutzung der Normalverteilung nicht abwegig, obwohl gewisse Bedingungen, wie etwa die Unabhängigkeit, nicht zufriedenstellend erfüllt sind.

τ	beliebiger Termin in einem PERT-Netzplan
μ_τ, σ^2_τ	Näherungen für Erwartungswert und Varianz bekannt
$P(\tau < t) \approx \Phi\left(\frac{t - \mu_\tau}{\sigma_\tau}\right)$	Verteilungsfunktion von τ (Wahrscheinlichkeit, dass Obergrenze t nicht überschritten wird) (verwende Tabelle ⊳⊳ S.175)

Liegt $P(\tau < t)$ nahe 1, dann darf die Einhaltung des Termins τ als nahezu sicher angesehen werden; ist hingegen diese Wahrscheinlichkeit klein, dann besteht für diesen Termin ein großes Risiko.

Potentialmethode - MPM

Spezielle Struktur eines MPM-Netzplanes

- **MPM - Metra Potential Method**
- Jedem Vorgang des Projektes wird ein Knoten zugeordnet → **Vorgangsknotennetz.**
- Die Pfeile des Vorgangsknotennetzes geben die Anordnungsbeziehungen zwischen den Vorgängen wieder.

Unterschiede zu CPM:
- Charakteristisch für MPM sind die Start-Start-Beziehungen zwischen den Vorgängen.
- Neben den Minimalabständen sind auch Maximalabstände zwischen den Vorgängen, genauer zwischen den Starts der Vorgänge, zugelassen.

Bezeichnungen

n	Anzahl der Vorgänge des Projekts, $i = 1, 2, \ldots, n$ Projektbeginn Vorgang 0, Projektende Vorgang $n+1$
D_i	Dauer des Vorgangs i, $D_0 = D_{n+1} = 0$
A_i, A_0, A_{n+1}	Beginn des Vorgangs i, Projektbeginn, Projektende

T'_{ij}, T''_{ij}	Minimal- und Maximalabstand zwischen den Starts der Vorgänge i und j
T'_{0j}, T''_{0j}	Minimal- und Maximalabstand zwischen Projektbeginn und Start des Vorgangs j
$T'_{i,n+1}, T''_{i,n+1}$	Minimal- und Maximalabstand zwischen Start des Vorgangs i und Projektende (Bedingung: $T'_{i,n+1} \geq D_i$)
$0 \leq T' \leq T''$	

Anordnungsbeziehungen zwischen den Startterminen der Vorgänge

- Minimalabstand zwischen Vorgängen bzw. in Bezug auf Projektbeginn oder -ende: $A_j - A_i \geq T'_{ij}$ $\quad A_j - A_0 \geq T'_{0j}$ $\quad A_{n+1} - A_i \geq T'_{i,n+1}$
- Maximalabstand zwischen Vorgängen bzw. in Bezug auf Projektbeginn oder -ende: $A_j - A_i \leq T''_{ij}$ $\quad A_j - A_0 \leq T''_{0j}$ $\quad A_{n+1} - A_i \leq T''_{i,n+1}$
- Lückenlose Reihung einzelner Vorgänge: $A_j - A_i = D_i$
- Parallele Ausführung einzelner Vorgänge: $A_j - A_i = 0$
- Startbereich eines Vorgangs nach Projektbeginn: $T'_{0j} \leq A_j - A_0 \leq T''_{0j}$

Pfeilmengen im MPM-Netzplan

- $E_{\min}$ Menge aller Vorgangspaare (i, j), zwischen denen ein Minimalabstand gesetzt ist: $A_j - A_i \geq T'_{ij}$.
- $E_{\max}$ Menge aller Vorgangspaare (i, j), zwischen denen ein Maximalabstand gesetzt ist: $A_j - A_i \leq T''_{ij}$.
- $\overline{E}_{\max}$ Menge aller Vorgangspaare (i, j), für die gilt: $(j, i) \in E_{\max}$ dann: $A_j - A_i \geq -T''_{ji}$.
- $E = E_{\min} \cup \overline{E}_{\max}$ Menge der Pfeile im Netzplan.
- Bewertungen der Pfeile: $b_{ij} = T'_{ij}$ für $(i, j) \in E_{\min}$
  $b_{ij} = -T''_{ij}$ für $(i, j) \in \overline{E}_{\max}$,
  damit einheitlich festlegbar: $A_j - A_i \geq b_{ij}$ für alle $(i, j) \in E$.

Positive Minimalabstände führen zu positiven Pfeilbewertungen, positive Maximalabstände führen zu negativen Pfeilbewertungen (für die jeweiligen Gegenpfeile). So können Zyklen entstehen, aber stets mit nichtpositiver Länge.

Konstruktion des MPM-Netzplanes

1. Vorgangsliste mit Vorgangsnummern $0, 1, 2, \ldots, n$, Vorgangsdauern, Angabe der vorangehenden Vorgänge sowie frühester und spätester Start nach Start der Vorläufer vorgeben.
2. Startvorgänge und Zielvorgänge markieren: Vorgänge, für die es keine anderen früher bzw. später beginnenden Vorgänge gibt.
3. Pfeile (wie oben beschrieben) mit ihren Bewertungen angeben.
4. Auch Pfeile zwischen Projektbeginn und den Startvorgängen bzw. zwischen den Zielvorgängen und Projektende angeben;
   Bewertungen $b_{0j} = 0$ bzw. $b_{i,n+1} = D_i$, falls keine Minimalabstände vorgegeben sind, ansonsten $b_{0j} > 0$ bzw. $b_{i,n+1} > D_i$.

- MPM-Netzplan ist schwach-zusammenhängender Digraph und hat nicht notwendig eine Quelle bzw. eine Senke; jeder Knoten ist vom Knoten 0 aus erreichbar, ebenso ist Knoten $n+1$ von jedem Knoten aus erreichbar
- MPM-Netzplan ist für vorgangsorientiertes Projekt eindeutig festgelegt

Bezeichnungen für Vorgangstermine

$A_f(i), A_s(i)$	frühest- und spätestmöglicher Beginn des Vorgangs i $A_f(i) \leq A_i \leq A_s(i)$
$E_f(i), E_s(i)$	frühest- und spätestmögliches Ende des Vorgangs i $E_f(i) \leq A_i + D_i \leq E_s(i)$
T	Projektendtermin, falls vorgegeben (falls nicht: $T = \infty$)
$P_g(i)$	Gesamt-Pufferzeit des Vorgangs i (definiert wie bei CPM).

Berechnung der Vorgangstermine und Pufferzeiten

1. Start: $A_f(0)=0, K=\{0\}$ (Kette), setze $A_f(i)=-1$ für $i=1,2,\dots,n+1$.
2. Vorwärtsrechnung für die frühesten Starttermine:
   falls $K=\emptyset$ gehe zu 3.
   andernfalls: i sei vorderstes Element der Kette K
   untersuche für alle Nachfolger j von i:
   falls $A_f(j) < A_f(i) + b_{ij}$ dann setze $A_f(j) = A_f(i) + b_{ij}$,
   und falls $j \notin K$ füge j an K an, gehe zu 2.
3. Falls $T < A_f(n+1)$ Abbruch (Projektendtermin nicht realisierbar).
4. Start der Rückwärtsrechnung für die spätesten Starttermine:
   $$A_s(n+1) = \begin{cases} T & \text{falls } T \geq A_f(n+1) \text{ vorgegeben} \\ A_f(n+1) & \text{sonst} \end{cases}$$
   $K=\{n+1\}$ (Kette) und setzen $A_s(i) = A_f(n+1)+1$ für $i=0,\dots,n$.
5. Falls $K=\emptyset$ gehe zu 6.,
   andernfalls: i sei vorderstes Element der Kette K
   untersuche für alle Vorgänger k von i:
   falls $A_s(k) > A_s(i) - b_{ki}$ dann setze $A_s(k) = A_s(i) - b_{ki}$
   und falls $k \notin K$ füge k an K an, gehe zu 5.
6. Rechnung für die Endtermine:
   für $i=0,1,\dots,n,n+1$: $E_f(i) = A_f(i) * D_i, E_s(i) = A_s(i) + D_i$.
7. Berechnung der Pufferzeiten und Auswahl der kritischen Vorgänge:
   setze $K=\emptyset$
   für $i=0,1,\dots,n,n+1$: $P_g(i) = A_s(i) - A_f(i)$
   falls $P_g(i) = A_s(0)$ setze $K = K \cup \{i\}$.
8. Ende

Die Menge K enthält die kritischen Vorgänge des MPM-Netzplanes.

Die kürzeste Projektdauer wird durch $A_f(n+1)$ gegeben. Falls Endtermin T nicht vorgegeben, gilt wegen $D_0 = D_{n+1} = 0$:
$A_f(0) = A_s(0) = 0, A_f(n+1) = A_s(n+1) = E_f(n+1) = E_s(n+1), \min_i P_g(i) = 0.$

Dynamische Optimierung

Die dynamische Optimierung ist ein mathematisches Verfahren zur Entscheidungsfindung in einer Folge abhängiger Entscheidungen. Grundprinzip der dynamischen Optimierung ist die sequentielle Lösung eines Entscheidungsproblems. Es gibt keine mathematische Standardformulierung eines dynamischen Optimierungsproblems; die dynamische Optimierung ist kein numerisches Verfahren für einen bestimmten Modellfall, sondern eine Modellierungsmethode für mehrstufige Entscheidungsprobleme, eine Methode des Problemlösens. Sie ist besonders geeignet für die Optimierung zeitabhängiger dynamischer Prozesse. Zu den stetigen dynamischen Optimierungsproblemen (optimale Steuerungen, Pontrjaginsches Maximumprinzip u.ä.) werden nur einige wenige Informationen gegeben (zahlreiche Spezialliteratur außerhalb von OR).

Merkmale eines dynamischen Optimierungsproblems

1. Problem kann in Stufen zerlegt werden; in jeder Stufe ist eine Entscheidung erforderlich; die Entscheidungen ergeben insgesamt eine Politik.
2. In jeder Stufe gibt es eine (endliche oder unendliche) Anzahl von Zuständen; die Entscheidungen in den Stufen führen von Zustand zu Zustand.
3. Für jeden möglichen Zustand einer Stufe wird versucht, eine optimale Entscheidung zu treffen; dies ergibt insgesamt eine optimale Politik.
4. In jeder Stufe gilt: die optimale Politik für die verbleibenden Stufen ist unabhängig von der Politik, die in den vergangenen Stufen eingeschlagen wurde (Optimalitätsprinzip der dynamischen Optimierung).
5. Die Entscheidungsfindung beginnt in der letzten Stufe.
6. Die Beziehung zwischen der optimalen Politik in der Stufe n und in der Stufe $n+1$ wird duch eine Rekursionsgleichung beschrieben:
   $$f_n^*(s) = \max_{x_n} [f_n(s, x_n, f_{n+1}^*(\cdot))] \quad \text{bzw.} \quad f_n^*(s) = \min_{x_n} [f_n(s, x_n, f_{n+1}^*(\cdot))].$$
   f ist Zielfunktion auf Stufe n bei Zustand s.
7. Die Rekursionsgleichung verbindet rückwärts die optimalen Politiken der einzelnen Stufen, solange bis die optimale Politik der ersten Stufe erreicht ist.

Diskrete dynamische Optimierung

Grundgrößen der diskreten dynamischen Optimierung

$[t_A, t_E]$, $[t_0, t_n]$, kurz $[0, n]$	Zeitabschnitt eines Prozesses P
n	Anzahl der Teilabschnitte / Stufen / Perioden (n-stufiger Prozess)
t bzw. $k = 0, 1, 2, \ldots, n$	Zeitverlauf mit diskreten Zeitpunkten
$\mathbf{x}_A = \mathbf{x}(0) = \mathbf{x}_0$	Anfangszustand des Prozesses im Zeitpunkt t_A
$\mathbf{x} = \mathbf{x}(t) = (x^1, x^2, \ldots, x^m)^\top$	Zustandsvektor von Zustandsveränderlichen
$\mathbf{u} = \mathbf{u}(t) = (u^1, u^2, \ldots, u^r)^\top$	Entscheidungs- bzw. Steuervektor von Entscheidungs- bzw. Steuerveränderlichen

Für $k = 1, 2, \ldots, n$	
$\mathbf{x}_k = \mathbf{f}_k(\mathbf{x}_{k-1}, \mathbf{u}_k)$	auf jeder Stufe k ist eine Entscheidung $\mathbf{u}_k$ zu treffen, welche bewirkt, dass der Prozess vom Zustand $\mathbf{x}_{k-1}$ in Zustand $\mathbf{x}_k$ übergeht
$\mathbf{G}_k \subset \mathbb{R}^m, \mathbf{x}_k \in \mathbf{G}_k$	Zustandsmengen in den Stufen
$\mathbf{S}_k(\mathbf{x}_{k-1}) \subset \mathbb{R}^r, \mathbf{u}_k \in \mathbf{S}_k$	Entscheidungs-/Steuermengen in den Stufen
$g_k(\mathbf{x}_{k-1}, \mathbf{u}_k)$	Kosten/Aufwand einer Entscheidung

Standardproblem der diskreten dynamischen Optimierung

$g(P) = \sum_{k=1}^{n} g_k(\mathbf{x}_{k-1}, \mathbf{u}_k) \to \min$	Zielfunktion
$\mathbf{x}_k = \mathbf{f}_k(\mathbf{x}_{k-1}, \mathbf{u}_k)$	dynamische Nebenbedingungen (Übergangsfunktionen)
$\mathbf{x}_0 = \mathbf{x}_A, \mathbf{x}_k \in \mathbf{G}_k, \mathbf{u}_k \in \mathbf{S}_k(\mathbf{x}_{k-1})$	statische Nebenbedingungen (Einstellungen für den zulässigen Bereich)

Eine Entscheidungsfolge $\mathbf{u}_1, \ldots, \mathbf{u}_n$ heißt **zulässig** bzw. zulässige Politik, wenn sie den dynamischen und statischen Nebenbedingungen genügt. Eine zu einer zulässigen Entscheidungsfolge gehörende Zustandsfolge heißt zulässig. Das Paar "zulässige Entscheidungsfolge" - "zulässige Zustandsfolge" heißt **zulässige Lösung** des Entscheidungsproblems.

Optimale Lösung der diskreten dynamischen Optimierungsaufgabe

Zulässige Lösung, bestehend aus:
$\mathbf{u}_1^*, \ldots, \mathbf{u}_n^*$ Entscheidungsfolge und $\mathbf{x}_0^*, \mathbf{x}_1^*, \ldots, \mathbf{x}_n^*$ Zustandsfolge,
so dass die Zielfunktion g minimiert (oder maximiert) wird.

Bellmansche Funktionalgleichung - Rekursionsgleichung

P_k	Prozessabschnitt mit den Stufen $k \ldots n$
$P = P_1$	Gesamtprozess
$\mathbf{G}_{k-1}^+$	Menge der Anfangszustände $\mathbf{x}_{k-1} \in \mathbf{G}_{k-1}$ von P_k, für die eine zulässige Lösung von P_k existiert
$\mathbf{S}_k^+(\mathbf{x}_{k-1}) = \{\mathbf{u}_k \in \mathbf{S}_k(\mathbf{x}_{k-1}) : \mathbf{f}_k(\mathbf{x}_{k-1}, \mathbf{u}_k) \in \mathbf{G}_k^+\}$	zulässiger Steuerbereich für den Teilprozess P_k
$W_k(\mathbf{x}_{k-1}) = \min\limits_{\substack{\mathbf{u}_l \in \mathbf{S}_l^+(\mathbf{x}_{l-1}) \\ l=k,\ldots,n}} \sum_{l=k}^{n} g_l(\mathbf{x}_{l-1}, \mathbf{u}_l), k = 1, \ldots, n$	Bewertungsfunktion für den Prozessabschnitt P_k in Abhängigkeit vom jeweiligen Startzustand $\mathbf{x}_{k-1}$
$W_k(\mathbf{x}_{k-1}) = \min\limits_{\mathbf{u}_k \in \mathbf{S}_k^+(\mathbf{x}_{k-1})} \left[g_k(\mathbf{x}_{k-1}, \mathbf{u}_k) + W_{k+1}(\mathbf{x}_k)\right], k = 1, \ldots, n$	Funktionalgleichung für die Bewertungsfunktion, wobei

$W_{n+1}(\mathbf{x}_n) = 0$ für $\mathbf{x}_n \in \mathbf{G}_n^+ = \mathbf{G}_n$ (Schlussbedingung)
$W_1(\mathbf{x}_0)$ ist Minimum der Zielfunktion

Bellmansches Optimalitätsprinzip

- Es gibt eine optimale Entscheidungsfolge $\mathbf{u}_k^*, \ldots, \mathbf{u}_n^*$ für den Prozessabschnitt P_k, die nur vom Wert des Zustandsvektors $\mathbf{x}_{k-1}$ zu Beginn der k-ten Prozessstufe und nicht von den vorangehenden Entscheidungen $\mathbf{u}_1, \ldots, \mathbf{u}_{k-1}$ abhängt.

Grundprinzip der dynamischen Optimierung

- **Zerlegung**: Aufteilung eines Entscheidungsprozesses in Stufen, wobei auf jeder Stufe nur die dort bestehenden Entscheidungsmöglichkeiten betrachtet werden.
- **Rückwärtsbetrachtung**: Ausgehend vom erforderlichen (oder gewünschten) Endzustand des Prozesses werden rückwärts schreitend im Sinne der Zielfunktion stufenweise (lokal) optimale Entscheidungen für die Zwischenzustände ermittelt.
- **Vorwärtsbetrachtung**: Ausgehend vom festgelegten Anfangszustand werden vorwärts schreitend auf der Grundlage der in der Rückwärtsbetrachtung ermittelten Entscheidungen die im Sinne der Zielfunktion optimalen Entscheidungen getroffen.

Lösung des Standardproblems der diskreten dynamischen Optimierung

Rekursive Darstellung der Bellmanschen Funktionalgleichung:

$$W_k(\mathbf{x}_{k-1}) = \min_{\mathbf{u}_k \in \mathbf{S}_k^+(\mathbf{x}_{k-1})} \Big[g_k(\mathbf{x}_{k-1}, \mathbf{u}_k) + W_{k+1}(\mathbf{f}_k(\mathbf{x}_{k-1}, \mathbf{u}_k)) \Big], \; k = 1, \ldots, n.$$

Start mit der Schlussbedingung: $W_{n+1}(\mathbf{x}_n) = 0$ für alle Zustände $\mathbf{x}_n \in \mathbf{G}_n^+$ rückwärts, d.h. für $k = n, n-1, \ldots, 1$ Folge $W_n, W_{n-1}, \ldots, W_1$ ermitteln $W_1(\mathbf{x}_0) = g_{\min}$ Minimum der Zielfunktion.

Die optimale Lösung, bestehend aus optimaler Entscheidungsfolge und optimaler Zustandsfolge, kann in zwei verschiedenen Varianten realisiert werden.

Lösungsvariante I

1. Ausgangspunkt sind die zu minimierenden Ausdrücke in der rekursiven Darstellung der Bellmanschen Funktionalgleichung:
   $V_k(\mathbf{x}_{k-1}, \mathbf{u}_k) = g_k(\mathbf{x}_{k-1}, \mathbf{u}_k) + W_{k+1}(\mathbf{f}_k(\mathbf{x}_{k-1}, \mathbf{u}_k)).$

Rückwärtsbetrachtung:

2. Lege Endzustand $\mathbf{x}_n$ fest und setze $W_{n+1}(\mathbf{x}_n) = 0$ für alle $\mathbf{x}_n \in \mathbf{G}_n$, $k = n$.
3. Bestimme die Zustandsmenge $\mathbf{G}_{k-1}^+$ so, dass die Zustände $\mathbf{x}_{k-1}$ in den Zustand $\mathbf{x}_k$ führen.
4. Bestimme die Entscheidungsmenge $\mathbf{S}_k^+$ so, dass nur solche Entscheidungen $\mathbf{u}_{k-1}$ aufgenommen werden, die 3. realisieren können.
5. Ermittle eine Entscheidung $\mathbf{v}_k^*(\mathbf{x}_{k-1})$ so dass
   $V_k(\mathbf{x}_{k-1}, \mathbf{v}_k^*(\mathbf{x}_{k-1})) = \min_{\mathbf{u}_k \in \mathbf{S}_k^+(\mathbf{x}_{k-1})} V_k(\mathbf{x}_{k-1}, \mathbf{u}_k) = W_k(\mathbf{x}_{k-1})$ für alle $\mathbf{x}_{k-1} \in \mathbf{G}_{k-1}^+$.
6. Erniedrige k um 1; falls $k > 1$ gehe zu 3., andernfalls zu 7.

7. Ergebnis der Rückwärtsbetrachtung ist eine **optimale Rückkopplungssteuerung** $\mathbf{v}_1^*, \ldots, \mathbf{v}_n^*$ sowie die (Bewertungs-)Folge $W_1, \ldots, W_n$.

Vorwärtsbetrachtung:

8. Setze $\mathbf{x}_0^* = \mathbf{x}_A, k = 1$.
9. Setze $\mathbf{u}_k^* = \mathbf{v}_k^*(\mathbf{x}_{k-1}^*), \mathbf{x}_k^* = \mathbf{f}_k(\mathbf{x}_{k-1}^*, \mathbf{u}_k^*)$.
10. Erhöhe k um 1; falls $k \leq n$ gehe zu 9., andernfalls zu 11.
11. Ergebnis der Vorwärtsbetrachtung ist eine optimale Entscheidungsfolge $\mathbf{u}_1^*, \ldots, \mathbf{u}_n^*$, eine optimale Zustandsfolge $\mathbf{x}_0, \mathbf{x}_1^*, \ldots, \mathbf{x}_n^*$ sowie das Minimum der Zielfunktion $W_1(\mathbf{x}_0) = g_{\min}$.

Die optimale Entscheidungsfolge sowie auch die optimale Zustandsfolge müssen nicht eindeutig sein.

Lösungsvariante II

1. bis 4. Siehe Lösungsvariante I.
5. Wie Schritt 5. in Lösungsvariante I, wobei nur die Bewertungen $W_k(\mathbf{x}_{k-1})$ aufbewahrt werden.
6. Siehe Lösungsvariante I.
7. Ergebnis der Rückwärtsbetrachtung ist die (Bewertungs-)Folge $W_1, \ldots, W_n$.
8. Siehe Lösungsvariante I.
9. Ermittle $\mathbf{u}_k^*$ aus $V_k(\mathbf{x}_{k-1}^*, \mathbf{u}_k^*) = \min\limits_{\mathbf{u}_k \in \mathbf{S}_k^*(\mathbf{x}_{k-1}^*)} V_k(\mathbf{x}_{k-1}^*, \mathbf{u}_k)$ sowie $\mathbf{x}_k^* = \mathbf{f}_k(\mathbf{x}_{k-1}^*, \mathbf{u}_k^*)$.
10. und 11. Siehe Lösungsvariante I.

Beide Lösungsvarianten haben Vorteile und Nachteile. Wie in den Schritten 5 und 9 (in Lösungsvariante II) die Minimierung (bzw. Maximierung) erfolgt, ob analytisch (exakt), durch ein Näherungsverfahren (Interpolation) oder durch ein Suchverfahren, hängt vom Charakter des speziellen Problems ab.

Multiplikative Version der Bellmanschen Funktionalgleichung

$\prod\limits_{k=1}^{n} g_k(\mathbf{x}_{k-1}, \mathbf{u}_k) \to \min$ Zielfunktion

$W_k(\mathbf{x}_{k-1}) = \min\limits_{\mathbf{u}_k \in \mathbf{S}_k^+(\mathbf{x}_{k-1})} \left[g_k(\mathbf{x}_{k-1}, \mathbf{u}_k) \cdot W_{k+1}(\mathbf{x}_k)\right], k = 1, \ldots, n$

Funktionalgleichung - Rekursionsformel

$W_{n+1}(\mathbf{x}_n) = 1$ Schlussbedingung

Verallgemeinerung der Bellmanschen Funktionalgleichung

$g(\mathbf{x}_0, \mathbf{u}_1; \mathbf{x}_1, \mathbf{u}_2; \ldots; \mathbf{x}_{n-1}, \mathbf{u}_n) \to \min$ Zielfunktion, Gesamtkosten des Entscheidungsprozesses

$W_k(\mathbf{x}_{k-1}) = \min\limits_{\mathbf{u}_k \in \mathbf{S}_k^+(\mathbf{x}_{k-1})} h_k\left[g_k(\mathbf{x}_{k-1}, \mathbf{u}_k), W_{k+1}(\mathbf{x}_k)\right]$

Bewertungsfunktion

Die Verallgemeinerung funktioniert für spezielle Konstruktionen der Funktionen g, g_k und h_k.

Rucksackproblem als Anwendungsfall der dynamischen Optimierung

Binäres Rucksackproblem:

M	Gesamtmasse des Inhalts des Rucksacks
$m_1, \ldots, m_n \leq M$	Massen der Teile (von denen entweder keins oder eins in den Rucksack kommt)
$c_1, \ldots, c_n$	Werte je Teil
$u_1, \ldots, u_n = 1$ oder 0	Entscheidung, ob Teil in Rucksack kommt oder nicht

Ziel: Gesamtwert der verpackten Teile ist zu maximieren: $\sum\limits_{k=1}^{n} u_k c_k \rightarrow \max$,

wobei Gesamtmasse nicht überschritten werden darf: $\sum\limits_{k=1}^{n} u_k m_k \leq M$.

Formulierung der zugehörigen DOA:

$m_1, \ldots, m_n; M; c_1, \ldots, c_n$ ganzzahlige Massen und Werte

$x_0 = M, x_k = x_{k-1} - u_k m_k$ Startbedingung und jeweilige Restmasse

$$W_k(x_{k-1}) = \max_{u_k \in S_k^+(x_{k-1})} \left[u_k c_k + W_{k+1}(x_{k-1} - u_k m_k)\right]$$

$S_k^+(x_{k-1}) = \{u_k : u_k = 0, 1 \text{ für } x_{k-1} \geq m_k; u_k = 0 \text{ für } x_{k-1} < m_k\}$ für $k = 1,.., n$

$x_{k-1} \in G_{k-1}^+ = \{0, 1, \ldots, M\}$

Stochastische dynamische Optimierung

Grundgrößen der stochastischen dynamischen Optimierung

Unterschied zur diskreten dynamischen Optimierung:

$\mathbf{x}_k = \mathbf{f}_k(\mathbf{x}_{k-1}, \mathbf{u}_k)$: $\mathbf{f}_k$ ist keine deterministische Funktion, sondern eine stochastische Funktion auf der Grundlage einer Dichtefunktion $\phi(\mathbf{x}_k|\mathbf{x}_{k-1}, \mathbf{u}_k)$, die vom realisierten Zustand $\mathbf{x}_{k-1}$ und von der getroffenen Entscheidung $\mathbf{u}_k$ abhängt (bedingte Verteilung).

$g_k(\mathbf{x}_{k-1}, \mathbf{u}_k, \mathbf{x}_k)$: Kosten/Aufwand/Gewinn in der k-ten Periode

Bellmansche Funktionalgleichung im stochastischen Fall

Minimale mittlere Kosten der Perioden $k, \ldots, n$ bei realisiertem Zustand $\mathbf{x}_{k-1}$:

$$W_k(\mathbf{x}_{k-1}) = \min_{\mathbf{u}_k \in \mathbf{S}_k^+(\mathbf{x}_{k-1})} \int\limits_{\mathbf{G}_k^+} \left[g_k(\mathbf{x}_{k-1}, \mathbf{u}_k, \mathbf{x}_k) + W_{k+1}(\mathbf{x}_k)\right] \phi(\mathbf{x}_k|\mathbf{x}_{k-1}, \mathbf{u}_k)\, d\mathbf{x}_k \quad \text{für } k = 1, \ldots, n$$

$W_{n+1}(\mathbf{x}_n) = 0$ für $\mathbf{x}_n \in \mathbf{G}_n^+$

Konstruktion der optimalen Lösung der DOA im stochastischen Fall

Analoge Schritte wie in Lösungsvariante II (▷▷ S.98) des deterministischen Falles:

Ausgangspunkt sind die zu minimierenden Ausdrücke in der rekursiven Darstellung der Bellmanschen Funktionalgleichung:

$$V_k(\mathbf{x}_{k-1}, \mathbf{u}_k) = \int\limits_{\mathbf{G}_k^+} \left[g_k(\mathbf{x}_{k-1}, \mathbf{u}_k, \mathbf{x}_k) + W_{k+1}(\mathbf{x}_k)\right] \phi(\mathbf{x}_k|\mathbf{x}_{k-1}, \mathbf{u}_k)\, d\mathbf{x}_k.$$

- Start mit $W_{n+1}(\mathbf{x}_n) = 0$ für $\mathbf{x}_n \in \mathbf{G}_n^+$.
- Rückwärtsbetrachtung: für $k = n, n-1, \dots, 1$ werden aus W_{k+1} ermittelt: $\mathbf{u}_k^*$ mit: $V(\mathbf{x}_{k-1}, \mathbf{u}_k^*) = \min V(\mathbf{x}_{k-1}, \mathbf{u}_k), W_k$ mit $W_k = V(\mathbf{x}_{k-1}, \mathbf{u}_k^*)$.
- Die optimale Zustandsfolge $\mathbf{x}_0, \mathbf{x}_1^*, \dots, \mathbf{x}_n^*$ entsteht aus den Realisierungen in der jeweiligen Zustandsmenge gemäß der Dichtefunktion $\phi(\mathbf{x}_k|\mathbf{x}_{k-1}^*, \mathbf{u}_k^*)$ auf der Grundlage der optimalen Entscheidungsfolge $\mathbf{u}_1^*, \dots, \mathbf{u}_n^*$.

Markovsche Entscheidungsprozesse

Stochastisches dynamisches Optimierungsproblem mit endlichen Zustands- und Entscheidungsmengen.

Markov-Prozess / Markov-Kette

Diskrete Zeitpunkte: $t = 0, 1, 2, \dots$
Mögliche Zustände (Zustandsmenge) in allen Zeitpunkten: $x_1, x_2, \dots, x_m$
Zeitunabhängige Matrix von Übergangswahrscheinlichkeiten: $\mathcal{P} = (p_{ij})_{i,j=1,\dots,m}$
$p_{ij} = P(x_i \to x_j) = P(x_j|x_i)$
Zustandswahrscheinlichkeiten: $P_t(x_i)$ mit $P_{t+1}(x_j) = \sum_{i=1}^{m} p_{ij} P_t(x_i)$
Häufiges Modell: Verhalten des Markov-Prozesses für $t \longrightarrow \infty$
Prozess ggf. stationär, d.h. unabhängig vom Anfangszustand gilt in jeder Stufe
$P(x_j) = \sum_{i=1}^{m} p_{ij} P(x_i)$.

Markov-Entscheidungsprozess

Entscheidungsmenge, abhängig vom erreichten Zustand x_i: $S_i = \{u_{i1}, \dots, u_{ir_i}\}$
Übergangsmatrix, abhängig von Entscheidungen: $\mathcal{P}(\mathbf{u}) = (p_{ij}(u_{i\varrho}))$
Kosten-(Gewinn-, Aufwands-)Matrix: $\mathcal{G}(\mathbf{u}) = (g_{ij}(u_{i\varrho}))$
Minimierung des Erwartungswertes der Kosten über n Stufen des Markov-Prozesses (bzw. Maximierung des Erwartungswertes des Gewinnes)

Bellmansche Funktionalgleichung im Markov-Entscheidungsprozess

Minimale mittlere Kosten der Perioden $k, \dots, n$ bei realisiertem Zustand x_{k-1}:

$$W_j(x_i) = \min_{\varrho} \sum_{k=1}^{m} \Big[g_{ik}(u_{i\varrho}) + W_{j+1}(x_k) \Big] p_{ik}(u_{i\varrho}) \qquad \text{für } i, j = 1, \dots, n$$

$$W_{n+1}(x_i) = 0$$

Die Auswertung der Funktionalgleichung erfolgt rückwärts von $j = n$ bis $j = 1$: gleichzeitig werden W und ϱ (optimale Zustandsfolge) in jeder Stufe j ermittelt.

Da in der Regel die Größen W Kosten sind, ist die zusätzliche Nutzung eines Diskontierungsfaktors möglich:

$$W_j(x_i) = \min_{\varrho} \sum_{k=1}^{m} \Big[g_{ik}(u_{i\varrho}) + \alpha W_{j+1}(x_k) \Big] p_{ik}(u_{i\varrho}).$$

Howard-Algorithmus für stationäre Markovsche Entscheidungsprozesse

Bedingungen: $p_{ik}>0$, $\sum\limits_{k=1}^{m} p_{ik}g_{ik} \geq 0$, dabei $\sum\limits_{k=1}^{m} p_{ik}g_{ik} > 0$ für mindestens ein i.

Dann ist für $i = 1, \ldots, m$ (Zustandsmenge):

$$W_j(x_i) = \gamma_i + jg, \quad \gamma_i \text{ Konstanten}, \quad \underbrace{g = \sum_{k=1}^{m} p_{ik}(g_{ik} - \gamma_i) - \gamma_i \quad \gamma_m = 0.}_{\substack{\text{Gleichungssystem mit } m+1 \text{ Unbekannten} \\ \gamma_i \text{ und } g \;\to\; \text{Lösung des Gleichungssystems}}}$$

Wiederholung: Verkleinerung von g durch neue Politik mit veränderter Übergangsmatrix $\mathcal{P}$ und Kostenmatrix $\mathcal{G}$
Lösung des Gleichungssystems.

Abbruch des Verfahrens: g lässt sich nicht mehr verkleinern.

Falls g den Gewinn bei Verwendung der Entscheidungen ausdrückt, dann ist in den Wiederholungen der Aufstellung des Gleichungssystems die Größe g zu vergrößern.

Stetige dynamische Optimierung

Grundgrößen der stetigen dynamischen Optimierung

$[t_A, t_E]$	Intervall stetiger Zeit
$\mathbf{x}(t) = (x^1(t), \ldots, x^m(t))^\top$	Zustandsvektor mit stetiger Zeit
$\mathbf{G}(t) \subset \mathbb{R}^m, \mathbf{x}(t) \in \mathbf{G}(t)$	Zustandsmenge
$\mathbf{u}(t) = (u^1(t), \ldots, u^r(t))^\top$	Entscheidungsvektor (Steuerung)
$\mathbf{S}(t) \subset \mathbb{R}^r, \mathbf{u}(t) \in \mathbf{S}(t)$	Entscheidungsmenge
$g(\mathbf{x}(t), \mathbf{u}(t), t)\,dt$	Kosten pro Zeitdauer dt für die Entscheidungen
$\dot{\mathbf{x}} = \mathbf{f}(\mathbf{x}(t), \mathbf{u}(t), t)$	Zustandsübergangsfunktion

Standardproblem der stetigen dynamischen Optimierung

$\int\limits_{t_A}^{t_E} g(\mathbf{x}(t), \mathbf{u}(t), t)\,dt \to \min$	Zielfunktion
$\dot{\mathbf{x}} = \mathbf{f}(\mathbf{x}(t), \mathbf{u}(t), t)$	dynamische Nebenbedingung
$\mathbf{x}(t_A) = \mathbf{x}_A, \mathbf{x}(t) \in \mathbf{G}(t), \mathbf{u}(t) \in \mathbf{S}(t)$	statische Nebenbedingungen

Optimale Steuerung

Die optimale Steuerung $\mathbf{u}(t)$ hat die Eigenschaft:
Unabhängig vom Anfangszustand $\mathbf{x}(0)$ und der im Intervall $0 \leq t \leq \tau$ verwendeten Steuerung $\mathbf{u}(t)$ ist die Steuerung in $\tau < t \leq T$ optimal in (τ, T), wenn als dessen Anfangszustand $\mathbf{x}(\tau)$ benutzt wird.
Funktionalgleichung ($\to$ Approximation durch mehrstufiges diskretes System):

$$h(\tau, \mathbf{x}(\tau)) = \min_{\mathbf{u}} \left\{ \int_{\tau}^{\tau+\Delta t} g(\mathbf{x}(t), \mathbf{u}(t), t)dt + h(\tau + \Delta t, \mathbf{x}(\tau + \Delta t)) \right\}$$

$$h(T, \mathbf{x}(T)) = 0$$

Nichtlineare Optimierung

Einführung

Fallunterscheidungen bei Optimierungsaufgaben

- Variablenbereich: diskret - stetig
- Dimension des Variablenbereiches: eindimensional - mehrdimensional
- Variablenrestriktionen:
  ohne Restriktionen - mit Restriktionen (Nebenbedingungen)
- Gestalt der Variablenrestriktionen: linear - nichtlinear - Sonderformen
- Gestalt der Zielfunktion: linear - quadratisch - nichtlinear - Sonderformen

Allgemeine Form einer nichtlinearen Optimierungsaufgabe (NLOA)

NLOA: $\min_{\mathbf{x}\in\mathbf{G}} f(\mathbf{x})$ bzw. $\max_{\mathbf{x}\in\mathbf{G}} f(\mathbf{x})$ (*)

Zielfunktion: $f(\mathbf{x}), \mathbf{x} \in \mathbb{R}^n$

Nebenbedingungen: Ungleichungen $g_i(\mathbf{x}) \leq 0, i = 1,..., m$
Gleichungen $h_j(\mathbf{x}) = 0, j = 1,..., k$

Nebenbedingungen müssen nicht unbedingt auftreten.

Nichtnegativitätsbedingungen: Ungleichungen $\mathbf{x} \geq \mathbf{0}$ bzw. $\mathbf{x} \in \mathbb{R}^n_+$

Nichtnegativitätsbedingungen müssen nicht unbedingt auftreten.

zulässiger Bereich: $\mathbf{G} = \{\mathbf{x} \in \mathbb{R}^n \mid g_i(\mathbf{x}) \leq 0, i = 1,..., m; h_j(\mathbf{x}) = 0, j = 1,..., k\}$
oder $\mathbf{G} = \{\mathbf{x} \in \mathbb{R}^n_+ \mid g_i(\mathbf{x}) \leq 0, i = 1,..., m; h_j(\mathbf{x}) = 0, j = 1,..., k\}$

Definition: (*) heißt NLOA, wenn mindestens eine der Funktionen f, g_i, h_j nichtlinear ist.

Jedes Maximumproblem kann durch Vorzeichenwechsel in ein Minimumproblem überführt werden; daher wäre es ausreichend, nur Minimumprobleme zu bearbeiten.

Vergleich mit der linearen Optimierung

- Die Niveauflächen der Zielfunktion ($f(\mathbf{x})$ konstant) müssen keine linearen Hyperebenen sein (d.h. f muss keine lineare Funktion sein).
- Der zulässige Bereich $\mathbf{G}$ muss nicht durch lineare Hyperebenen begrenzt und nicht konvex sein (d.h. die Restriktionsfunktionen g und h müssen nicht linear sein).
- Die optimale Lösung der NLOA kann im Innern von $\mathbf{G}$ liegen.
- Die Eigenschaften der Zielfunktion f und der Restriktionsfunktionen g und h, wie z.B. Stetigkeit, Differenzierbarkeit, Konvexität usw., sind für die Lösungsverfahren wesentlich.

Klassen von Lösungsverfahren für nichtlineare Optimierungsaufgaben

- Analytische Verfahren (exakte Verfahren)
- Linearisierungsverfahren
- Suchverfahren (iterative Verfahren)

Klassische Extremwertaufgaben

Relative Extremwerte für Funktionen einer unabhängigen Variablen

(relativ = lokal)

$y = f(x), y \in \mathbb{R}, x \in G, G$ Intervall, $U(x)$ Umgebung von x

- x_0 heißt **relative Minimalstelle** (bzw. strenge relative Minimalstelle) von f, wenn $U(x_0)$ existiert, so dass $f(x) \geq f(x_0)$ (bzw. $f(x) > f(x_0)$) $\forall x \in U(x_0) \cap G$
- x_0 heißt **relative Maximalstelle** (bzw. strenge relative Maximalstelle) von f, wenn $U(x_0)$ existiert, so dass $f(x) \leq f(x_0)$ (bzw. $f(x) < f(x_0)$) $\forall x \in U(x_0) \cap G$
- $f(x_0)$ heißt **relatives Minimum**, wenn x_0 relative Minimalstelle ist
- $f(x_0)$ heißt **relatives Maximum**, wenn x_0 relative Maximalstelle ist
- **relative Extremstelle**/Extremalstelle: relative Minimal- bzw. Maximalstelle
- **relativer Extremwert**: relatives Minimum bzw. Maximum

Ermittlung relativer Extremwerte bei Vorliegen von Ableitungen

Bedingungen: $y = f(x)$ zweimal stetig differenzierbar (d.h. $f \in \mathbf{C}^2$) und konvex bzw. konkav (Konvexität ⊳⊳S.20)

$f'(x) = 0$ (horizontale Tangente)	notwendige Bedingung für relative Extremstelle → **stationäre Stelle**
$f''(x) \neq 0$	hinreichende Bedingung für relative Extremstelle

Im Falle $f''(x) = 0$ ist die Analyse mit höheren Ableitungen möglich, siehe Verfahrensablauf unten.

Ablauf zur Bestimmung relativer Extremstellen bei Nutzung der Ableitungen

Vorgabe: (Ziel-)Funktion $y = f(x)$ sowie deren Ableitungen, ggf. G Intervall.

1. Lösung der Gleichung $f'(x) = 0$ (notwendige Bedingung für relative Extremstelle) → stationäre Stellen x_S (keine, eine, mehrere, unendlich viele)
2. Überprüfung von $f''(x)$ an den stationären Stellen (hinreichende Bedingung für relative Extremstelle):
   Falls $f''(x_S) > 0 \rightarrow x_S$ relative Minimalstelle, $f(x_S)$ relativer Minimalwert.
   Falls $f''(x_S) < 0 \rightarrow x_S$ relative Maximalstelle, $f(x_S)$ relativer Maximalwert.
   Andernfalls, d.h., $f''(x_S) = 0$, Überprüfung höherer Ableitungen:

   Verallgemeinerung für den Fall $f''(x_S) = 0$:
   Suche kleinstes $n \geq 2$, so dass $f^{(n)}(x_S) \neq 0$, also
   $$f''(x_S) = 0, f'''(x_S) = 0, f^{(4)}(x_S), \ldots, f^{(n-1)}(x_S) = 0, f^{(n)}(x_S) \neq 0.$$
   Falls n gerade und $f^{(n)}(x_S) > 0 \rightarrow x_S$ relative Minimalstelle.
   Falls n gerade und $f^{(n)}(x_S) < 0 \rightarrow x_S$ relative Maximalstelle.
   Andernfalls, also n ungerade $\rightarrow x_S$ keine Extremstelle, sondern Wendestelle.

Absolute Extremwerte für Funktionen einer unabhängigen Variablen
(absolut = global)

Optimierung auf einer abgeschlossenen Teilmenge $B \subset \mathbb{R}$, z.B. Intervall mit Randpunkten (d.h. mit Nebenbedingung): Ermittlung der Funktionswerte der in B liegenden relativen Extremstellen und Vergleich mit den Funktionswerten auf dem Rande von B.

$y = f(x), y \in \mathbb{R}, x \in G, G$ Intervall
- x_0 heißt **absolute Minimalstelle** (bzw. strenge absolute Minimalstelle) von f, wenn $f(x) \geq f(x_0)$ (bzw. $f(x) > f(x_0)$) $\forall x \in G$.
- x_0 heißt **absolute Maximalstelle** (bzw. strenge absolute Maximalstelle) von f, wenn $f(x) \leq f(x_0)$ (bzw. $f(x) < f(x_0)$) $\forall x \in G$.
- $f(x_0)$ heißt **absolutes Minimum**, wenn x_0 absolute Minimalstelle ist.
- $f(x_0)$ heißt **absolutes Maximum**, wenn x_0 absolute Maximalstelle ist.
- **absolute Extremstelle**/Extremalstelle: absolute Minimal- bzw. Maximalstelle: $x_{\min}, x_{\max}$.
- **absoluter Extremwert**: absolutes Minimum bzw. Maximum: $f(x_{\min}), f(x_{\max})$.

Ablauf zur Ermittlung absoluter Extremstellen und -werte für Funktionen einer unabhängigen Veränderlichen

Vorgabe: $y = f(x)$ reellwertige Funktion, $x \in B = [a, b]$ abgeschlossenes Intervall.
1. Ermittlung der in B liegenden relativen Extremstellen $x_{E_1}, x_{E_2}, \ldots, x_{E_r}$ (ggf. nur relative Minimal- oder Maximalstellen je nach Problemstellung).
2. Ermittlung der zugehörigen relativen Extremwerte $f(x_{E_1}), f(x_{E_2}), \ldots, f(x_{E_r})$.
3. Ermittlung der Funktionswerte auf dem Rande von B: $f(a), f(b)$.
4. Vergleich der in den Schritten 2 und 3 ermittelten Funktionswerte und Auswahl des kleinsten bzw. größten Wertes:

$$f(x_{\min}) = \min\Big(f(x_{E_1}), \ldots, f(x_{E_r}), f(a), f(b)\Big)$$
$x_{\min}$ absolute Minimalstelle in B
$$f(x_{\max}) = \max\Big(f(x_{E_1}), \ldots, f(x_{E_r}), f(a), f(b)\Big)$$
$x_{\max}$ absolute Maximalstelle in B.

Bei Vorliegen von Ableitungen erfolgt Schritt 2 gemäß Ablauf ▷▷ S.103.

Relative Extremwerte für Funktionen mehrerer unabhängiger Veränderlicher

$y = f(\mathbf{x}), y \in \mathbb{R}, \mathbf{x} \in \mathbf{G} \subset \mathbb{R}^n, \mathbf{U}(\mathbf{x})$ Umgebung von $\mathbf{x}$
- $\mathbf{x}_0$ heißt **relative Minimalstelle** (bzw. strenge relative Minimalstelle) von f, wenn Umgebung $\mathbf{U}(\mathbf{x}_0)$ existiert, so dass $f(\mathbf{x}) \geq f(\mathbf{x}_0)$ (bzw. $f(\mathbf{x}) > f(\mathbf{x}_0)$) $\forall \mathbf{x} \in \mathbf{U}(\mathbf{x}_0) \cap \mathbf{G}$.
- $\mathbf{x}_0$ heißt **relative Maximalstelle** (bzw. strenge relative Maximalstelle) von f, wenn Umgebung $\mathbf{U}(\mathbf{x}_0)$ existiert, so dass $f(\mathbf{x}) \leq f(\mathbf{x}_0)$ (bzw. $f(\mathbf{x}) < f(\mathbf{x}_0)$) $\forall \mathbf{x} \in \mathbf{U}(\mathbf{x}_0) \cap \mathbf{G}$.

- $f(\mathbf{x}_0)$ heißt **relatives Minimum**, wenn $\mathbf{x}_0$ relative Minimalstelle ist.
- $f(\mathbf{x}_0)$ heißt **relatives Maximum**, wenn $\mathbf{x}_0$ relative Maximalstelle ist.

Zulässige Richtungen

$\mathbf{x}^*$ - Punkt im zulässigen Bereich $\mathbf{G}$, zulässiger Punkt
$\mathbf{r}$ - heißt **zulässige Richtung** bez. $\mathbf{x}^*$, wenn $\Lambda > 0$ existiert, so dass $\mathbf{x}^* + \lambda\mathbf{r} \in \mathbf{G}$ für $0 \le \lambda \le \Lambda$

In inneren Punkten des zulässigen Bereiches $\mathbf{G}$ ist jede Richtung zulässig. In Randpunkten ist die zulässige Richtungsmenge eingeschränkt.

Ermittlung relativer Extremstellen bei Vorhandensein von Ableitungen

$y = f(\mathbf{x}),\ f \in \mathbf{C}^2$	– zweimal stetig differenzierbare Funktion
$\mathbf{grad} f(\mathbf{x}) = \left(\frac{\partial f}{\partial x_1}, .., \frac{\partial f}{\partial x_n}\right)^{\mathrm{T}}$	– Gradient von f (auch mit ∇f bezeichnet)
falls $\mathbf{grad} f$ existiert:	
$\mathbf{r}^{\mathrm{T}}\mathbf{grad} f(\mathbf{x}) \ge 0 \quad \forall \mathbf{r} \in \mathbb{R}^n$	- notwendige Optimalitätsbedingung: $\mathbf{x}$ ist relative Minimalstelle von f
$\mathbf{r}^{\mathrm{T}}\mathbf{grad} f(\mathbf{x}) \le 0 \quad \forall \mathbf{r} \in \mathbb{R}^n$	- notwendige Optimalitätsbedingung: $\mathbf{x}$ ist relative Maximalstelle von f
$\mathbf{H}_f(\mathbf{x}) = \left(\frac{\partial^2 f}{\partial x_k \partial x_l}\right)_{k,l=1,\ldots,n}$	– Hessesche Matrix der zweiten Ableitungen (auch mit $\nabla^2 f$ bezeichnet)
falls $\mathbf{H}_f$ existiert:	
$\mathbf{grad} f(\mathbf{x}) = \nabla f(\mathbf{x}) = \mathbf{0}$	- notwendige Optimalitätsbedingung: $\mathbf{x}$ ist relative Extremstelle von f (Gleichungssystem mit n Gleichungen und n Unbekannten)
stationäre Stelle(n) $\mathbf{x}_S$	– Lösung(en) des Gleichungssystems $\mathbf{grad} f(\mathbf{x}) = \mathbf{0}$ bzw. $\frac{\partial f}{\partial x_1} = 0, \ldots, \frac{\partial f}{\partial x_n} = 0$
$\mathbf{H}_f(\mathbf{x}_S)$ definit (Konvexität von f)	– hinreichende Optimalitätsbedingung
$\mathbf{H}_f(\mathbf{x}_S)$ positiv definit	– $\mathbf{x}_S$ relative Minimalstelle
$\mathbf{H}_f(\mathbf{x}_S)$ negativ definit	– $\mathbf{x}_S$ relative Maximalstelle
$\mathbf{H}_f(\mathbf{x}_S)$ indefinit	– $\mathbf{x}_S$ Sattelpunkt
$\mathbf{H}_f(\mathbf{x}_S)$ indifferent	– keine Aussage über Art der stationären Stelle $\mathbf{x}_S$ (ggf. höhere Ableitungen in die Analyse einbeziehen oder Umgebung der stationären Stelle abtasten)

Die Definitheit der Hesseschen Matrix kann auf Semidefinitheit abgeschwächt werden (siehe streng relative sowie relative Extremwerte). Der Nachweis der Definitheit bzw. Semidefinitheit kann über die Eigenwerte (⊳⊳ S.19) der Matrix erfolgen.

Sonderfall: Funktion von zwei unabhängigen Variablen

$z = f(x,y)$	– Funktion von zwei unabhängigen Variablen
$\mathbf{grad} f = \left(\frac{\partial f}{\partial x}, \frac{\partial f}{\partial y}\right)^{\mathsf{T}}$	– Gradient von f
$\frac{\partial f}{\partial x} = 0, \frac{\partial f}{\partial y} = 0$	– notwendige Bedingung für Extremstelle $\rightarrow$ stationäre Stelle $(x_S, y_S)^{\mathsf{T}}$
$D(x,y) = \begin{vmatrix} \frac{\partial^2 f}{\partial x^2} & \frac{\partial^2 f}{\partial x \partial y} \\ \frac{\partial^2 f}{\partial y \partial x} & \frac{\partial^2 f}{\partial y^2} \end{vmatrix}$	– Determinante der Hesseschen Matrix $\mathbf{H}_f$ $D(x,y) = \frac{\partial^2 f}{\partial x^2}\frac{\partial^2 f}{\partial y^2} - \left(\frac{\partial^2 f}{\partial x \partial y}\right)^2$
$D(x_S, y_S) > 0$ ($\mathbf{H}_f$ definit)	– hinreichende Bedingung für relative Extremstelle: $(x_S, y_S) \rightarrow (x_E, y_E)$
$\frac{\partial^2 f}{\partial x^2}, \frac{\partial^2 f}{\partial y^2} > 0$ ($\mathbf{H}_f$ positiv definit)	– $(x_E,y_E), f(x_E,y_E)$ relative Minimalstelle und -wert
$\frac{\partial^2 f}{\partial x^2}, \frac{\partial^2 f}{\partial y^2} < 0$ ($\mathbf{H}_f$ negativ definit)	– $(x_E,y_E), f(x_E,y_E)$ relative Maximalstelle und -wert
$D(x_S, y_S) < 0$ ($\mathbf{H}_f$ indefinit)	– (x_S, y_S) Sattelpunkt
$D(x_S, y_S) = 0$ ($\mathbf{H}_f$ indifferent)	– keine Aussage, ggf. Nutzung höherer Ableitungen oder Abtasten der Umgebung von (x_S, y_S)

Ablauf zur Ermittlung relativer Extremstellen für Funktionen zweier unabhängiger Veränderlicher bei Nutzung von Ableitungen

Vorgabe: (Ziel-)Funktion $z = f(x,y)$, sowie deren Ableitungen, ggf. offene Menge $\mathbf{G} \subset \mathbb{R}^2$

1. Ermittlung der Lösungen des Gleichungssystems $\frac{\partial f}{\partial x} = 0, \frac{\partial f}{\partial y} = 0$
   $\rightarrow$ stationäre Stellen (x_S, y_S) (keine, eine, mehrere, unendlich viele).
2. Ermittlung der Determinante der Hesseschen Matrix:
   $$D(x,y) = \frac{\partial^2 f}{\partial x^2}\frac{\partial^2 f}{\partial y^2} - \left(\frac{\partial^2 f}{\partial x \partial y}\right)^2.$$
3. Überprüfung der einzelnen stationären Stellen:
   $D(x_S, y_S) > 0 \rightarrow (x_S, y_S)$ relative Extremstelle, Schritt 4
   $D(x_S, y_S) < 0 \rightarrow (x_S, y_S)$ keine relative Extremstelle, Sattelpunkt, Ende
   $D(x_S, y_S) = 0 \rightarrow$ keine Aussage zu (x_S, y_S), Ende.
4. Minimal- oder Maximalstelle?
   $\frac{\partial^2 f}{\partial y^2} > 0 \rightarrow (x_S, y_S)$ relative Minimalstelle
   $\frac{\partial^2 f}{\partial y^2} < 0 \rightarrow (x_S, y_S)$ relative Maximalstelle.

Absolute Extremwerte für Funktionen mehrerer unabhängiger Veränderlicher

Optimierung auf einer abgeschlossenen Teilmenge $\mathbf{G} \subset \mathbb{R}^n$. Ermittlung der Funktionswerte der in $\mathbf{G}$ liegenden relativen Extremstellen und Vergleich mit den Funktionswerten auf dem Rande von $\mathbf{G}$.

$y = f(\mathbf{x}), y \in \mathbb{R}, \mathbf{x} \in \mathbf{G}$

- $\mathbf{x}_0$ heißt **absolute Minimalstelle** (bzw. strenge absolute Minimalstelle) von f, wenn $f(\mathbf{x}) \geq f(\mathbf{x}_0)$ (bzw. $f(\mathbf{x}) > f(\mathbf{x}_0)$) $\forall \mathbf{x} \in \mathbf{G}$.
- $\mathbf{x}_0$ heißt **absolute Maximalstelle** (bzw. strenge absolute Maximalstelle) von f, wenn $f(\mathbf{x}) \leq f(\mathbf{x}_0)$ (bzw. $f(\mathbf{x}) < f(\mathbf{x}_0)$) $\forall \mathbf{x} \in \mathbf{G}$.
- $f(\mathbf{x}_0)$ heißt **absolutes Minimum**, wenn $\mathbf{x}_0$ absolute Minimalstelle ist.
- $f(\mathbf{x}_0)$ heißt **absolutes Maximum**, wenn $\mathbf{x}_0$ absolute Maximalstelle ist.
- **absolute Extremstelle**/Extremalstelle: absolute Minimal- bzw. Maximalstelle: $\mathbf{x}_{min}, \mathbf{x}_{max}$.
- **absoluter Extremwert**: absolutes Minimum bzw. Maximum: $f(\mathbf{x}_{min}), f(\mathbf{x}_{max})$.

Extremwerte mit Gleichungs-Nebenbedingungen für Funktionen mehrerer unabhängiger Veränderlicher - Lagrangesche Funktion

Zielfunktion: $y = f(\mathbf{x}) \to \max$ oder $\min, y \in \mathbb{R}, \mathbf{x} \in \mathbb{R}^n$
Nebenbedingungen: $g_1(\mathbf{x}) = 0, \ldots, g_m(\mathbf{x}) = 0$
Lösungsvariante I: Einsetzen der Nebenbedingungen in die Zielfunktion, dabei Reduktion der Anzahl der Veränderlichen von n auf $n-m$.

Lösungsvariante II: Einführung von Lagrangeschen Multiplikatoren $\lambda_1, \ldots, \lambda_m$:
Bildung der Lagrange-Funktion $F(\mathbf{x}, \lambda) = f(\mathbf{x}) + \sum\limits_{l=1}^{m} \lambda_l g_l(\mathbf{x})$
Anstelle der Extremwerte von $f(\mathbf{x})$ mit Nebenbedingungen werden die Extremwerte von $F(\mathbf{x}, \lambda)$ ohne Nebenbedingungen ermittelt:
Darstellung der notwendigen Bedingungen

$$\frac{\partial F}{\partial x_k} = \frac{\partial f}{\partial x_k} + \sum_{l=1}^{m} \lambda_l \frac{\partial g_l}{\partial x_k} = 0, \quad k = 1, \ldots, n \qquad \frac{\partial F}{\partial \lambda_l} = g_l = 0, l = 1, \ldots, m.$$

Konvexe Optimierungsaufgaben

Konvexe Optimierungsaufgaben (siehe konvexe Mengen und konvexe Funktionen ⊳⊳ S.19) zeichnen sich dadurch aus, dass relative (lokale) Extremstellen auch gleichzeitig absolute (globale) Extremstellen sind (siehe Globale Optimierung ⊳⊳ S.121).

Allgemeine Darstellung einer konvexen Optimierungsaufgabe

$z = f(\mathbf{x}) \to \min$	konvexe Zielfunktion
$\mathbf{x} \in \mathbf{G} \subset \mathbb{R}^n$ bzw. $\mathbf{g}(\mathbf{x}) \leq \mathbf{0}$	konvexer zulässiger Bereich (Nebenbedingungen: konvexe $g_1(\mathbf{x}), \ldots, g_m(\mathbf{x})$)
$L(\mathbf{x}, \mathbf{u}) = f(\mathbf{x}) + \mathbf{u}^\top \mathbf{g}(\mathbf{x})$	Lagrange-Funktion

Quadratische Optimierungsaufgaben

Zu den quadratischen Optimierungsaufgaben gehören auch Probleme, die mit der Methode der kleinsten Quadratsumme (Kleinst-Quadrat-Probleme ▷▷ S.18 ▷▷ S.122) behandelt werden.

Normalform quadratischer Optimierungsaufgaben
Die Normalform beinhaltet eine quadratische Zielfunktion (strenge Fassung: quadratische Form mit symmetrischer und positiv definiter Matrix) und lineare Nebenbedingungen.

		Matrizenschreibweise
Zielfunktion:	$z=\sum_{i=1}^{n}\sum_{j=1}^{n} c_{ij}x_ix_j+\sum_{i=1}^{n} c_ix_i \to \min$	$\mathbf{x}^\top\mathbf{C}\mathbf{x}+\mathbf{c}^\top\mathbf{x}\to\min$ $\mathbf{C}$ symmetrische Matrix
Nebenbedingungen:	$\sum_{j=1}^{n} a_{ij}x_j \le b_i,\ i=1,2,\ldots,m$	$\mathbf{A}\mathbf{x}\le\mathbf{b}$
	$\sum_{j=1}^{n} a'_{ij}x_j = b'_i,\ i=1,2,\ldots,m'$	$\mathbf{A}'\mathbf{x}=\mathbf{b}'$
Nichtnegativitätsbedingungen:	$x_j\ge 0,\ j=1,2,\ldots,n$	$\mathbf{x}\ge\mathbf{0}$
zulässiger Bereich:		$\mathbf{G}=\{\mathbf{x}\in\mathbb{R}^n_+ \mid \mathbf{A}\mathbf{x}\le\mathbf{b},\mathbf{A}'\mathbf{x}=\mathbf{b}'\}$

Wichtige Aussagen zu quadratischen Optimierungsaufgaben

- Ist die Matrix $\mathbf{C}$ positiv semidefinit (gleichbedeutend mit: z konvex), dann ist ein relatives Minimum auch absolutes Minimum → konvexe Optimierung. ▷▷ S.107
- Ist die Matrix $\mathbf{C}$ positiv semidefinit, $\mathbf{G}\ne\emptyset$ und z auf $\mathbf{G}$ nach unten beschränkt, dann existiert eine optimale Lösung.
- Für eine quadratische Optimierungsaufgabe mit positiv semidefiniter Matrix $\mathbf{C}$ gilt: $\mathbf{x}^*$ ist genau dann optimale Lösung,
  - wenn $(\mathbf{x}-\mathbf{x}^*)^\top(2\mathbf{C}\mathbf{x}^*+\mathbf{c})\ge 0\ \forall\mathbf{x}\in\mathbf{G}$ bzw.
  - wenn $(2\mathbf{C}\mathbf{x}^*+\mathbf{c})=\mathbf{0}\ \forall\mathbf{x}\in\mathbf{G}$ und $\mathbf{x}^*$ innerer Punkt von $\mathbf{G}$ ist.

Verfahren von Hildreth und d'Esopo

Quadratische Optimierungsaufgabe:
$z=\mathbf{x}^\top\mathbf{C}\mathbf{x}+\mathbf{c}^\top\mathbf{x}\to\min,\ \mathbf{A}\mathbf{x}\le\mathbf{b},\ \mathbf{x}\ge\mathbf{0}$ primale Aufgabe
Lagrange-Funktion: $L(\mathbf{x},\mathbf{u})=\mathbf{x}^\top\mathbf{C}\mathbf{x}+\mathbf{c}^\top\mathbf{x}+\mathbf{u}^\top(\mathbf{A}\mathbf{x}-\mathbf{b})$

$$\operatorname{grad}_{\mathbf{x}}L=2\mathbf{C}\mathbf{x}+\mathbf{c}+\mathbf{A}^\top\mathbf{u}=\mathbf{0}\to\mathbf{x}^*=-\frac{1}{2}\mathbf{C}^{-1}(\mathbf{c}+\mathbf{A}^\top\mathbf{u}^*)$$

duale Aufgabe: $z^+=(\frac{1}{2}\mathbf{A}\mathbf{C}^{-1}\mathbf{c}+\mathbf{b})^\top\mathbf{u}-\frac{1}{4}\mathbf{u}^\top\mathbf{A}\mathbf{C}^{-1}\mathbf{A}^\top\mathbf{u}+\frac{1}{4}\mathbf{c}^\top\mathbf{C}^{-1}\mathbf{c}\to\min$
$\mathbf{u}\ge\mathbf{0}$ (ansonsten keine Nebenbedingungen)

Dualismus: aus der Lösung $\mathbf{u}^*$ der dualen Aufgabe ergibt sich die Lösung $\mathbf{x}^*$ der primalen Aufgabe.

Ablauf:
1. Startpunkt: $\mathbf{u}^0 \in \mathbb{R}_+^m$ (ggf. $\mathbf{u}^0 = \mathbf{0}$ wählen), Abbruchschranke $\varepsilon > 0$ Schrittnummer $k = 0$.
2. Berechne aus den gegebenen Vektoren und Matrizen $\mathbf{b}, \mathbf{c}, \mathbf{A}, \mathbf{C}$:
$\mathbf{r} = -\frac{1}{2}\mathbf{A}\mathbf{C}^{-1}\mathbf{c} - \mathbf{b}, \ \mathbf{S} = \frac{1}{4}\mathbf{A}\mathbf{C}^{-1}\mathbf{A}^\top.$
3. Berechne Vektoren $\mathbf{v}^k$ und $\mathbf{u}^k$:
$$v_i^k = -\frac{1}{s_{ii}}\Big(\sum_{j=1}^{i-1} s_{ij}u_j^{k+1} + \sum_{j=i+1}^{m} s_{ij}u_j^k + \frac{r_i}{2}\Big), \ u_i^{k+1} = \max(0, v_i^k), \ i = 1, \ldots, m.$$
4. Falls $||\mathbf{u}^k - \mathbf{u}^{k+1}|| < \varepsilon$ gehe zu 6.
5. Erhöhe k um 1, gehe zu 3.
6. Berechne Lösung: $\mathbf{x}^* = -\frac{1}{2}\mathbf{C}^{-1}(\mathbf{c} + \mathbf{A}^\top \mathbf{u}^{k+1})$.

Separable Optimierungsaufgaben

Optimierungsaufgabe

Die Zielfunktion und die Nebenbedingungen der nichtlinearen Optimierungsaufgaben heißen separierbar, wenn sie als Summe (bzw. als Produkt im Verein mit Logarithmierung) so darstellbar sind, dass jeweils nur eine Veränderliche auftritt.

$z = \sum_{k=1}^{n} z_k(x_k) \to \max / \min$	Zielfunktion
$\begin{cases} \sum_{k=1}^{n} g_{ik}(x_k) \leq 0, \ i = 1, \ldots, m \\ x_k \geq 0, \ k = 1, \ldots, n \end{cases}$	Nebenbedingungen

Separable konvexe Optimierung mit linearen Nebenbedingungen

$z = \sum_{k=1}^{n} z_k(x_k) \to \max$, $z_1, \ldots, z_n$ jeweils konkav	Zielfunktion (für $\to$ min sei z_k konvex)
$\mathbf{Ax} \leq \mathbf{b}, \ \mathbf{x} \geq \mathbf{0}$	Nebenbedingungen

Stückweise lineare Approximation jeder Komponente $z_k(x_k)$:
1. Zerlege Wertebereich von x_k in Abschnitte: $0 < u_{k1} < u_{k2} < \ldots < u_{kr_k}$ (falls z_k unbeschränkt, dann $u_{kr_k} = \infty$).
2. Berechne $c_{kj} = \dfrac{z_k(u_{kj}) - z_k(u_{k,j-1})}{u_{kj} - u_{k,j-1}}$ für alle Teilfunktionen z_k und die entsprechende Zerlegung gemäß 1.
3. Ersetze jede Teilfunktion z_k durch die stückweise lineare Näherung
$\tilde{z}_k = \sum_{j=1}^{r_k} c_{kj}x_{kj}, \ x_k = \sum_{j=1}^{r_k} x_{kj}, \ 0 \leq x_{kj} \leq u_{kj} - u_{k,j-1}.$

4. Ersetze die ursprüngliche NLOA durch die nachfolgende LOA:

$$\tilde{z} = \sum_{k=1}^{n} \sum_{j=1}^{r_k} c_{kj} x_{kj} \to \max$$

$$\sum_{k=1}^{n} a_{ik} \sum_{j=1}^{r_k} x_{kj} \leq b_i, \ i = 1, \ldots, m, \text{ wobei } \mathbf{A} = (a_{ik}), \ \mathbf{b} = (b_i)$$

$$0 \leq x_{kj} \leq u_{kj} - u_{k,j-1}, \ k = 1, \ldots, n; j = 1, \ldots, r_k.$$

Die Approximation ist relativ gut, wenn die Zerlegung fein gewählt wurde ($\to r_k$ groß); dafür ist aber dann der Rechenaufwand größer, weil die Anzahl der Veränderlichen x_{kj} größer ist.

Hyperbolische Optimierungsaufgaben

Normalform einer hyperbolischen Optimierungsaufgabe

(Hyperbolische Optimierung - Quotientenoptimierung)

Zielfunktion:	$f(\mathbf{x}) = \dfrac{u(\mathbf{x})}{v(\mathbf{x})} \to \min$ bzw. $\to \max, v(\mathbf{x}) > 0, \mathbf{x} \in \mathbf{G}$ Minimumaufgabe: $u(\mathbf{x})$ konvex, $v(\mathbf{x})$ konkav Maximumaufgabe: $u(\mathbf{x})$ konkav, $v(\mathbf{x})$ konvex
zulässiger Bereich:	$\mathbf{G} = \{\mathbf{x} \in \mathbb{R}^n \mid g_i(\mathbf{x}) \leq 0, h_j(\mathbf{x}) = 0\}$ (Ungleichungen und Gleichungen) häufiger Fall: lineare Nebenbedingungen $g \leq 0, h = 0$

Spezialfälle von Zielfunktionen hyperbolischer Optimierungsaufgaben

- linearer Fall: $f(\mathbf{x}) = \dfrac{\mathbf{c}^\top \mathbf{x} + c_0}{\mathbf{d}^\top \mathbf{x} + d_0}$
- quadratisch-linearer Fall: $f(\mathbf{x}) = \dfrac{\mathbf{x}^\top \mathbf{C} \mathbf{x} + \mathbf{c}^\top \mathbf{x} + c_0}{\mathbf{d}^\top \mathbf{x} + d_0}$
- quadratischer Fall: $f(\mathbf{x}) = \dfrac{\mathbf{x}^\top \mathbf{C} \mathbf{x} + \mathbf{c}^\top \mathbf{x} + c_0}{\mathbf{x}^\top \mathbf{D} \mathbf{x} + \mathbf{d}^\top \mathbf{x} + d_0}$

Gegebenenfalls kann eine spezielle hyperbolische Optimierungsaufgabe in einen bequemer lösbaren Standardfall gewandelt werden.

Transformation einer hyperbolischen Optimierungsaufgabe in eine lineare Optimierungsaufgabe

Zielfunktion: $f(\mathbf{x}) = \dfrac{\mathbf{c}^\top \mathbf{x} + c_0}{\mathbf{d}^\top \mathbf{x} + d_0} \to \min$ Nebenbedingungen: $\mathbf{A}\mathbf{x} \leq \mathbf{b}, \mathbf{x} \geq \mathbf{0}$

Transformation: $\mathbf{y} = \dfrac{\mathbf{x}}{\mathbf{d}^\top \mathbf{x} + d_0}, t = \dfrac{1}{\mathbf{d}^\top \mathbf{x} + d_0} \to \mathbf{x} = \dfrac{\mathbf{y}}{t}$

neue Zielfunktion ist Zielfunktion einer **LOA**: $f^*(\mathbf{y}) = \mathbf{c}^\top \mathbf{y} + c_0 t \to \min$

mit Nebenbedingungen einer **LOA**: $\mathbf{A}\mathbf{y} \leq \mathbf{b}t, \mathbf{d}^\top \mathbf{y} + d_0 t = 1, \mathbf{y} \geq \mathbf{0}, t \geq 0$

optimale Lösung der hyperbolischen Optimierungsaufgabe: $\mathbf{x}_{\min} = \dfrac{\mathbf{y}_{\min}}{t_{\min}}$

Verallgemeinerung: Diese Transformation kann stets verwendet werden, falls $u(\mathbf{x})$ konkav, $v(\mathbf{x})$ konvex und die Nebenbedingungen $g_i(\mathbf{x}) \leq 0$ konvex sind; es entsteht eine äquivalente konvexe Optimierungsaufgabe.

Suchverfahren zur Optimierung von Funktionen mit einer Variablen

Diese Suchverfahren beinhalten das Abtasten entlang eines eindimensionalen Strahls (einer Richtung), entweder $\mathbb{R}$ selbst oder im $\mathbb{R}^n$. Suchverfahren sind wichtige Komponenten in der nichtlinearen Optimierung: mehrdimensionale Optimierung beinhaltet in der Regel Suchschritte im Eindimensionalen.

Fibonacci-Verfahren
Ableitungsfreies Verfahren - es werden nur die Werte der Zielfunktion verwendet; als Existenzbedingung für eine Extremstelle dient z.B. die Eingipfligkeit (Unimodalität). Erzeugung einer Punktfolge $x_k \in R$ durch Intervallschachtelung, also Intervallverkleinerung und damit Einschließung einer Extremstelle.

Aufgabe	-	$\min\limits_{a \leq x \leq b} f(x)$ bzw. $\max\limits_{a \leq x \leq b} f(x)$, $f(x)$ unimodal
Fibonacci-Zahlen	-	$F_0 = 1, F_1 = 1, F_k = F_{k-1} + F_{k-2}$ für $k = 2, 3, \ldots$ $1, 1, 2, 3, 5, 8, 13, 21, 34, 55, 89, 144, 233, 377, \ldots$ $F_k = \frac{1}{2^{k+1}\sqrt{5}}\left[(1+\sqrt{5})^{k+1} - (1-\sqrt{5})^{k+1}\right]$
Intervalllänge	-	$L_k = \frac{b-a}{F_k}$ nach k Schachtelungen

Ablauf, dargestellt an der Minimumaufgabe:

1. $[a, b]$ Startintervall, s maximale Schrittzahl, $\varepsilon > 0$ Abbruchschranke
   $x_1 = a, x_2 = b$.
2. Vorgabe der Fibonacci-Zahlen bis F_s, $k = s$.
3. $x_3 = x_1 + \left(1 - \frac{F_{k-1}}{F_k}\right)(x_2 - x_1), x_4 = x_1 + \frac{F_{k-1}}{F_k}(x_2 - x_1)$.
4. Falls $f(x_3) < f(x_4)$, dann $x_1 = x_3, k = k-1, x_3 = x_4, x_4 = x_1 + \frac{F_{k-1}}{F_k}(x_2 - x_1)$
   ansonsten $x_2 = x_4, k = k-1, x_4 = x_3, x_3 = x_1 + \left(1 - \frac{F_{k-1}}{F_k}\right)(x_2 - x_1)$.
5. Falls $x_2 - x_1 > \varepsilon$ und $k > 1$ Schritt 3, ansonsten Ende: x_1 bzw. x_2 Näherungswert für Extremstelle.

Für Maximumaufgabe muss Schritt 3 abgeändert werden $(f(x_3) > f(x_4))$.

Für großes s geht das Fibonacci-Verfahren in das Verfahren des goldenen Schnittes (s.u.) über: $\frac{F_{s-1}}{F_s} \to \frac{1}{2}(\sqrt{5} - 1)$.

Verfahren des goldenen Schnittes
Ableitungsfreies Verfahren; Erzeugung einer Punktfolge $x_k \in R$ durch Intervallschachtelung.

Aufgabe	-	$\min\limits_{a\le x\le b} f(x)$ bzw. $\max\limits_{a\le x\le b} f(x)$, $f(x)$ unimodal
Goldener Schnitt	-	Zerlegung eines Intervall der Länge L in zwei Teile L_1 und L_2, so dass $\frac{L_1}{L_2} = \frac{L_2}{L_1+L_2}$, $L_1 + L_2 = L$ $L_1 = \left[1 - \frac{1}{2}(\sqrt{5}-1)\right]L \approx 0.382L$; $L_2 = \frac{1}{2}(\sqrt{5}-1)L \approx 0.618L$
Teilungsfaktor	-	$\delta = \frac{1}{2}(\sqrt{5}-1)$, bestimmt Konvergenzgeschwindigkeit (29 Schritte für Verkürzung des Intervalls auf $10^{-6}L$)

Ablauf, dargestellt an der Minimumaufgabe:
1. $[a, b]$ Startintervall, $\varepsilon > 0$ Abbruchschranke.
2. Neue Teilungspunkte $x_1 = b - \delta(b-a), x_2 = a + \delta(b-a)$ sowie Funktionswerte $f(x_1), f(x_2)$ für den Vergleich.
3. Falls $f(x_1) < f(x_2)$, dann neues Intervall $[a, b]$ mit $b = x_2$, andernfalls neues Intervall $[a, b]$ mit $a = x_1$.
4. Falls $x_2 - x_1 > \varepsilon$ dann Schritt 2, andernfalls Ende: x_1 bzw. x_2 ist Näherungswert für Minimalstelle.

Für Maximumaufgabe muss Schritt 3 abgeändert werden ($f(x_1) > f(x_2)$).

Suchverfahren mit quadratischer Interpolation

Ersatz der Zielfunktion durch eine quadratische Funktion in jeweils drei Stützstellen (Lagrange-Interpolationspolynom) und Verwendung von deren Extremstelle.

Aufgabe: $\min\limits_{a\le x\le b} f(x)$ bzw. $\max\limits_{a\le x\le b} f(x)$, $f(x)$ unimodal

Ersatzpolynom bei Vorgabe der Stützstellen $x_0 < x_1 < x_2$:

$$P(x) = \frac{(x-x_1)(x-x_2)}{(x_0-x_1)(x_0-x_2)} f(x_0) + \frac{(x-x_0)(x-x_2)}{(x_1-x_0)(x_1-x_2)} f(x_1) + \frac{(x-x_0)(x-x_1)}{(x_2-x_0)(x_2-x_1)} f(x_2)$$

Extremstelle des Ersatzpolynoms:

$$x_3 = \frac{1}{2} \frac{(x_1^2 - x_2^2)f(x_0) + (x_2^2 - x_0^2)f(x_1) + (x_0^2 - x_1^2)f(x_2)}{(x_1 - x_2)f(x_0) + (x_2 - x_0)f(x_1) + (x_0 - x_1)f(x_2)} \qquad (*)$$

ggf. Überprüfung (hinreichende Bedingung) der Extremstelle:

x_3 Minimalstelle, wenn $\frac{(x_1 - x_2)f(x_0) + (x_2 - x_0)f(x_1) + (x_0 - x_1)f(x_2)}{(x_0 - x_1)(x_1 - x_2)(x_0 - x_2)} > 0$, ansonsten Maximalstelle

x_1 wird als neuer Randpunkt und x_3 als neuer innerer Punkt des Suchintervalls verwendet.

Ablauf, dargestellt an der Minimumaufgabe:
1. $[a, b]$ Startintervall, $x_0 = a, x_2 = b, x_0 < x_1 < x_2$ Stützstellen, $\varepsilon > 0$ Abbruchschranke.
2. x_3 gemäß (*), $f(x_3)$.
3. Falls $x_3 < x_1$, dann $x_2 = x_1, x_1 = x_3$; andernfalls $x_0 = x_1, x_1 = x_3$.
4. Falls $x_2 - x_0 < \varepsilon$ Ende: x_1 Extremstelle, andernfalls Schritt 2.

Für Maximumaufgabe muss Schritt 3 abgeändert werden ($f(x_1) > f(x_2)$).

Suchverfahren mit kubischer Interpolation

Aufgabe: $\min\limits_{a \le x \le b} f(x)$ bzw. $\max\limits_{a \le x \le b} f(x)$, $f(x)$ unimodal
gegebene Daten: $f(x), f'(x)$, Startintervall $[x_0, x_1]$
Ersatzpolynom 3.Grades:

$$P(x) = P_1(x)f(x_0) + P_2(x)f(x_1) + P_3(x)f'(x_0) + P_4(x)f'(x_1)$$
$$= \left[\left(1 + \frac{2(x - x_0)}{x_1 - x_0}\right)f(x_0) + (x - x_0)f'(x_0)\right]\left(\frac{x - x_1}{x_1 - x_0}\right)^2 +$$
$$\left[\left(1 + \frac{2(x - x_1)}{x_1 - x_0}\right)f(x_1) + (x - x_1)f'(x_1)\right]\left(\frac{x - x_0}{x_1 - x_0}\right)^2$$

Extremstelle des Ersatzpolynoms:

$$x_2 = x_0 + (x_1 - x_0)\frac{u + f'(x_0) + v}{2u + f'(x_0)f'(x_1)} \qquad (*)$$
$$\text{mit } u = \frac{3(f(x_0) - f(x_1))}{x_1 - x_0} + f'(x_0) + f'(x_1), \quad v = \sqrt{u^2 - f'(x_0)f'(x_1)}$$

Ablauf, dargestellt an der Minimumaufgabe:

1. $[a, b]$ Startintervall, $x_0 = a, x_1 = b$ Stützstellen, $\varepsilon > 0$ Abbruchschranke, es seien $f'(x_0) < 0, f'(x_1) > 0$.
2. Berechne x_2 gemäß (*) sowie $f(x_2)$ und $f'(x_2)$.
3. Falls $f'(x_2) < 0$, dann $x_0 = x_2$; andernfalls $x_1 = x_2$.
4. Falls $|f'(x_2)| < \varepsilon$ Ende: x_2 Extremstelle, andernfalls Schritt 2.

Für Maximumaufgabe müssen Schritt 1 ($f'(x_0) > 0, f'(x_1) < 0$) und Schritt 3 ($f'(x_2) > 0$) abgeändert werden.

Eindimensionales Newton-Verfahren

Aufgabe	-	Bestimmung relativer Extremstellen von $f(x)$ $f(x)$ mindestens zweimal differenzierbare Funktion
Ansatz	-	$f'(x + \Delta x) \approx f'(x) + f''(x)\Delta x$ $\quad \Delta x$ Schrittweite
passende Schrittweite	-	$\Delta x = -\frac{f'(x)}{f''(x)}$ (damit $f'(x) \approx 0$)
Iterationsverfahren	-	$x_{k+1} = x_k - \frac{f'(x_k)}{f''(x_k)}$, Startwert x_0

Verfahren zur Optimierung von Funktionen mehrerer Variabler

Suchverfahren in der Optimierung entwickeln eine Folge $\mathbf{x}_0$ (Startpunkt), $\mathbf{x}_1, \mathbf{x}_2, \ldots$ in Erwartung der Konvergenz gegen die Lösung $\mathbf{x}$ des Minimal- bzw. Maximalproblems. **Liniensuchverfahren** (line search) suchen entlang einer Geraden.
Gradientenverfahren verwenden nur die erste Ableitung bzw. deren Näherung; sie sind nur langsam konvergent. **Newton-Verfahren** verwenden die erste und zweite Ableitung bzw. deren Näherung; sie konvergieren wesentlich schneller.
Stochastische Verfahren verwenden nur die Werte der Zielfunktion für die Lokalisierung der Extremstelle; die Wahl der Punkte, an denen die Zielfunktionswerte verglichen werden, ist zufällig.

Stochastisches Suchverfahren
Ableitungsfreies Verfahren.

Aufgabe	- $\min_{\mathbf{x}\in\mathbf{R}^n} f(\mathbf{x})$ bzw. $\max_{\mathbf{x}\in\mathbf{R}^n} f(\mathbf{x})$
Vektor $\mathbf{r} = (z_1, \ldots, z_n)$	- Suchrichtung, $z_1,\ldots, z_n$: in $[-1, 1]$ gleichverteilte Zufallszahlen (*)

Ablauf des Verfahrens, dargestellt an der Minimumaufgabe:

1. Vorgaben: $\mathbf{x}_0, f(\mathbf{x}_0)$ Startpunkt inkl. Funktionswert, h Schrittweite (Länge des Suchvektors), m Maximalzahl der Suchschritte.
2. Setze $k = 0, \mathbf{x}^* = \mathbf{x}_0$.
3. Berechnung der Suchrichtung gemäß (*), $\mathbf{x}_k = \mathbf{x}^* + h\mathbf{r}$ neuer Stützpunkt und dessen Funktionswert $f(\mathbf{x}_k)$.
4. Falls $f(\mathbf{x}_k) < f(\mathbf{x}^*)$, dann $\mathbf{x}^* = \mathbf{x}_k$.
5. Setze $k = k + 1$; falls $k \leq m$, dann Schritt 3, andernfalls Ende: $\mathbf{x}^*$ ist Näherungswert für Extremstelle.

Für Maximumaufgabe muss Schritt 4 abgeändert werden ($f(\mathbf{x}_k) > f(\mathbf{x}^*)$).

Modifikationen des stochastischen Suchverfahrens:

- Reduzierung der Schrittweite (gemäß einer monoton fallenden Folge, deren Partialsumme langsam konvergiert bzw. divergiert) nach einer vorgegebenen Anzahl erfolgloser Schritte.
- Wahl der Gegenrichtung nach erfolglosem Schritt.
- Kombination von Schrittweitenreduzierung und Gegenrichtung.

Verfahren der koordinatenweisen Suche

Ablauf:

1. Vorgabe eines Startpunktes, einer Schrittweite und einer Abbruchschranke.
2. Suchphase: die Umgebung des aktuellen Suchpunktes wird in alle Koordinatenrichtungen mit fester Schrittweise abgesucht;
   falls es eine erfolgreichste Richtung gibt, gehe zu 2., andernfalls zu 3.
3. Vorstoßphase: die Vorstöße in die erfolgreichste Richtung erfolgen solange, wie sich die Zielfunktion verbessert; der beste Suchpunkt wird bestimmt; gehe zu 1.
4. Mit kleiner werdender Schrittweite (z.B. Halbierung) wechseln sich Such- und Vorstoßphasen ab, bis die Schrittweite unter die Abbruchschranke gesunken ist; der bisher beste Suchpunkt wird als Näherungslösung festgehalten.

Polytop-Verfahren / Simplex-Verfahren von Nelder-Mead
Konstruktion eines Simplex zur Eingrenzung einer lokalen Extremstelle: Startpunkt mit maximalem Funktionswert sowie weitere Punkte in Koordinatenrichtung sind vorgegeben. Dann wird an der gegenüberliegenden Fläche des Simplex reflektiert, auf der Verbindungslinie ein günstiger Punkt gesucht und damit ein neues Simplex festgelegt. Zielstellung ist, dass die Simplizes kontrahieren.

Aufgabenstellung: $f(\mathbf{x}) \to \min,\ \mathbf{x} \in \mathbb{R}^n$
Vorgaben:
- Startpunkt $\mathbf{x}^0 = (x_1^0, x_2^0, \ldots, x_n^0)$
- Schrittweite h
- Reflexionskoeffizient α, Kontraktionskoeffizient β, Expansionskoeffizient γ
- Abbruchschranke ε

Koordinateneinheitsvektoren des $\mathbf{R}^n$: $\mathbf{e}^1, \ldots, \mathbf{e}^n$
Start mit Simplex aus $n+1$ Eckpunkten:
$\mathbf{x}^0, \mathbf{x}^1, \ldots, \mathbf{x}^n$, wobei $\mathbf{x}^k = \mathbf{x}^0 + h\mathbf{e}^k, k = 1, \ldots, n$

Schrittfolge:
1. Durchnummerierung der Simplexecken so dass: $f(\mathbf{x}^0) \leq f(\mathbf{x}^1) \leq \ldots \leq f(\mathbf{x}^n)$.
2. Schwerpunkt aller Ecken mit Ausnahme von $\mathbf{x}^n$: $\mathbf{x}_S = \frac{1}{n}\sum_{k=0}^{n-1} \mathbf{x}^k$.
3. Reflexion von $\mathbf{x}^n$ am Schwerpunkt $\mathbf{x}_S$: $\mathbf{x}_R = \mathbf{x}_S + \alpha(\mathbf{x}_S - \mathbf{x}^n)$.
   Falls $f(\mathbf{x}_R) \leq f(\mathbf{x}^0) \longrightarrow 6.$
   Falls $f(\mathbf{x}^0) < f(\mathbf{x}_R) < f(\mathbf{x}^n) \longrightarrow \mathbf{x}^n = \mathbf{x}_R$ und 5.
   Falls $f(\mathbf{x}^n) \leq f(\mathbf{x}_R) \longrightarrow \mathbf{x}_C = \mathbf{x}_S + \beta(\mathbf{x}^n - \mathbf{x}_S)$.
4. Falls $f(\mathbf{x}_C) < f(\mathbf{x}^n) \longrightarrow \mathbf{x}^n = \mathbf{x}_C$.
5. Kontraktion des Simplex um den bisher besten Wert auf die Hälfte:
   $\mathbf{x}_*^k = \frac{1}{2}(\mathbf{x}^0 + \mathbf{x}^k), k = 1, \ldots, n, \mathbf{x}_*^k \to \mathbf{x}^k$ und 1.
6. Expansion: $\mathbf{x}_E = \mathbf{x}_S + \gamma(\mathbf{x}_R - \mathbf{x}_S)$
   Falls $f(\mathbf{x}_E) < f(\mathbf{x}_R) \longrightarrow \mathbf{x}^n = \mathbf{x}_E$,
   andernfalls $\longrightarrow \mathbf{x}^n = \mathbf{x}_R$.
7. Falls $\frac{1}{n+1}\sum_{k=0}^{n}\left(f(\mathbf{x}^k) - \frac{1}{n+1}\sum_{k=0}^{n} f(\mathbf{x}^k)\right)^2 \geq \varepsilon \longrightarrow 1.$,
   andernfalls Ende: $\mathbf{x}^0 \longrightarrow$ Näherung der optimalen Lösung.

Theoretischer Hintergrund für ableitungsbehaftete Verfahren

Für Optimierungsprobleme, in denen Stetigkeits- und Differenzierbarkeitsannahmen gelten, sind effektive Verfahren entwickelt worden. Gegenüber den ableitungsfreien Verfahren haben sie entscheidende Vorteile in der Sicherheit und Rechengeschwindigkeit.

Taylorentwicklung der Funktion $y = f(\mathbf{x}), \mathbf{x} \in \mathbb{R}, f \in \mathbf{C}^2$:
$$f(\mathbf{x} + \Delta\mathbf{x}) = f(\mathbf{x}) + \nabla f(\mathbf{x})^\top \Delta\mathbf{x} + \frac{1}{2}\Delta\mathbf{x}^\top \nabla^2 f(\mathbf{x})\Delta\mathbf{x} + \ldots$$
bzw. $\Delta f(\mathbf{x}) = \mathbf{grad} f(\mathbf{x})^\top \Delta\mathbf{x} + \frac{1}{2}\Delta\mathbf{x}^\top \mathbf{H}_f(\mathbf{x})\Delta\mathbf{x} + \ldots$
Ziel des Gradientenverfahrens: $\Delta f(\mathbf{x}) = 0 \to \mathbf{grad} f(\mathbf{x}) = 0$
Ziel des Newtonverfahrens: $\Delta f(\mathbf{x}) = 0 \to \mathbf{grad} f(\mathbf{x}) = -\frac{1}{2}\mathbf{H}_f(\mathbf{x})\Delta\mathbf{x}$

Verfahren des steilsten Anstiegs/Abstiegs (Gradientenverfahren)
Nutzung der bekannten Tatsache: Gradientenrichtung ist Richtung des steilsten Anstiegs; Betrag des Gradienten ist steilster Anstieg (maximale Richtungsableitung). Damit ist eine erfolgreiche Richtung bestimmt. Gradientenverfahren erfordern, dass die Zielfunktion stetig differenzierbar und der Grundraum Teil des Kontinuums ist. Sie garantieren stets das Auffinden einer lokalen Extremstelle.

Aufgabe	- Bestimmung relativer Extremstellen einer Funktion $f(\mathbf{x})$, $\mathbf{x} \in \mathbb{R}^n$, $f(\mathbf{x}) \to \max$ oder $\to \min$
$\mathbf{r}$	- Anstiegsrichtung bei Maximumaufgabe, Abstiegsrichtung bei Minimumaufgabe
$\mathbf{x}_0$	- Startpunkt
$\mathbf{x}_{k+1} = \mathbf{x}_k + \alpha_k \mathbf{r}_k$	- Anstiegs- bzw. Abstiegsverfahren (Iteration) $f(\mathbf{x}_{k+1}) > f(\mathbf{x}_k)$ bei Maximumaufgabe $f(\mathbf{x}_{k+1}) < f(\mathbf{x}_k)$ bei Minimumaufgabe
$\alpha_k > 0$	steuert Schrittweite
$\mathbf{r} = \mathbf{grad} f$	– für Verfahren des steilsten Anstiegs
$\mathbf{r} = -\mathbf{grad} f$	– für Verfahren des steilsten Abstiegs
$\mathbf{x}_{k+1} = \mathbf{x}_k \pm \alpha_k \mathbf{grad} f(\mathbf{x}_k)$	- Gradientenverfahren

Ablauf des Anstiegs- bzw. Abstiegsverfahrens/Gradientenverfahrens

1. Startpunkt $\mathbf{x}_0$ wählen, $k = 0$ setzen.
2. Gradient $\mathbf{grad} f(\mathbf{x}_k)$ berechnen; falls $|\,\mathbf{grad} f(\mathbf{x}_k)\,| < \varepsilon$, dann $\mathbf{x}_k$ stationäre Stelle $\to$ Ende.
3. Anstiegsrichtung $\mathbf{r}_k$ so festlegen, dass $\mathbf{r}_k^\top \mathbf{grad} f(\mathbf{x}_k) > 0$ bzw. Abstiegsrichtung $\mathbf{r}_k$ so festlegen, dass $\mathbf{r}_k^\top \mathbf{grad} f(\mathbf{x}_k) < 0$.
4. Schrittmaß $\alpha_k > 0$ so festlegen, dass $f(\mathbf{x}_k + \alpha_k \mathbf{r}_k) > f(\mathbf{x}_k)$ für Anstiegsverfahren bzw. $f(\mathbf{x}_k + \alpha_k \mathbf{r}_k) < f(\mathbf{x}_k)$ für Abstiegsverfahren.
5. Nächster Punkt $\mathbf{x}_{k+1} = \mathbf{x}_k + \alpha_k \mathbf{r}_k$; dann Schritt 2.

Wenn in Schritt 3 $\mathbf{r}_k = \mathbf{grad} f(\mathbf{x}_k)$ bzw. $-\mathbf{grad} f(\mathbf{x}_k)$ gewählt wird, dann Gradientenverfahren.

Es ist die Wahl einer günstigen Schrittweite vorteilhaft: zu große Schrittweite $\to$ Schritt schießt über die Extremstelle hinaus; zu kleine Schrittweite $\to$ die Fortbewegungsgeschwindigkeit ist gering.

Wahl der optimalen Schrittweite α_k:

$$\alpha_k = \max\left\{\alpha : f(\mathbf{x}_k + \alpha\,\mathbf{r}_k)) - f(\mathbf{x}_k) \le \alpha\,|\,\mathbf{r}_k^\top \mathbf{grad} f(\mathbf{x}_k)\,|\right\}$$

Wahl der optimalen Schrittweite α_k im Gradientenverfahren:

$$\alpha_k = \max\left\{\alpha : f(\mathbf{x}_k \pm \alpha\,\mathbf{grad} f(\mathbf{x}_k)) - f(\mathbf{x}_k) \le \alpha\,|\,\mathbf{grad} f(\mathbf{x}_k)\,|^2\right\}$$

Konvergenz des Gradientenverfahrens: Falls Zielfunktion stetig differenzierbar und (Niveau-)Menge $\{\mathbf{x} : f(\mathbf{x}) \le f(\mathbf{x}^0)\}$ beschränkt, dann bricht Gradientenverfahren ab oder erzeugt einen Häufungspunkt (oder mehrere).

Verfahren der konjugierten Gradienten

Die Zielfunktion wird lokal durch eine quadratische Funktion approximiert; aufeinanderfolgende Gradienten sind orthogonal (Zick-zack-Weg). Das Verfahren garantiert das Auffinden einer lokalen Extremstelle. Für quadratische Zielfunktionen wird die Extremstelle nach n (Dimension des Grundraumes) Schritten erreicht.

Aufgabe	- Bestimmung relativer Extremstellen einer Funktion $f(\mathbf{x})$, $\mathbf{x} \in \mathbb{R}^n$, $f(\mathbf{x}) \to \max$ oder $\to \min$
$\mathbf{r}_k$	- Anstiegsrichtung bei Maximumaufgabe Abstiegsrichtung bei Minimumaufgabe
$\mathbf{x}_0$	- Startpunkt
$\mathbf{x}_{k+1} = \mathbf{x}_k + \alpha_k \mathbf{r}_k$	- Iteration
$\alpha_k > 0$	steuert Schrittweite
$\mathbf{r}_{k+1} = \pm \mathbf{grad} f(\mathbf{x}_{k+1}) + \beta_k \mathbf{r}_k$	- Wahl der neuen Suchrichtung
β_k	- steuert Suchrichtung

Möglichkeiten zur Erzeugung paarweise konjugierter Gradienten:

Variante nach Fletcher-Reeves: $\beta_k = \left(\frac{\|\mathbf{grad} f(\mathbf{x}_{k+1})\|}{\|\mathbf{grad} f(\mathbf{x}_k)\|} \right)^2$

Variante nach Polak-Ribiere: $\beta_k = \frac{[\mathbf{grad} f(\mathbf{x}_{k+1}) - \mathbf{grad} f(\mathbf{x}_k)]^\top \mathbf{grad} f(\mathbf{x}_{k+1})}{\mathbf{grad} f(\mathbf{x}_k)^\top \mathbf{grad} f(\mathbf{x}_k)}$

Vorteil: geringer Speicherplatzbedarf; Nachteil: große Anzahl von Zielfunktionswertberechnungen.

Newton-Verfahren

Aufgabe	- Bestimmung relativer Extremstellen von $f(\mathbf{x})$, $\mathbf{x} \in \mathbb{R}^n$ $f(\mathbf{x})$ mindestens zweimal differenzierbare Funktion
Grundidee	- Überführung in ein quadratisches Problem
Iterationsverfahren	- nach dem eindimensionalen Vorbild (▷▷ S.113): $\mathbf{x}_{k+1} = \mathbf{x}_k - \mathbf{H}_f^{-1}(\mathbf{x}_k)\ \mathbf{grad} f(\mathbf{x}_k)$ $\mathbf{grad} f, \mathbf{H}_f$ Gradient und Hesse-Matrix (▷▷ S.14) quadratische Konvergenz: $\|\mathbf{x}_{k+1} - \mathbf{x}_{opt}\| \le \gamma \|\mathbf{x}_k - \mathbf{x}_{opt}\|^2$
Problem:	- Gewinnung der Inversen der Hesse-Matrix in jedem Iterationsschritt

Ablauf des Newton-Verfahrens

1. Startpunkt $\mathbf{x}_0$ wählen, $k = 0$ setzen.
2. Gradient $\mathbf{grad} f(\mathbf{x}_k)$ berechnen; falls $|\mathbf{grad} f(\mathbf{x}_k)| < \varepsilon$, dann $\mathbf{x}_k$ stationäre Stelle $\to$ Ende.
3. Anstiegsrichtung $\mathbf{r}_k = \mathbf{H}_k^{-1} \mathbf{grad} f(\mathbf{x}_k)$ bei Maximumaufgabe bzw. Abstiegsrichtung $\mathbf{r}_k = -\mathbf{H}_k^{-1} \mathbf{grad} f(\mathbf{x}_k)$ bei Minimumaufgabe.
4. Schrittmaß $\alpha_k > 0$ so festlegen, dass $f(\mathbf{x}_k + \alpha_k \mathbf{r}_k) > f(\mathbf{x}_k)$ bei Maximum- bzw. $f(\mathbf{x}_k + \alpha_k \mathbf{r}_k) < f(\mathbf{x}_k)$ bei Minimumaufgabe.
5. Nächster Punkt $\mathbf{x}_{k+1} = \mathbf{x}_k + \alpha_k \mathbf{r}_k$; dann Schritt 2.

Besonderheiten/Nachteile des Newton-Verfahrens

- Berechnung zweiter Ableitungen.
- Hessesche Matrix kann singulär bzw. schlecht konditioniert sein.
- Hessesche Matrix muss nicht positiv bzw. negativ definit sein.
- Lineares Gleichungssystem muss gelöst werden.
- Verfahren garantiert nur das Auffinden lokaler Extremstellen.

Quasi-Newton-Verfahren
Es werden nur höchstens erste Ableitungen (Gradient) benutzt; die zweiten Ableitungen (Hesse-Matrix) werden approximiert durch Rekursion, simultan zum eigentlichen Iterationsverfahren. Nachteil: hoher Rechenaufwand und Abhängigkeit vom Startpunkt. Vorteil: gute Konvergenz gegen stationäre Punkte der Zielfunktion.

$\widetilde{\mathbf{H}}_k$ - Approximation der Hesse-Matrix

Bedingung - $\widetilde{\mathbf{H}}_k \Delta\mathbf{x}_k = \Delta\mathbf{g}_k$ bzw. $\Delta\mathbf{x}_k = \widetilde{\mathbf{H}}_k^{-1} \Delta\mathbf{g}_k$ (Quasi-Newton-Bedingung)
wobei $\Delta\mathbf{x}_k = \mathbf{x}_{k+1} - \mathbf{x}_k$
$\Delta\mathbf{g}_k = \mathbf{grad} f(\mathbf{x}_{k+1}) - \mathbf{grad} f(\mathbf{x}_k) = \nabla f(\mathbf{x}_{k+1}) - \nabla f(\mathbf{x}_k)$
damit $\widetilde{\mathbf{H}}_k$ bzw. $\widetilde{\mathbf{H}}_k^{-1}$ nicht eindeutig bestimmt (außer $n = 1$)!

deshalb:

Zugaben - $\widetilde{\mathbf{H}}_k$ bzw. $\widetilde{\mathbf{H}}_k^{-1}$ sei symmetrisch und positiv definit
es gelte eine Rekursionsvorschrift: $\widetilde{\mathbf{H}}_{k+1} = \varphi(\widetilde{\mathbf{H}}_k, \Delta\mathbf{x}_k, \Delta\mathbf{g}_k)$
(analog für die inverse Matrix von $\mathbf{H}$)

Verfahren - $\mathbf{x}_{k+1} = \mathbf{x}_k \pm \widetilde{\mathbf{H}}_k^{-1} \Delta\mathbf{g}_k$ für die Maximum-/Minimumaufgabe
(beinhaltet eine geeignete Dämpfung des Fortschreitens der Iteration, auch bez. des globalen Verhaltens)

Die Quasi-Newton-Verfahren unterscheiden sich hinsichtlich der Wahl der Rekursionsvorschrift φ.

Die nachfolgenden Rekursionsformeln beschreiben Möglichkeiten der iterativen Ermittlung der Hesse-Matrix und ihrer Inversen.

Rekursionsvorschriften vom Broyden-Typ

Start: $\widetilde{\mathbf{H}}_0$ bzw. $\widetilde{\mathbf{H}}_0^{-1} = \mathbf{E}$, $\mathbf{E}$ Einheitsmatrix (oder andere positiv definite Matrix)

$$\widetilde{\mathbf{H}}_{k+1} = \widetilde{\mathbf{H}}_k - \frac{\left(\widetilde{\mathbf{H}}_k \Delta\mathbf{x}_k\right)\left(\widetilde{\mathbf{H}}_k \Delta\mathbf{x}_k\right)^{\mathsf{T}}}{\Delta\mathbf{x}_k^{\mathsf{T}} \widetilde{\mathbf{H}}_k \Delta\mathbf{x}_k} + \frac{\Delta\mathbf{g}_k \Delta\mathbf{g}_k^{\mathsf{T}}}{\Delta\mathbf{g}_k^{\mathsf{T}} \Delta\mathbf{x}_k} + \phi_k \left[\Delta\mathbf{x}_k^{\mathsf{T}} \widetilde{\mathbf{H}}_k \Delta\mathbf{x}_k\right] \mathbf{v}_k \mathbf{v}_k^{\mathsf{T}}$$

$$\text{wobei } 0 \le \phi_k \le 1,\ \mathbf{v}_k = \frac{\Delta\mathbf{g}_k}{\Delta\mathbf{g}_k^{\mathsf{T}} \Delta\mathbf{x}_k} - \frac{\widetilde{\mathbf{H}}_k \Delta\mathbf{x}_k}{\Delta\mathbf{x}_k^{\mathsf{T}} \widetilde{\mathbf{H}}_k \Delta\mathbf{x}_k}$$

analog für die Inverse:

$$\widetilde{\mathbf{H}}_{k+1}^{-1} = \widetilde{\mathbf{H}}_k^{-1} - \frac{\left(\widetilde{\mathbf{H}}_k^{-1} \Delta\mathbf{g}_k\right)\left(\widetilde{\mathbf{H}}_k^{-1} \Delta\mathbf{g}_k\right)^{\mathsf{T}}}{\Delta\mathbf{g}_k^{\mathsf{T}} \widetilde{\mathbf{H}}_k^{-1} \Delta\mathbf{g}_k} + \frac{\Delta\mathbf{x}_k \Delta\mathbf{x}_k^{\mathsf{T}}}{\Delta\mathbf{x}_k^{\mathsf{T}} \Delta\mathbf{g}_k} + \psi_k \left[\Delta\mathbf{g}_k^{\mathsf{T}} \widetilde{\mathbf{H}}_k^{-1} \Delta\mathbf{g}_k\right] \mathbf{u}_k \mathbf{u}_k^{\mathsf{T}}$$

$$\text{wobei } 0 \le \psi_k \le 1,\ \mathbf{u}_k = \frac{\Delta\mathbf{x}_k}{\Delta\mathbf{x}_k^{\mathsf{T}} \Delta\mathbf{g}_k} - \frac{\widetilde{\mathbf{H}}_k^{-1} \Delta\mathbf{g}_k}{\Delta\mathbf{g}_k^{\mathsf{T}} \widetilde{\mathbf{H}}_k^{-1} \Delta\mathbf{g}_k}$$

Rekursionsformel von Davidson, Fletcher, Powell (DFP-Algorithmus)
Rekursion vom Broyden-Typ mit $\psi_k = 0$.

Start:	$\widetilde{\mathbf{H}}_0^{-1} = \mathbf{E}$, $\mathbf{E}$ Einheitsmatrix
Rekursion:	$\widetilde{\mathbf{H}}_{k+1}^{-1} = \widetilde{\mathbf{H}}_k^{-1} - \dfrac{\left(\widetilde{\mathbf{H}}_k^{-1}\Delta\mathbf{g}_k\right)\left(\widetilde{\mathbf{H}}_k^{-1}\Delta\mathbf{g}_k\right)^{\mathsf{T}}}{\Delta\mathbf{g}_k^{\mathsf{T}}\widetilde{\mathbf{H}}_k^{-1}\Delta\mathbf{g}_k} + \dfrac{\Delta\mathbf{x}_k\Delta\mathbf{x}_k^{\mathsf{T}}}{\Delta\mathbf{x}_k^{\mathsf{T}}\Delta\mathbf{g}_k}$
	wobei: $\Delta\mathbf{x}_k = \mathbf{x}_{k+1} - \mathbf{x}_k$, $\Delta\mathbf{g}_k = \mathbf{grad}\, f(\mathbf{x}_{k+1}) - \mathbf{grad}\, f(\mathbf{x}_k)$

Rekursionsformel von Broyden, Fletcher, Goldfarb, Shanno (BFGS-Algorithmus)
Rekursion vom Broyden-Typ mit $\psi_k = 1$.

Start: $\widetilde{\mathbf{H}}_0^{-1} = \mathbf{E}$ oder andere positiv definite Matrix
Rekursion:

$$\widetilde{\mathbf{H}}_{k+1}^{-1} = \widetilde{\mathbf{H}}_k^{-1} - \frac{\left(\widetilde{\mathbf{H}}_k^{-1}\Delta\mathbf{g}_k\right)\left(\widetilde{\mathbf{H}}_k^{-1}\Delta\mathbf{g}_k\right)^{\mathsf{T}}}{\Delta\mathbf{g}_k^{\mathsf{T}}\widetilde{\mathbf{H}}_k^{-1}\Delta\mathbf{g}_k} + \frac{\Delta\mathbf{x}_k\Delta\mathbf{x}_k^{\mathsf{T}}}{\Delta\mathbf{x}_k^{\mathsf{T}}\Delta\mathbf{g}_k} + \left[\Delta\mathbf{g}_k^{\mathsf{T}}\widetilde{\mathbf{H}}_k^{-1}\Delta\mathbf{g}_k\right]\mathbf{u}_k\mathbf{u}_k^{\mathsf{T}}$$

wobei: $\Delta\mathbf{x}_k = \mathbf{x}_{k+1} - \mathbf{x}_k$, $\Delta\mathbf{g}_k = \mathbf{grad}\, f(\mathbf{x}_{k+1}) - \mathbf{grad}\, f(\mathbf{x}_k)$

$$\mathbf{u}_k = \frac{\Delta\mathbf{x}_k}{\Delta\mathbf{x}_k^{\mathsf{T}}\Delta\mathbf{g}_k} - \frac{\widetilde{\mathbf{H}}_k^{-1}\Delta\mathbf{g}_k}{\Delta\mathbf{g}_k^{\mathsf{T}}\widetilde{\mathbf{H}}_k^{-1}\Delta\mathbf{g}_k}$$

Suchverfahren mit kubischer Interpolation

Aufgabe:	Bestimmung einer relativen Extremalstelle von $f(\mathbf{x})$, $\mathbf{x} \in \mathbb{R}^n$ entlang einer Richtung $\mathbf{d}$, d.h. $\min \varphi(\lambda) = \min f(\mathbf{x}^0 + \lambda\mathbf{d})$, $\lambda \in [a, b]$

Ablauf, dargestellt an der Minimumaufgabe:

1. Startpunkt $\mathbf{x}^0$, Suchrichtung $\mathbf{d}$, Abbruchschranke $\varepsilon > 0$, Schrittparameter $\eta \in [1, 2]$, Schätzung für $f_{\min} : \mu$
   falls $(\mathrm{grad}\, f(\mathbf{x}^0))^{\mathsf{T}}\mathbf{d} > 0$, ändere Vorzeichen von $\mathbf{d}$.
2. Setze $a = 0$ und berechne $b = \min\left(\eta, -2\dfrac{f(\mathbf{x}^0) - \mu}{f'(\mathbf{x}^0)}\right)$.
3. Setze $\mathbf{x}^1 = \mathbf{x}^0 + b\mathbf{d}$.
4. Falls $f(\mathbf{x}^1) \le f(\mathbf{x}^0)$ und $(\mathrm{grad}\, f(\mathbf{x}^1))^{\mathsf{T}}\mathbf{d} \le 0$, setze $b = 2b$, gehe zu 3.
5. Berechne $\beta = b\left[1 - \dfrac{(\mathrm{grad}\, f(\mathbf{x}^1))^{\mathsf{T}}\mathbf{d} + v - u}{(\mathrm{grad}\, f(\mathbf{x}^1))^{\mathsf{T}}\mathbf{d} - (\mathrm{grad}\, f(\mathbf{x}^0))^{\mathsf{T}}\mathbf{d} + 2v}\right]$
   wobei $u = \dfrac{3(f(\mathbf{x}^0) - f(\mathbf{x}^1))}{b} + (\mathrm{grad}\, f(\mathbf{x}^0))^{\mathsf{T}}\mathbf{d} + (\mathrm{grad}\, f(\mathbf{x}^1))^{\mathsf{T}}\mathbf{d}$,
   $v = \sqrt{u^2 - (\mathrm{grad}\, f(\mathbf{x}^0))^{\mathsf{T}}\mathbf{d} \cdot (\mathrm{grad}\, f(\mathbf{x}^1))^{\mathsf{T}}\mathbf{d}}$.
6. Setze $\mathbf{x}^2 = \mathbf{x}^0 + \beta\mathbf{d}$
   falls $|(\mathrm{grad}\, f(\mathbf{x}^2))^{\mathsf{T}}\mathbf{d}| < \varepsilon$, dann Ende: $\mathbf{x}^2$ ist Näherung der Minimalstelle.
7. Falls $(\mathrm{grad}\, f(\mathbf{x}^2))^{\mathsf{T}}\mathbf{d} > 0$, setze $\mathbf{x}^1 = \mathbf{x}^2$, gehe zu 4.
   andernfalls setze $\mathbf{x}^0 = \mathbf{x}^2$ und gehe zu 5.

Hill-Climbing-Verfahren

Grundidee	- Ausgehend von einem Punkt im $\mathbb{R}^n$ werden in Koordinatenrichtung 2^n weitere Gitterpunkte hinsichtlich Verbesserung untersucht; ggf. ist die Maschenweite im Gitter zu verkleinern.
Vorteil	- Verfahren funktioniert auch im diskreten Grundraum und findet stets eine lokale Extremstelle.
Nachteil	- Langsame Konvergenz.

Nutzung von Straffunktionen

Das Verletzen der Nebenbedingungen wird bestraft, indem in der Zielfunktion ein Strafterm hinzugefügt wird. So können die Nebenbedingungen entfallen: aus der Optimierungsaufgabe mit Nebenbedingungen wird eine Optimierungsaufgabe ohne Nebenbedingungen konstruiert. Diese Vorgehensweise ist besonders bei Vorliegen nichtlinearer Nebenbedingungen nützlich.

NLOA:	$z = F(\mathbf{x}) \to \min,\ f_i(\mathbf{x}) \leq 0,\ i = 1, 2, \ldots, m,\ \mathbf{x} \in \mathbb{R}^n$ G zulässiges Gebiet (Nebenbedingungen erfüllt) Gleichungs-Nebenbedingungen erlaubt
Straffunktion:	$p(\mathbf{x}) \begin{cases} = 0 & \text{für } \mathbf{x} \in G \\ > 0 & \text{für } \mathbf{x} \notin G \end{cases}$
Beispiel:	$p(\mathbf{x}) = \sum\limits_{i=1}^{m} [f_i^+(\mathbf{x})]^2,\ f_i^+(\mathbf{x}) = \max(0, f_i(\mathbf{x}))$
modifizierte NLOA:	$\hat{z} = F(\mathbf{x}) + \varrho p(\mathbf{x}) \to \min, \varrho > 0$, keine Nebenbedingungen

Ablauf der Methode der Straffunktionen:

1. Start: $\varrho_1 > 0,\ k = 1,\ \varepsilon > 0,\ \beta > 1$
   passende Wahl der Straffunktion $p(\mathbf{x})$ zur Ausgangs-NLOA.
2. Löse NLOA: $z_k = F_k(\mathbf{x}) = F(\mathbf{x}) + \varrho_k p(\mathbf{x}),\ \mathbf{x} \in \mathbb{R}^n$.
3. Falls $\varrho_k p(\mathbf{x}) \geq \varepsilon$ setze $\varrho_{k+1} = \beta \varrho_k$, erhöhe k um 1, gehe zu 2.
   andernfalls Ende: optimale Lösung ist Näherungslösung der Ausgangsaufgabe.

Nutzung von Barrierefunktionen

Analog zu Straffunktionen: das Verlassen des zulässigen Gebietes wird verhindert, indem in der Zielfunktion ein Strafterm hinzugefügt wird.

NLOA:	$z = F(\mathbf{x}) \to \min,\ f_i(\mathbf{x}) \leq 0,\ i = 1, 2, \ldots, m,\ \mathbf{x} \in \mathbb{R}^n$ G zulässiges Gebiet (Nebenbedingungen erfüllt) $\dot{G} \neq \emptyset$ (nichtleere) Menge der inneren Punkte von G Gleichungs-Nebenbedingungen nicht erlaubt
Barrierefunktion:	$b(\mathbf{x})$ stetig in $\dot{G}$ $b(\mathbf{x}) \to \infty$ bei Annäherung an den Rand von G (∂G)
Beispiele:	(a) $b(\mathbf{x}) = -\sum\limits_{i=1}^{m} \ln(-f_i(\mathbf{x}))$ (b) $b(\mathbf{x}) = -\sum\limits_{i=1}^{m} \frac{1}{f_i(\mathbf{x})}$
modifizierte NLOA:	$\hat{z} = F(\mathbf{x}) + \frac{1}{\varrho} b(\mathbf{x}) \to \min$ auf $\dot{G},\ \varrho > 0$, keine Nebenbedingungen

Ablauf der Methode der Barrierefunktionen:
1. Start: $\varrho_1 > 0,\ k = 1,\ \varepsilon > 0,\ \beta > 1$
   passende Wahl der Barrierefunktion $b(\mathbf{x})$ zur Ausgangs-NLOA.
2. Löse NLOA: $z_k = F_k(\mathbf{x}) = F(\mathbf{x}) + \frac{1}{\varrho_k} b(\mathbf{x}),\ \mathbf{x} \in \dot{G}$.
3. Falls $\frac{1}{\varrho_k} b(\mathbf{x}) \geq \varepsilon$ setze $\varrho_{k+1} = \beta \varrho_k$, erhöhe k um 1, gehe zu 2.
   andernfalls Ende: optimale Lösung ist Näherungslösung der Ausgangsaufgabe.

Unbeschränkte nichtlineare Optimierung - Globale Optimierung

Im Allgemeinen ermitteln die Verfahren der nichtlinearen Optimierung nur lokale Extremstellen. Globalisierung kann durch spezielle Techniken erreicht werden, z.B. durch die Trust-Region-Technik (trust region - Vertrauensbereich): Ersatz der Zielfunktion durch eine quadratische (oder eine andere passende einfachere) Funktion und deren Optimierung; die (Ersatz-)Minimalstelle ist nur dann zulässig, wenn der Vertrauensbereich nicht verlassen wird; andernfalls wird der Vertrauensbereich verkleinert und eine neue quadratische Ersatzfunktion bestimmt. Der Vertrauensbereich kann zwar ein Kugelbereich sein, jedoch wird häufig eine Transformation mit einer Skalierungsmatrix (oft Diagonalmatrix) benutzt.

Trust-Region-Verfahren

Aufgabenstellung Minimierungsproblem: $f(\mathbf{x}) \to \min,\ \mathbf{x} \in \mathbb{R}^n$
Vorgaben:
- Startpunkt $\mathbf{x}^0 = (x_1^0, x_2^0, \ldots, x_n^0)$
- Startumgebung/Start-trust-region T_0
- Vorschrift für (punktweise) Approximation der Zielfunktion f durch einfachere Funktion φ
- Verkleinerungsvorschrift für Folge der trust regions (Suchumgebungen T_k)

Funktionsweise des Verfahrens:
Ersatz des primären Minimierungsproblems $f(\mathbf{x}) \to \min$ in Gebiet T_k (trust region) durch ein sekundäres Minimierungsproblem $\varphi(\mathbf{s}) \to \min, \mathbf{s} \in T_k$ zwecks Ermittlung von Schrittweiten und Suchbereichen.

Schrittfolge:
1. Start: $k = 0$, Startpunkt $\mathbf{x}_0$, Startregion T_0, Schranke ε.
2. Ermittlung des Schrittes $\mathbf{s}$ aus dem Ersatzproblem $\varphi(\mathbf{s}) \to \min, \mathbf{s} \in T_k$.
3. Falls $f(\mathbf{x}_k + \mathbf{s}) \leq f(\mathbf{x}_k) \longrightarrow \mathbf{x}_{k+1} = \mathbf{x}_k + \mathbf{s},\ T_{k+1} = T_k$, erhöhe k um 1 und gehe zu 2.
   andernfalls $\longrightarrow$ Verkleinerung von $T_k \to T_{k+1}$, erhöhe k um 1 und gehe zu 4.
4. Falls $T_k \geq \varepsilon$ gehe zu 2., andernfalls Ende: $\mathbf{x}$ ist Näherung der Minimalstelle der ursprünglichen Zielfunktion.

Wichtig sind: geeignete Wahl der Ersatzfunktion und der Gestalt des Vertrauensbereiches. Deshalb ist "trust region" ein Prinzip, aus dem sich zahlreiche Varianten ableiten lassen.

Sonderfall des trust-region-Verfahrens:
$\varphi(\mathbf{x})$ ist Taylor-Approximation 2. Ordnung (quadratische Approximation)
g Gradient (erste Ableitungen) von f
H Hessesche Matrix (zweite Ableitungen) von f
Vorgaben:
- Startpunkt $\mathbf{x}^0 = (x_1^0, x_2^0, \ldots, x_n^0)$
- Skalierungsmatrix **D**, trust-region-Radius Δ_0
- Verkleinerungsvorschrift für Δ

Ersatzproblem: $\frac{1}{2}\mathbf{s}^\top \mathbf{H}\mathbf{s} + \mathbf{s}^\top \mathbf{g} \to \min$, mit $||\mathbf{D}\mathbf{s}||_2 \leq \Delta$

Nichtlineares Kleinst-Quadrat-Problem (nonlinear least square)

Darstellung des nichtlinearen Kleinst-Quadrat-Problems

$\mathbf{y} = \mathbf{f}(\mathbf{x})$	vektorwertige Funktion: $\mathbf{x} \in \mathbb{R}^n, \mathbf{y} \in \mathbb{R}^m$
$\|\|.\|\|_2$	Euklidische Norm in $\mathbb{R}^m$ ⊳⊳ S.10
$\mathbf{x} : \min(\|\|\mathbf{f}(\mathbf{x})\|\|_2^2 : \mathbf{x} \in \mathbb{R}^n)$	nichtlineares Kleinst-Quadrat-Problem (lineares Kleinst-Quadrat-Problem siehe ⊳⊳ S.18)
$\mathbf{J}(\mathbf{x})$	Jacobische Matrix von **f**: $\left(\frac{\partial f_k}{\partial x_l}\right)$; $k = 1, \ldots, m$, $l = 1, \ldots, n$
$r(\mathbf{x}) = \frac{1}{2}\|\|\mathbf{f}(\mathbf{x})\|\|_2^2$	
$\operatorname{grad} r = \nabla r = \mathbf{J}^\top \mathbf{f}$	Gradient von r
$\mathbf{H}(r) = \nabla^2 r = \mathbf{J}^\top \mathbf{J} + \mathbf{f} \cdot \nabla^2 \mathbf{f}$	Hessesche Matrix von r

Das nichtlineare Kleinst-Quadrat-Problem ist in der Ausgleichsrechnung (data fitting) anzutreffen: $f_k(\mathbf{x}) = g(\mathbf{x}, \alpha_k) - b_k$, $k = 1, \ldots, m$. Gesucht sind die optimalen Werte der Parameter α_k zur Festlegung einer Funktion g aus einer Schar.

Ausgleichsrechnung - eindimensionaler Fall

$(x_1, y_1), \ldots, (x_n, y_n)$ Messreihe
Aufgabe: gesucht Funktion $y = f(x)$, die "bestmöglich auf die Messreihe passt"
Vorgabe einer Funktionenschar $g(x, \alpha_1, \ldots, \alpha_r)$ mit Parametern α_k, $k = 1,\ldots, r$
Kleinst-Quadrat-Problem/Minimierungsaufgabe:

$$Q(\alpha_1, \ldots, \alpha_r) = \frac{1}{2} \sum_{j=1}^{n} [g(x_j, \alpha_1, \ldots, \alpha_r) - y_j]^2 \to \min$$

Normalengleichungen:

$$\frac{\partial Q}{\partial \alpha_1} = \sum_{j=1}^{n} [g(x_j, \alpha_1, \ldots, \alpha_r) - y_j] \frac{\partial g}{\partial \alpha_1} = 0$$

$$\ldots\ldots\ldots\ldots\ldots\ldots \qquad \text{nichtlineares Gleichungssystem}$$

$$\frac{\partial Q}{\partial \alpha_r} = \sum_{j=1}^{n} [g(x_j, \alpha_1, \ldots, \alpha_r) - y_j] \frac{\partial g}{\partial \alpha_r} = 0$$

Spezialfälle

$y = g(x, \alpha, \beta) = \alpha x + \beta$	lineare Ausgleichsrechnung Normalengleichungen: lineares Gleichungssystem Lösung: $\widehat{\alpha} = \dfrac{\overline{xy} - \overline{x}\,\overline{y}}{\overline{x^2} - (\overline{x})^2}$, $\widehat{\beta} = \overline{y} - \widehat{\alpha}\overline{x}$
$y = g(x, \alpha_0, \ldots, \alpha_r) =$ $\alpha_r x^r + \alpha_{r-1}x^{r-1} + \ldots + \alpha_0$	polynomiale Ausgleichungsrechnung Normalengleichungen: lineares Gleichungssystem
$y = g(x, \alpha, \beta) = \beta e^{\alpha x}$	exponentielles Modell Transformation auf linearen Fall: $\ln y = \alpha x + \ln \beta$
$H(y) = G(x, \alpha, \beta)$	falls Transformation auf linearen Fall ggf. Variablensubstitution

Die lineare Ausgleichsrechnung findet auch ihr Gegenstück in der mathematischen Statistik → lineare Regression (inkl. linearer Korrelationskoeffizient).

Ausgleichsrechnung - mehrdimensional / Gauß-Newton-Verfahren
Ersatz der Zielfunktion durch eine lineare Ersatzfunktion und Lösung eines linearen Ausgleichsmodells: $L_i(\mathbf{x} = f(\mathbf{x}_i) + \mathbf{J}^\top(\mathbf{x}_i)(\mathbf{x} - \mathbf{x}_i)$, $L_i(\mathbf{x})^\top L_i(\mathbf{x}) \to \min$.

$\mathbf{s}_i$ so wählen, dass	Suchrichtung
$\left[\mathbf{J}(\mathbf{x}_i)^\top \mathbf{J}(\mathbf{x}_i)\right]\mathbf{s}_i = -\mathbf{J}(\mathbf{x}_i)^\top \mathbf{f}(\mathbf{x}_i)$	lineares Gleichungssystem lösen

Levenberg-Marquardt-Verfahren
Trust-region-Modifizierung des Gauß-Newton-Verfahrens

$\Delta_i > 0$	trust-region-Radius
$\mathbf{D}_i$	Skalierungsmatrix
s so wählen, dass $\min(\frac{1}{2}\|\|\mathbf{J}(\mathbf{x}_i)\mathbf{s} + \mathbf{f}(\mathbf{x}_i)\|\|_2^2 : \|\|\mathbf{D}_i\mathbf{s}\|\|_2 \leq \Delta_i)$	(Levenberg-Marquardt-)Schrittweite

Ablauf:

1. Start mit Punkt $\mathbf{x}_0$, Radius Δ_0, Skalierungsmatrix $\mathbf{D}_0$, i=0
   $\varepsilon > 0$ Testschranke.
2. Ermittle $\mathbf{s}_i$ aus: $\min(\frac{1}{2}||\mathbf{J}(\mathbf{x}_i)\mathbf{s} + \mathbf{f}(\mathbf{x}_i)||_2^2 : ||\mathbf{D}_i\mathbf{s}||_2 \leq \Delta_i)$
   (die genannte Minimierungsaufgabe ist gleichbedeutend mit der Lösung des nichtlinearen Gleichungssystems (Normalengleichungen)
   $\left(\mathbf{J}(\mathbf{x}_i)^\top \mathbf{J}(\mathbf{x}_i) + \lambda_i \mathbf{D}_i^\top \mathbf{D}_i\right)\mathbf{s}_i = -\mathbf{J}(\mathbf{x}_i)^\top \mathbf{f}(\mathbf{x}_i)$, $\lambda_i \geq 0$
   falls $||\mathbf{D}_i\mathbf{s}_i||_2 \leq \Delta_i$, dann $\lambda_i = 0$
   andernfalls λ_i so wählen, dass $\sqrt{\lambda_i}||\mathbf{D}_i\mathbf{s}_i||_2 = \Delta_i$).
3. Falls $\varrho_i = \dfrac{r(\mathbf{x}_i) - r(\mathbf{x}_i + \mathbf{s}_i)}{r(\mathbf{x}_i - \frac{1}{2}||\mathbf{J}(\mathbf{x}_i)\mathbf{s}_i + \mathbf{f}(\mathbf{x}_i)||_2^2} \leq \varepsilon$, gehe zu 4., ansonsten gehe zu 5.
4. Verkleinere den Radius Δ_i, gehe zu 2.
5. Falls $\varrho \approx 1$, vergrößere den Radius Δ_i, gehe zu 2., ansonsten gehe zu 6.
6. Erhöhe i um 1, $\mathbf{x}_i = \mathbf{x}_{i-1} + \mathbf{s}_{i-1}$, gehe zu 2.

Abbruch des Verfahrens: ausreichend viele Schritte oder Schrittweite stabil klein.

Optimale Standortbestimmung

Einführung

Für eine Anzahl von (Produktions-)Standorten mit gegebener (geographischer) Lage, gegebener Art der Entfernungsmessung und gegebenen Aufkommen (Intensitäten, Gewichte) ist ein (oder mehrere) (Lager-)Standort so zu bestimmen, dass der Gesamt-Transportaufwand minimal wird.

Entfernungsmaße

auf der Geraden $\mathbb{R}^1$:		$d_{ij}^1 = \|x_i - x_j\|$
in der Ebene $\mathbb{R}^2$:		
L_p-Metrik, $p \geq 1$		$d_{ij}^p = \{\|x_i - x_j\|^p + \|y_i - y_j\|^p\}^{\frac{1}{p}}$
$p = 2$: L_2-Metrik	geradlinig/euklidisch	$d_{ij}^2 = \sqrt{(x_i - x_j)^2 + (y_i - y_j)^2}$
$p = 1$: L_1-Metrik	rechtwinklig/Manhattan	$d_{ij}^1 = \|x_i - x_j\| + \|y_i - y_j\|$

Die L_p-Metriken des $\mathbb{R}^2$ sind analog im n-dimensionalen Raum $\mathbb{R}^n$ verwendbar.

Optimaler Standort

(Produktions-)Standorte	$P_1, \ldots, P_n$
(Lager-)Standort	L
Entfernungsmaß	$d(P, L)$
Aufkommen/Gewicht von P_k	m_k
Zielfunktion (Transportaufwand)	$T(L) = \sum_{k=1}^{n} m_k d(P_k, L) \to \min \to L_{\text{opt}}$

Optimale Standortbestimmung in $\mathbb{R}^1$

n Standorte	- $P_1(x_1), P_2(x_2), \ldots, P_n(x_n)$
Gewichte der Standorte	- $m_1, m_2, \ldots, m_n$
optimaler Standort	- $P_S(x_S)$ so wählen, dass Summe der gewichteten Entfernungen zu allen Standorten minimal ist: $d(x_S) = \sum_{k=1}^{n} m_k \|x_k - x_S\| \to \min$ $d(x)$ ist eine stückweise lineare konvexe Funktion, deren Minimum in einer Knickstelle liegt oder Punktmenge eines horizontalen Geradenstücks ist

Verfahren zur Lösung der Standortaufgabe:

1. Anordnung der x-Koordinaten der Standorte nach der Größe: $x_{i_1} < \ldots < x_{i_n}$.
2. Falls $m_{j_1} > \frac{1}{2} \sum_{k=1}^{n} m_k$, dann $x_S = x_{j_1}$,

   falls $m_{j_1} = \frac{1}{2} \sum_{k=1}^{n} m_k$, dann $[x_{j_1}, x_{j_2}]$ optimal, andernfalls 3.

3. Bestimmung einer Trennung N, so dass $\sum_{k=1}^{N-1} m_{j_k} < \frac{1}{2}\sum_{k=1}^{n} m_k$ und $\sum_{k=1}^{N} m_{j_k} \geq \frac{1}{2}\sum_{k=1}^{n} m_k$ (Median).
4. Falls in 3. das Gleichheitszeichen nicht gilt, dann $x_S = x_{j_N}$ (Einzelpunkt), andernfalls sind alle Punkte in $[x_{j_N}, x_{j_{N+1}}]$ optimale Standorte.

Optimale Standortbestimmung in $\mathbb{R}^2$

Bei der optimalen Standortbestimmung in $\mathbb{R}^2$ ist die Wahl des Entfernungsmaßes optional. Die Metrik L_2 (euklidisch) wird dann gewählt, wenn die Verbindungen zwischen allen Orten geradlinig sein dürfen. Die Metrik L_1 (Manhattan) wird dann gewählt, wenn die Verbindungen zwischen den Orten nur auf einem orthogonalen Gitter verlaufen dürfen. Es gibt Untersuchungen zur geeigneten Wahl eines p (offensichtlich ist: $1 \leq p \leq 2$) zwecks Anpassung an die reale Welt, denn weder das euklidische noch das Manhattan-Entfernungsmaß sind topografisch real.

Euklidische Entfernungsmessung

n Standorte	-	$P_1(x_1, y_1), P_2(x_2, y_2), \ldots, P_n(x_n, y_n)$
Gewichte der Standorte	-	$m_1, m_2, \ldots, m_n$
optimaler Standort	-	$P_S(x_S, y_S)$, so dass Summe der gewichteten Entfernungen zu allen Standorten minimal ist: $d(x_S, y_S) = \sum_{k=1}^{n} m_k \sqrt{(x_k - x_S)^2 + (y_k - y_S)^2} \to \min.$

Näherungsverfahren zur Lösung der Standortaufgabe:

1. Start: nullte Näherung (Schwerpunkt): $x_S^0 = \frac{1}{n}\sum_{k=1}^{n} m_k x_k,\ y_S^0 = \frac{1}{n}\sum_{k=1}^{n} m_k y_k.$
2. Iteration: $r = 0, 1, \ldots$

$$x_S^{r+1} = \frac{\sum_{k=1}^{n} \frac{m_k x_k}{\sqrt{(x_k - x_S^r)^2 + (y_k - y_S^r)^2}}}{\sum_{k=1}^{n} \frac{m_k}{\sqrt{(x_k - x_S^r)^2 + (y_k - y_S^r)^2}}} \qquad y_S^{r+1} = \frac{\sum_{k=1}^{n} \frac{m_k y_k}{\sqrt{(x_k - x_S^r)^2 + (y_k - y_S^r)^2}}}{\sum_{k=1}^{n} \frac{m_k}{\sqrt{(x_k - x_S^r)^2 + (y_k - y_S^r)^2}}}.$$

3. Abbruch der Iteration, wenn Distanz zweier Iterationspunkte klein genug ist, d.h. $\sqrt{(x_S^r - x_S^{r+1})^2 + (y_S^r - y_S^{r+1})^2} < \varepsilon$ für vorgegebene Schranke $\varepsilon > 0$.

Anstelle der Schwerpunktkoordinaten als Start können auch andere Vorgaben verwendet werden. Falls der optimale Standort mit einem der vorgegebenen Standorte zusammenfällt, muss das Näherungsverfahren abgeändert werden: die Nenner dürfen nicht Null werden; zur Behebung dieser Gefahr wird eine kleine positive Korrektur δ eingefügt.

Modifiziertes Näherungsverfahren zur Lösung der Standortaufgabe:

0. Vorgabe von $\delta > 0$
1. Start: nullte Näherung (Schwerpunkt): $x_S^0 = \frac{1}{n}\sum_{k=1}^{n} m_k x_k,\ y_S^0 = \frac{1}{n}\sum_{k=1}^{n} m_k y_k.$
2. Iteration: $r = 0, 1, \ldots$

$$x_S^{r+1} = \frac{\sum\limits_{k=1}^{n} \frac{m_k x_k}{\sqrt{(x_k - x_S^r)^2 + (y_k - y_S^r)^2 + \delta}}}{\sum\limits_{k=1}^{n} \frac{m_k}{\sqrt{(x_k - x_S^r)^2 + (y_k - y_S^r)^2 + \delta}}} \qquad y_S^{r+1} = \frac{\sum\limits_{k=1}^{n} \frac{m_k y_k}{\sqrt{(x_k - x_S^r)^2 + (y_k - y_S^r)^2 + \delta}}}{\sum\limits_{k=1}^{n} \frac{m_k}{\sqrt{(x_k - x_S^r)^2 + (y_k - y_S^r)^2 + \delta}}}.$$

3. Abbruch der Iteration, wenn Distanz zweier Iterationspunkte klein genug ist, d.h. $\sqrt{(x_S^r - x_S^{r+1})^2 + (y_S^r - y_S^{r+1})^2} < \varepsilon$ für vorgegebene Schranke $\varepsilon > 0$.

Optimale Standortbestimmung mit Manhattan-Entfernungsmaß

n Standorte	-	$P_1(x_1, y_1), P_2(x_2, y_2), \ldots, P_n(x_n, y_n)$
Gewichte der Standorte	-	$m_1, m_2, \ldots, m_n$
optimaler Standort	-	$P_S(x_S, y_S)$, so dass Summe der gewichteten Entfernungen zu allen Standorten minimal ist: $d(x_S, y_S) = \sum_{k=1}^{n} m_k(\lvert x_k - x_S\rvert + \lvert y_k - y_S\rvert) \to \min$

Verfahren zur Lösung der Standortaufgabe:
d zerfällt in zwei unabhängige Anteile: $\min d(x_S, y_S) = \min d_x(x_S) + \min d_y(y_S)$
beide Anteile sind wie optimale Standortaufgaben im $\mathbb{R}^1$ behandelbar ▷▷ S.124

Mehrere optimale Standorte

n (Produktions-)Standorte	$P_1(u_1, v_1), \ldots, P_n(u_n, v_n)$
p (Lager-)Standorte	$L_1(x_1, y_1), \ldots, L_p(x_p, y_p)$
Entfernungsmaß	$d(P_j, L_k)$ bzw. $d(L_k, L_l)$
Aufkommen/Gewicht zwischen L_k und P_j	m_{kj}
Austausch zwischen den Lagern L_k und L_l	s_{kl}

Optimierungsproblem:

$$T(L) = \sum_{k=1}^{p}\sum_{j=1}^{n} m_{kj} d(P_j, L_k) + \sum_{k=1}^{p-1}\sum_{l=k+1}^{p} s_{kl} d(L_k, L_l) \to \min$$

Optimierung für mehrere Standorte bei euklidischer Entfernungsmessung

Iterationsverfahren ($\delta > 0$ vermeidet Abbruch wegen Übereinstimmung von Iteration und Standort):

1. Startpositionen: $x_k^0, y_k^0,\ k = 1, \ldots, p$
2. Iteration: $r = 1, 2, \ldots$

$$x_k^r = \frac{\sum\limits_{l=1, l\neq k}^{p} \frac{s_{kl} x_l^{r-1}}{\sqrt{(x_k^{r-1} - x_l^{r-1})^2 + (y_k^{r-1} - y_l^{r-1})^2 + \delta}} + \sum\limits_{j=1}^{n} \frac{m_{kj} u_j}{\sqrt{(x_k^{r-1} - u_j)^2 + (y_k^{-1} - v_j)^2 + \delta}}}{\sum\limits_{l=1, l\neq k}^{p} \frac{s_{kl}}{\sqrt{(x_k^{r-1} - x_l^{r-1})^2 + (y_k^{r-1} - y_l^{r-1})^2 + \delta}} + \sum\limits_{j=1}^{n} \frac{m_{kj}}{\sqrt{(x_k^{r-1} - u_j)^2 + (y_k^{r-1} - v_j)^2 + \delta}}}$$

Fortsetzung von voriger Seite:

$$y_k^r = \frac{\displaystyle\sum_{l=1, l\neq k}^{p} \frac{s_{kl} y_l^{r-1}}{\sqrt{(x_k^{r-1}-x_l^{r-1})^2+(y_k^{r-1}-y_l^{r-1})^2+\delta}} + \sum_{j=1}^{n} \frac{m_{kj} u_j}{\sqrt{(x_k^{r-1}-u_j)^2+(y_k^{-1}-v_j)^2+\delta}}}{\displaystyle\sum_{l=1, l\neq k}^{p} \frac{s_{kl}}{\sqrt{(x_k^{r-1}-x_l^{r-1})^2+(y_k^{r-1}-y_l^{r-1})^2+\delta}} + \sum_{j=1}^{n} \frac{m_{kj}}{\sqrt{(x_k^{r-1}-u_j)^2+(y_k^{r-1}-v_j)^2+\delta}}}$$

3. Abbruch der Iteration, wenn Distanz der Iterationspunkte für alle Standorte $k = 1, \ldots, p$ klein genug ist, d.h. $\sqrt{(x_k^r - x_k^{r+1})^2 + (y_k^r - y_k^{r+1})^2} < \varepsilon$ für eine vorgegebene Schranke $\varepsilon > 0$ bzw. eine maximale Anzahl von Iterationen (Konvergenz des Verfahrens nicht sicher!).

Minimale Streckennetze

Steiner-Problem in $\mathbb{R}^2$ auf der Grundlage des Euklidischen Entfernungsmaßes

n Standorte $P_1(x_1, y_1), P_2(x_2, y_2), \ldots, P_n(x_n, y_n)$
Problem: Es ist ein Streckennetz zu konstruieren, welches alle Standorte verbindet und minimale Gesamtlänge hat.

Es sind in diesem Streckennetz zusätzliche Verzweigungspunkte (Steiner-Punkte) einzufügen.

Eigenschaften des optimalen Streckennetzes

1. Das Streckennetz enthält (graphentheoretisch gesehen) keinen Kreis.
2. Die Anzahl der Verzweigungspunkte ist maximal $n - 2$.
3. Die Verzweigungspunkte haben (graphentheoretisch als Knoten gesehen) den Grad 3.
4. Zwei beliebige Strecken treffen sich unter einem Winkel von mindestens 120°.
5. Die in einem Verzweigungspunkt eintreffenden Strecken schließen Winkel zu jeweils 120° ein.
6. Treffen sich zwei Strecken unter einem Winkel größer als 120°, dann ist der Verbindungspunkt ein Standort $P(x_k, y_k)$.

Diese Eigenschaften sichern eine endliche Anzahl von Steiner-Punkten und damit eine endliche Anzahl von (zumindest suboptimalen) Streckennetzen, die diese Eigenschaften erfüllen; darunter befindet sich auch ein optimales Streckennetz. Die Konstruktion solcher Streckennetze ist offenbar eine geometrische Aufgabe.

Zentren von Graphen

Auch die Festlegung eines Zentrums in einem Graphen (⊳⊳ S.28) ist optimale Standortbestimmung: der längste Weg von einem Knoten (bzw. von einem Kantenpunkt) zu allen anderen Knoten soll möglichst kurz sein (bzw. der größte Transportaufwand soll möglichst klein sein). Dies wird betrachtet für zusammenhängende, ungerichtete

Graphen bzw. gerichtete Graphen (Digraphen) mit positiver Kantenbewertung (Entfernungen); eine positive Knotenbewertung (Gewichte der Knoten) ist ggf. zugelassen bzw. im Interesse der praktischen Anwendungen sogar erwünscht.

Das Zentrum eines Graphen ist, in den Worten der mathematischen Statistik, hinsichtlich der Entfernungen/Bewertungen der Median.

Zentrum im ungerichteten Graphen

V	Knotenmenge des Graphen
$d_{ij} > 0$	(symmetrische) Entfernungsmatrix
$b_j > 0$	Knotenbewertung
$r(i^*) = \min_{i\in V} \max_{j\in V} d_{ij} b_j$	i^* Zentrum, $r(i^*)$ Knoten-Radius des Graphen (Minimax-Prinzip)

Verfahren zur Bestimmung des Zentrums:

1. Mit Hilfe eines Verfahrens zur Bestimmung kürzester Wege in einem Graphen wird für jeden Knoten derjenige Knoten ermittelt, der den größten Abstand hat : $r(k, w(k)) = \max_{l} r(k, l)$, $k = 1, 2, \ldots, n$.
2. Anschließend ist der kleinste dieser Abstände zu ermitteln; der betreffende Startknoten k^* ist dann das Zentrum des Graphen: $r(k^*, w(k^*)) = \min_{k} r(k, w(k))$.

Zentrum im gerichteten Graphen

V	Knotenmenge des Graphen
$d_{ij} > 0, b_j > 0$	Entfernungsmatrix und Knotenbewertung
$r_O(i_O) = \min_{i\in V} \max_{j\in V} d_{ij} b_j$	i_O Out-Zentrum (für Transporte aus dem Zentrum heraus)
$r_I(i_I) = \min_{i\in V} \max_{j\in V} d_{ji} b_j$	i_I In-Zentrum (für Transporte zum Zentrum hin)
$r(i^*) = \min_{i\in V} \max_{j\in V} (d_{ij} + d_{ji})\, b_j$	i^* Zentrum des Graphen

Absolutes Zentrum im ungerichteten Graphen

V	Knotenmenge des Graphen
h, k	Endknoten einer Kante
$0 \leq q \leq 1$	Skala Q der Punkte auf der Kante [h,k]
$[h, k, q]$	Punkt auf Kante $[h, k]$ mit dem Skalenwert q
$d([h, k, q], j) = \min(q d_{hk} + d_{hi}, (1 - q) d_{hk} + d_{kj})$	kleinster Aufwand zwischen Punkt q auf Kante $[h, k]$ und Knoten j
$r(q^*) = \min_{q\in Q} \max_{j\in V} d([h, k, q], j)\, b_j$	q^* absolutes Zentrum, $r(q^*)$ absoluter Radius

Analog kann das absolute Zentrum im Digraphen erklärt werden: hierfür ist neben $d([h, k, q], j)$ zusätzlich $d(j, [h, k, q])$ einzuführen.

Entscheidungstheorie und Spieltheorie

Grundbegriffe und Symbole

Entscheidung	Wahl einer Aktion (Operation, Handlung) so, dass eine Zielfunktion (oder mehrere) minimiert (Verluste, Kosten) oder maximiert (Gewinne) wird.
Zustandsmenge/-vektor	$X = \{x_1, \ldots, x_m\}$
Aktionenmenge/-vektor	$A = \{a_1, \ldots, a_n\}$
Kostenmatrix/Ergebnismatrix	Aktion a_j führe zum Zustand x_i mit dem Ergebnis $k_{ij} \in \mathbf{R}$, $K = (k_{ij})$ (Bewertung der Aktion).
Entscheidung mit Risiko	Für jede Aktion a_j sind die Wahrscheinlichkeiten (bzw. deren statistische Schätzungen), mit denen die Zustände $x_1, ..., x_m$ erreicht werden, bekannt; die Kosten k_{ij} sind Zufallsgrößen.
Entscheidung mit Sicherheit	Spezialfall der Entscheidung mit Risiko: Aktion a_j führt mit Wahrscheinlichkeit 1 nur zu einem Zustand x_i.
Entscheidung mit Ungewissheit	Wahrscheinlichkeiten, mit denen die Aktionen zu bestimmten Zuständen führen, sind nicht bekannt.

Präferenzen

Anordnung der Aktionen vor der Entscheidung auf der Grundlage der Ergebnismatrix mit Hilfe einer Präferenzrelation.

Präferenzrelation	- Relation zwischen je zwei Aktionen der Aktionenmenge: Aktion a_k ist gegenüber Aktion a_i präferiert (bevorzugt) $\to$ Symbol: $a_i \precsim a_k$ bzw. im starken Sinne: $a_i \prec a_k$ Aktion a_i ist gegenüber Aktion a_k indifferent (gleichwertig) $\to$ Symbol: $a_i \sim a_k$.

Präferenzrelation als Ordnungsrelation

Es ist im Interesse der Entscheidungsfindung anzustreben, dass die Präferenzrelation eine Ordnungsrelation (im Sinne der nachfolgenden Eigenschaften) ist.

Reflexivität	- Für alle $a_i \in A$ gilt: $a_i \precsim a_i$.
Antisymmetrie	- Aus $a_i \precsim a_k$ und $a_k \precsim a_i$ folgt: $a_i \sim a_k$.
Transitivität	- Aus $a_i \precsim a_k$ und $a_k \precsim a_l$ folgt: $a_i \precsim a_l$. Die Aktionenmenge A ist dann eine geordnete Menge.

totale Ordnung	-	Für beliebige verschiedene $a_i, a_k \in A$ ist entweder $a_i \precsim a_k$ oder $a_k \precsim a_i$. Die Aktionenmenge A ist dann (hinsichtlich der Präferenzen) eine total geordnete Menge, eine Präferenzordnung.
Bewertungsfunktion	-	Existiert, wenn eine Präferenzordnung vorliegt. Abbildung von A in $\mathbf{R}$: $a_i \to U(a_i)$ Es gilt: $a_i \precsim a_k \Longleftrightarrow U(a_i) \leq U(a_k)$ $a_i \prec a_k \Longleftrightarrow U(a_i) < U(a_k)$ $a_i \sim a_k \Longleftrightarrow U(a_i) = U(a_k)$.

In praktischen Situationen ist oft die Sicherung der Transitivität einer Präferenzrelation schwierig (gelegentlich muss eingeschätzt werden: Aktion 1 ist besser als Aktion 2 und Aktion 2 ist besser als Aktion 3, aber: Aktion 3 ist besser als Aktion 1!).

Entscheidungsproblem als Optimierungsaufgabe und als Modellierungsaufgabe

- Optimierung der Bewertungsfunktion über der Aktionenmenge: Bestimmung einer "bestmöglichen" Aktion.
  $\min U(a), a \in A$ oder $\max U(a), a \in A$.
- Aber vorher: Auswahl einer geeigneten Präferenzrelation sowie Konstruktion einer zur Präferenzrelation passenden Bewertungsfunktion über der Aktionenmenge (die schwierigere Aufgabe!).
- Entscheidungsregel: Vorschrift für die Bestimmung der "bestmöglichen" Aktion auf der Grundlage einer Präferenzrelation und einer zugehörigen Bewertungsfunktion.

Entscheidungsbäume

Methode zur Bearbeitung mehrstufiger oder dynamischer Entscheidungsprobleme. Teilmengen zulässiger Lösungen, die die optimale Lösung nicht enthalten können, werden ausgesondert; damit wird der (oft sehr reichhaltige) zulässige Bereich eingeschränkt.

Ablauf einer Entscheidungsbaumanalyse

1. Feststellung der Möglichkeit der Baumdarstellung für ein Entscheidungsproblem (z.B. gegeben bei Enumeration ▷▷S.64, Branch-and-Bound ▷▷S.64, Dynamischer Optimierung ▷▷S.??).
2. Start mit ersten Stufen (Wurzel und Äste).
3. Paralleler Vergleich der zulässigen Teillösungen auf jeder Stufe mit dem Ziel, günstige Äste weiter zu verfolgen und ungünstige Äste abzuschneiden/auszusondern.
4. Nur der günstigste Ast (oder wenige günstige Äste) wird bis zur letzten Verästelung erfasst.

Entscheidungsregeln

Entscheidungsregeln berücksichtigen verschiedene Arten von Risikobereitschaft und Ungewissheit auf der Grundlage einer Bewertungsfunktion.

Dominanzprinzip

Es dient der Festlegung der Präferenzrelation für ein Aktionenpaar.

Auswertung der Ergebnismatrix K:
Wenn für die Spaltenvektoren j und k elementweise gilt: $k_{ij} \leq k_{ik}$ für alle Zeilen $i = 1, \ldots, m$, dann dominiert die Aktion a_k die Aktion a_j und es wird die Präferenz gesetzt: $a_j \precsim a_k$.
Wenn für die Spaltenvektoren j und k elementweise gilt: $k_{ij} \leq k_{ik}$ für alle Zeilen $i = 1, \ldots, m$ und für mindestens ein i sei $k_{ij} < k_{ik}$, dann dominiert die Aktion a_k die Aktion a_j stark und es wird die Präferenz gesetzt: $a_j \prec a_k$.

Für ein Aktionenpaar ist natürlich mit dem Dominanzprinzip keine Präferenz festlegbar, wenn der Spaltenvergleich auf die oben gezeigte Weise nicht möglich ist.

Die nachfolgenden Entscheidungsregeln gehen stets davon aus, dass die Maximierung des Ergebnisses der Entscheidung angestrebt wird. Wird hingegen die Minimierung des Ergebnisses beabsichtigt, so sind in den Angaben/Formeln die jeweiligen "Betrachtungsrichtungen" zu vertauschen, z.B. max und min, ebenso wie die Begriffspaare Gewinn und Verlust, pessimistisch und optimistisch, Risikofreude und Risikoaversion usw.

Entscheidungsregel bei Sicherheit

- Wahl der Bewertungsfunktion: $U(a_j) = k_j$
- Wahl der Präferenzrelation: $a_j \precsim a_k$ genau dann, wenn $k_j \leq k_k$
- optimale Aktion a_{opt}: $U(a_{\text{opt}}) = \min\limits_j U(a_j) = \min\limits_j k_j$

Laplace-Regel

- Wahl der Bewertungsfunktion: $U(a_j) = \sum\limits_i k_{ij}$
- Wahl der Präferenzrelation: $a_j \precsim a_k$ genau dann, wenn $\sum\limits_i k_{ij} \leq \sum\limits_i k_{ik}$
- optimale Aktion a_{opt}: $U(a_{\text{opt}}) = \min\limits_j U(a_j)$

Einschätzung: Regel orientiert sich am Mittelwert des Ergebnisses der jeweiligen Aktion.

Minimax-Regel / Wald-Regel

- Wahl der Bewertungsfunktion: $U(a_j) = \max\limits_i k_{ij}$
- Wahl der Präferenzrelation: $a_j \precsim a_k$ genau dann, wenn $\max\limits_i k_{ij} \leq \max\limits_i k_{ik}$
- optimale Aktion a_{opt}: $U(a_{\text{opt}}) = \min\limits_j U(a_j) = \min\limits_j \max\limits_i k_{ij}$

Einschätzung: "pessimistische" Regel, Orientierung am schlechtest möglichen Ergebnis einer Aktion - extrem risikoscheue Haltung. Keine Berücksichtigung von Zustandswahrscheinlichkeiten, daher verwendbar für Entscheidungen bei Ungewissheit.
Minimax-Regel $\Longleftrightarrow$ Maximin-Regel

Minimin-Regel

- Wahl der Bewertungsfunktion: $U(a_j) = \min\limits_i k_{ij}$
- Wahl der Präferenzrelation: $a_j \precsim a_k$ genau dann, wenn $\min\limits_i k_{ij} \leq \min\limits_i k_{ik}$
- optimale Aktion a_{opt}: $U(a_{\text{opt}}) = \min\limits_j U(a_j) = \min\limits_j \min\limits_i k_{ij}$

Einschätzung: "optimistische" Regel. Keine Berücksichtigung von Zustandswahrscheinlichkeiten, daher verwendbar für Entscheidungen bei Ungewissheit.
Minimin-Regel $\Longleftrightarrow$ Maximax-Regel

Hurwicz-Regel

- Wahl der Bewertungsfunktion: $U(a_j) = (1 - \lambda) \max\limits_i k_{ij} + \lambda \min\limits_i k_{ij}$
- Wahl der Präferenzrelation: $a_j \precsim a_k$ genau dann, wenn
$$(1 - \lambda) \max_i k_{ij} + \lambda \min_i k_{ij} \leq \max_i k_{ik} + \lambda \min_i k_{ik}, \quad 0 \leq \lambda \leq 1$$
λ Optimismusparameter
- optimale Aktion a_{opt}: $U(a_{\text{opt}}) = \min\limits_j U(a_j)$

Einschätzung: Mischung (und Kompromiss) aus Minimax- und Minimin-Regel, aus Optimismus und Pessimismus. Keine Berücksichtigung von Zustandswahrscheinlichkeiten, daher verwendbar für Entscheidungen bei Ungewissheit.

Savage-Niehans-Regel / Minimax-Regret-Regel

- Wahl der Bewertungsfunktion: $U(a_j) = \max\limits_i (k_{ij} - \min\limits_l k_{il})$
- Wahl der Präferenzrelation: $a_j \precsim a_k$ genau dann, wenn
$$\max_i (k_{ij} - \min_l k_{il}) \leq \max_i (k_{ik} - \min_l k_{il})$$
- optimale Aktion a_{opt}: $U(a_{\text{opt}}) = \min\limits_j U(a_j)$

Einschätzung: Regel des geringsten Bedauerns; Vermeidung von Ärger (den optimalen Wert verfehlt zu haben) und extremer Entscheidungen - spielt bei menschlichen Entscheidungen eine wesentliche Rolle. Einsatz bei Entscheidung mit Ungewissheit.
Bedauern $\Longleftrightarrow$ Frohlocken $\quad \max\limits_i (k_{ij} - \min\limits_l k_{il}) \Longleftrightarrow \max\limits_i (\max\limits_l k_{il} - k_{ij})$
(psychologisches Maß für Bedauern oder Ärger)
Analoges Zielkriterium in der multikriteriellen Optimierung ▷▷S.52:
die maximale Distanz einer Gesamtentscheidung von einzelnen optimalen Teilentscheidungen ist zu minimieren.

1.Modifikation: Anstelle maximaler Abweichung wird mittlere Abweichung verwendet.

- Wahl der Bewertungsfunktion: $U(a_j) = \sum_i (k_{ij} - \min_l k_{il})$
- Wahl der Präferenzrelation: $a_j \precsim a_k$ genau dann, wenn $\sum_i (k_{ij} - \min_l k_{il}) \leq \sum_i (k_{ik} - \min_l k_{il})$
- optimale Aktion a_{opt}: $U(a_{\text{opt}}) = \min_j U(a_j)$

Einschätzung: Die Modifikation enthält eine Glättung der Werte des Bedauerns.

2.Modifikation: Anstelle mittlerer Abweichung wird mittlere gewichtete (Wahrscheinlichkeiten p_i der Zustände oder deren Schätzungen als Gewichte) Abweichung verwendet.

- Wahl der Bewertungsfunktion: $U(a_j) = \sum_i p_i(k_{ij} - \min_l k_{il})$
- Wahl der Präferenzrelation: $a_j \precsim a_k$ genau dann, wenn $\sum_i p_i(k_{ij} - \min_l k_{il}) \leq \sum_i p_i(k_{ik} - \min_l k_{il})$
- optimale Aktion a_{opt}: $U(a_{\text{opt}}) = \min_j U(a_j)$

Einschätzung: Einsatz bei Entscheidung mit Risiko.

Maximum-Likelihood-Regel

- Wahl der Bewertungsfunktion: $U(a_j) = k_{i^*j}$
- Wahl der Präferenzrelation: $a_j \precsim a_k$ genau dann, wenn $k_{i^*j} \leq k_{i^*k}$ (p_i Zustandswahrscheinlichkeiten, $p_{i^*} = \max_i p_i$, i^* Zustand mit der maximalen Wahrscheinlichkeit)
- optimale Aktion a_{opt}: $U(a_{\text{opt}}) = \min_j U(a_j)$

Einschätzung: Regel orientiert sich an den Ergebnissen mit den höchsten Wahrscheinlichkeiten. Sehr grob.

Das Maximum-Likelihood-Prinzip ist eine sehr allgemein anwendbare Konstruktionsmethode für statistische Schätzungen von Verteilungsparametern. Maximales Likelihood heißt: unter vorgegebenen Verteilungsmodellen ist jenes das glaubwürdigste, welches ausgehend von einer Stichprobe maximale Wahrscheinlichkeit hat.

Bayes-Regel / μ-Regel

- Wahl der Bewertungsfunktion: $U(a_j) = \mu_j = \sum_i k_{ij}p_i$
- Wahl der Präferenzrelation: $a_j \precsim a_k$ genau dann, wenn $\mu_j \leq \mu_k$ (p_i Zustandswahrscheinlichkeiten)
- optimale Aktion a_{opt}: $U(a_{\text{opt}}) = \min_j U(a_j)$

Einschätzung: Erwartungswertprinzip: $U(a_j)$ "Erwartungswert der Spalte j" der Ergebnismatrix. Einsatz bei Entscheidung mit Risiko (z.B. stochastische Optimierung). Keine Einschränkung auf endliche bzw. diskrete Zustands- und Aktionenmengen.

(μ, σ)-Regel

- Wahl der Bewertungsfunktion: $U(a_j) = \mu_j + \lambda\sigma_j, \sigma_j = \sqrt{\sum_i (k_{ij} - \mu_j)^2 p_i}$
- Wahl der Präferenzrelation: $a_j \precsim a_k$ genau dann, wenn $\mu_j + \lambda\sigma_j \leq \mu_k + \lambda\sigma_k$ (p_i Zustandswahrscheinlichkeiten)
- optimale Aktion a_{opt}: $U(a_{\text{opt}}) = \min_j U(a_j)$

Einschätzung: Einsatz bei Entscheidung mit Risiko. Zusätzlich Berücksichtigung der "Standardabweichung der Spalte j" der Ergebnismatrix. $\lambda > 0$ bedeutet Risikoaversion; $\lambda < 0$ bedeutet Risikofreude. Keine Einschränkung auf endliche bzw. diskrete Zustands- und Aktionenmengen.

Hodges-Lehmann-Regel

- Wahl der Bewertungsfunktion: $U(a_j) = (1 - \lambda) \max_i k_{ij} + \lambda\mu_j, \ 0 \leq \lambda \leq 1$
- Wahl der Präferenzrelation: $a_j \precsim a_k$ genau dann, wenn $(1 - \lambda) \max_i k_{ij} + \lambda\mu_j \leq (1 - \lambda) \max_i k_{ik} + \lambda\mu_k$
- optimale Aktion a_{opt}: $U(a_{\text{opt}}) = \min_j U(a_j)$

Einschätzung: Mischung aus Minimax- und Bayes-Regel. Einsatz bei Entscheidung mit Risiko.

Statistische Entscheidungen

Statistische Entscheidungen werden in statistischen Testverfahren (Prüfverfahren) zur Überprüfung einer statistischen Hypothese (einer Behauptung, Aussage bzw. Festlegung zu einem Sachverhalt der Statistik/Stochastik) getroffen. Die Entscheidung fällt wie folgt: entweder die Hypothese wird abgelehnt/verworfen oder sie wird nicht abgelehnt. Nichtablehnung bedeutet nicht, dass die Hypothese wahr/richtig ist. Mit dem Stichprobenumfang, der Irrtumswahrscheinlichkeit (richtige Hypothese wird abgelehnt) und ggf. einer Alternativhypothese wird die Grenze zwischen den Ausgängen der Entscheidung präzisiert.

Ablauf eines statistischen Testverfahrens

1. Exakte Formulierung des statistischen Problems und Klärung der Herkunft der Daten (Stichprobe)
2. Festlegung einer Nullhypothese H_0 mit der Zielstellung, sie zu verwerfen
3. Festlegung einer Alternativhypothese H_A zur Unterstützung, in welche Richtung H_0 abgelehnt werden sollte
4. Wahl einer Irrtumswahrscheinlichkeit α
5. Wahl einer Teststatistik T (Stichprobenfunktion - Zufallsgröße), die die Hypothesen H_0 und H_A gut trennen kann; die Verteilung von T bei wahrer Hypothese H_0 ist festzulegen

6. Konstruktion eines kritischen Bereiches K im Wertebereich von T mit $P(T \in K | H_0 \text{ wahr}) = 1 - \alpha$; K enthält jene Werte von T, die am ehesten zur Ablehnung von H_0 führen, unter Berücksichtigung von H_A
7. Entnahme einer Stichprobe
8. Berechnung der Realisierung τ der Teststatistik T aus der Stichprobe
9. Entscheidungsregel: $\tau \in K$ bedeutet: H_0 verwerfen, H_A nicht verwerfen
   $\tau \notin K$ bedeutet: H_0 nicht verwerfen, H_A verwerfen

Zusätzlich kann auch die Wahrscheinlichkeit $P(T \notin K | H_A \text{ wahr}) = \beta$ (H_0 wird nicht abgelehnt, obwohl H_A richtig ist) betrachtet werden.

Die Literatur zur mathematischen Statistik enthält ein breites Spektrum an statistischen Testverfahren.

Entscheidungen in Konfliktsituationen - Spieltheorie

Die Spieltheorie ist die Theorie der mathematischen Modelle mit optimaler Entscheidungsfindung unter den Bedingungen von Konflikt- und Konkurrenzsituationen; sie beinhaltet die Analyse strategischer Entscheidungssituationen. Ein Konflikt entsteht, wenn die an der Lösung eines Problems beteiligten Partner (Spieler / Personen) unterschiedliche Ziele bzw. entgegengesetzte Interessen verfolgen. Den Spielern stehen bestimmte Handlungsweisen zur Verfolgung ihrer Ziele zur Verfügung, die mathematisch zu formulieren sind. Gegenstand der Spieltheorie sind nicht die reinen, durch die Wahrscheinlichkeitstheorie beschreibbaren Glücksspiele, sondern (strategische) Spiele, in denen die Partner auf den Ausgang teilweise oder vollständig Einfluss haben. Dabei soll gelten:

- Das Ergebnis eines Spiels ist abhängig von den Entscheidungen mehrerer Entscheidungsträger.
- Jeder Entscheidungsträger ist sich aller Spielregeln bewusst und geht davon aus, dass auch alle anderen Partner sich dieser Regeln bewusst sind.
- Jeder Entscheidungsträger berücksichtigt die beiden eben genannten Punkte bei seinen Entscheidungen.

Es besteht eine enge Verknüpfung zwischen Spieltheorie und Linearer Optimierung; deshalb sind spezielle Aufgaben der Spieltheorie mit Methoden der linearen Optimierung (▷▷ S.42) modellierbar und lösbar.

Bestandteile einer Konfliktsituation

- **Menge der Koalitionen**: Spielparteien, am Konflikt beteiligte Partner
- **Menge der Handlungsweisen einer Koalition**
- **Strategie**: zielgerichtete Auswahl und Kombination von Handlungsweisen einer Koalition zur Sicherung eines positiven Ausgangs des Konflikts
- **Bewertungen**: Gewinne bzw. Verluste in Abhängigkeit vom Spielverlauf und -ausgang
- **Spiel** (im Sinne der Spieltheorie): Gesamtheit aus Koalitionen, Handlungsweisen, Strategien sowie Bewertungen
  oder
  Gesamthandlung zur Lösung eines Konflikts

Klassifikation der Spiele

Klassifizierung nach:
- Anzahl der am Spiel beteiligten Partner
- Anzahl der Strategien: endlich oder unendlich (abzählbar oder überabzählbar)
- Einbeziehung von Verabredungen: Kooperation oder Nicht-Kooperation zwischen den Partnern

Wichtige Beispiele

- endliche Zwei-Personen-Nullsummenspiele/Matrixspiele/antagonistische Spiele
- unendliche Zwei-Personen-Nullsummenspiele
- n-Personen-Spiele, nicht-kooperativ, ggf. endlich oder unendlich
- n-Personen-Spiele, kooperativ, ggf. endlich oder unendlich

Nullsummenspiel: Gewinne und Verluste gleichen sich aus

Nicht-Nullsummenspiel: (Konstantsummenspiel)	kann durch Einführung eines fiktiven Spielers in ein Nullsummenspiel überführt werden
Spiel mit variabler Summe:	nicht nur Verteilungskonflikt um Gewinne und Verluste, sondern auch Kooperation

Allgemeines Optimalitätsprinzip in der Spieltheorie

Schaffung einer Gleichgewichtssituation / optimale Situation
→ alle Spieler sehen keine Veranlassung, die Gleichgewichtssituation zu verlassen bzw. nicht anzustreben
Bestimmung der Gleichgewichtssituation: optimale Strategie

Das Nash-Gleichgewicht als allgemeines Konzept

Die Gleichgewichtsstrategie jedes Spielers maximiert seinen (erwarteten) Gewinn, vorausgesetzt, dass alle am Spiel beteiligten Partner nach ihrer Gleichgewichtsstrategie spielen.

Zwei-Personen-Nullsummenspiele / m × n-Matrixspiele

m, n	- Anzahlen der Handlungsweisen/Entscheidungsmöglichkeiten der beiden Partner $P^{(1)}, P^{(2)}$
$H_1^{(1)}, \ldots, H_m^{(1)}$	- Handlungsweisen von $P^{(1)}$
$H_1^{(2)}, \ldots, H_n^{(2)}$	- Handlungsweisen von $P^{(2)}$
$\mathbf{A} = (a_{ij})$	- Auszahlungsmatrix/Gewinnmatrix/Spielmatrix: bei Wahl der Handlungsweise $H_i^{(1)}$ bzw. $H_j^{(2)}$ zahlt $P^{(2)}$ an $P^{(1)}$ den Betrag (Gewinn oder Verlust) a_{ij}
$\mathbf{x} = (x_1, \ldots, x_m)$	- Strategie von $P^{(1)}$: $0 \leq x_i \leq 1, x_1 + \ldots + x_m = 1$
$\mathbf{y} = (y_1, \ldots, y_n)$	- Strategie von $P^{(2)}$: $0 \leq y_j \leq 1, y_1 + \ldots + y_n = 1$

Eine Strategie in einem Matrixspiel ist demnach eine diskrete Wahrscheinlichkeitsverteilung der möglichen Handlungsweisen (Zufallsmechanismus).

Optimalitätsprinzip im Matrixspiel

$\mathbf{x}^{\mathrm{opt}}, \mathbf{y}^{\mathrm{opt}}$	**optimale Strategien** der beiden Partner, d.h. Gewinnmaximierung für $P^{(1)}$ und Verlustminimierung für $P^{(2)}$ (und umgekehrt)
$g^{(1)} = \max\limits_{\mathbf{x}} \min\limits_{j} \sum\limits_{i=1}^{m} x_i a_{ij} = \min\limits_{j} \sum\limits_{i=1}^{m} x_i^{\mathrm{opt}} a_{ij}$	maximaler Gewinn von $P^{(1)}$
$g^{(2)} = \min\limits_{\mathbf{y}} \max\limits_{i} \sum\limits_{j=1}^{n} y_j a_{ij} = \max\limits_{i} \sum\limits_{j=1}^{n} y_j^{\mathrm{opt}} a_{ij}$	minimaler Verlust von $P^{(2)}$
Optimalitätsprinzip: Maximin-Prinzip (Maximierung des eigenen Mindestgewinnes und Minimierung des fremden Höchstgewinnes)	
Hauptsatz: $g^{(1)} = g^{(2)} = g$	g **Wert** des Matrixspiels
$g = 0$	**faires** Matrixspiel

Optimale Lösung bei reinen Strategien in Matrixspielen - Sattelpunktspiele

Strategie $\mathbf{x}$ heißt **reine** Strategie (**Sattelpunktsstrategie**), falls $x_i = 1; x_k = 0$ für $k \neq i$ (streng determinierte Strategie)

$P^{(1)}$ wählt nur reine Strategien $\rightarrow$ Gewinn mindestens $w^{(1)} = \max\limits_{i} \min\limits_{j} a_{ij}$ (größtes Zeilenminimum von $\mathbf{A}$)

$P^{(2)}$ wählt nur reine Strategien $\rightarrow$ Verlust höchstens $w^{(2)} = \min\limits_{j} \max\limits_{i} a_{ij}$ (kleinstes Spaltenmaximum von $\mathbf{A}$)

für alle möglichen Paarungen reiner Strategien von $P^{(1)}$ und $P^{(2)}$ gilt:

$$w^{(1)} \leq g \leq w^{(2)}$$

Sattelpunktspiel mit Sattelpunkt $a_{i^*j^*}$: falls für bestimmte i^* und j^* gilt:

$$w^{(1)} = w^{(2)} = g$$

Sattelpunkt (vgl. größtes Zeilenminimum und kleinstes Spaltenmaximum der Auszahlungsmatrix $\mathbf{A}$) legt die optimalen Strategien i^* und j^* (d.h. optimale Lösung des Matrixspiels) fest

Optimale Lösung bei gemischten Strategien in Matrixspielen - Spiele ohne Sattelpunkt

Strategie heißt **gemischt** (nicht streng determiniert, dynamische Strategie, stochastische Strategie), wenn sie keine reine Strategie ist

Lösungsverfahren:

- $m \times n$-Matrixspiel als lineare Optimierungsaufgabe
- im Sonderfall $m = 2$ oder $n = 2$ grafische Lösung analog der grafischen Lösung bei LOA ▷▷ S.44
- Reduktion der Dimension eines Matrixspiels durch Aussonderung nichtdominanter Strategien (Dominanz: Strategie 1 heißt dominant gegenüber Strategie 2 wenn 1 für beide Spieler hinsichtlich Gewinn und Verlust günstiger als 2 ist) (zeilen- bzw. spaltenweise Durchmusterung der Auszahlungsmatrix)
- Näherungsverfahren/Iterationsverfahren
- Simulation durch Zufallswahl der Spielmöglichkeiten gemäß der Strategien

Der Spieler sollte jene gemischte Strategie auswählen, die für ihn den minimalen erwarteten Gewinn maximiert bzw. den maximalen erwarteten Verlust minimiert (Minimax-Kriterium). Diese Strategie ist optimal in dem Sinne, dass der größtmögliche erwartete Gewinn garantiert ist. Der Gegenspieler verhält sich analog.

Minimax-Theorem der Spieltheorie

$\underline{g}$	erwarteter Maximin-Gewinn des Spielers (unterer Preis)
$\overline{g}$	erwarteter Minimax-Verlust des Gegenspielers (oberer Preis): $\underline{g} \leq \overline{g}$
Es existiert unter den gemischten Strategien stets eine optimale mit $\underline{g} = \overline{g} = g$. Jedes Zwei-Personen-Nullsummenspiel ist lösbar.	
g	Preis des Spiels

Jedes Matrixspiel kann als primales/duales Paar einer linearen Optimierungsaufgabe (LOA) dargestellt und gelöst werden.

Darstellung eines Matrixspiels als lineare Optimierungsaufgabe

$\mathbf{A}$	- Auszahlungsmatrix des Matrixspiels
$\mathbf{e}$	- Vektor, dessen sämtliche Komponenten 1 sind
primale Aufgabe	- $z = \mathbf{e}^\top \mathbf{v} \to \max, \mathbf{Av} \leq \mathbf{e}, \mathbf{v} \geq \mathbf{0}$ optimale Lösung $\mathbf{v}^{\mathrm{opt}}$, maximaler Zielfunktionswert $v = z_{\max}$
duale Aufgabe	- $\widehat{z} = \mathbf{e}^\top \mathbf{w} \to \min, \mathbf{A}^\top \mathbf{w} \geq \mathbf{e}, \mathbf{w} \geq \mathbf{0}$ optimale Lösung $\mathbf{w}^{\mathrm{opt}}$, minimaler Zielfunktionswert $w = \widehat{z}_{\min}$
Zusammenhang	- $v = \dfrac{1}{w}, \mathbf{x}^{\mathrm{opt}} = v\mathbf{w}^{\mathrm{opt}}, \mathbf{y}^{\mathrm{opt}} = v\mathbf{v}^{\mathrm{opt}}$

Lösung eines Matrixspiels als lineare Optimierungsaufgabe

$\mathbf{A} = a_{ij},\ a_{ij} > 0$	Auszahlungsmatrix des Matrixspiels (ggf. $a_{ij} > 0$ erzwingen: $a_{ij} + K = a^*_{ij} > 0$)
$\mathbf{v}^{\mathrm{opt}}, \mathbf{w}^{\mathrm{opt}}$	optimale Lösung der primalen/dualen Aufgabe
$\omega = \mathbf{e}^\top \mathbf{v}^{\mathrm{opt}} = \mathbf{e}^\top \mathbf{w}^{\mathrm{opt}}$	Optimalwert der Zielfunktion der primalen/dualen Aufgabe
$\mathbf{x}^{\mathrm{opt}} = \dfrac{1}{\omega}\mathbf{w}^{\mathrm{opt}}, \mathbf{y}^{\mathrm{opt}} = \dfrac{1}{\omega}\mathbf{v}^{\mathrm{opt}}$	optimale Strategien der Spieler
$\dfrac{1}{\omega}$	optimaler Wert des Spiels (ggf. abzüglich K)

Optimale Strategie im (2×2)-Matrixspiel ohne Sattelpunkt

Zwei Spieler mit je zwei Strategien

Auszahlungsmatrix $\mathbf{A} = \begin{pmatrix} a_{11} & a_{12} \\ a_{21} & a_{22} \end{pmatrix}$

optimale Strategien

$$\mathbf{x} = \begin{pmatrix} \dfrac{a_{22} - a_{21}}{(a_{11} + a_{22}) - (a_{12} + a_{21})} \\ \dfrac{a_{11} - a_{12}}{(a_{11} + a_{22}) - (a_{12} + a_{21})} \end{pmatrix}, \quad \mathbf{y} = \begin{pmatrix} \dfrac{a_{22} - a_{12}}{(a_{11} + a_{22}) - (a_{12} + a_{21})} \\ \dfrac{a_{11} - a_{21}}{(a_{11} + a_{22}) - (a_{12} + a_{21})} \end{pmatrix}$$

$(2 \times n)$- bzw. $(m \times 2)$-Matrixspiel ohne Sattelpunkt - Reduktionsverfahren

Auszahlungsmatrix $\mathbf{A} = \begin{pmatrix} a_{11} & a_{12} & \dots & a_{1n} \\ a_{21} & a_{22} & \dots & a_{2n} \end{pmatrix}$

Reduktion eines $(2 \times n)$-Spiels auf ein (2×2)-Spiel in einem p-z-Koordinatensystem

1. Bilde Geradenschar aus Punktepaaren $P(0, a_{1j}), P(1, a_{2j})$.
2. Bilde Simplex aus den am weitesten unten liegenden Geradenstücken.
3. Ermittle obersten Eckpunkt des Simplex und die beiden zugehörigen Geraden.
4. Die beiden Geraden sind zwei Strategien aus den n Strategien zugeordnet.
5. Die p-Koordinate des Eckpunktes bestimmt Zerlegung der Wahrscheinlichkeit der zwei Strategien.
6. Die z-Koordinate des Eckpunktes gibt den Wert des (2×2)-Spiels an.

Analog $(m \times 2)$-Matrixspiel: das Simplex ist aus den am weitesten oben liegenden Gradenstücken zu bilden; der unterste Eckpunkt ist zu verwenden.

Wenn beide Spieler eines $(m \times n)$-Matrixspiels jeweils mehr als zwei Strategien haben und die Dominanz von Strategien keine Reduzierung auf zwei Strategien bringt, sind als Lösungsverfahren nur lineare Optimierung, Näherungsverfahren oder Simulation anwendbar.

Näherungsverfahren zur optimalen Lösung bei gemischten Strategien in Matrixspielen

Grundidee: Aus mehreren Zügen des Spiels werden die Informationen aus den Handlungsweisen des gegnerischen Partners für die eigenen Handlungsweisen bestmöglich genutzt $\rightarrow$ statistische Schätzung.

1. Prüfung der Auszahlungsmatrix auf Sattelpunkte; wenn vorhanden, dann Maximin-Strategie wählen $\rightarrow$ Ende.
2. Anzahl N der Näherungsdurchläufe festlegen; $k = 1$ setzen
   $P^{(1)}$ wählt Zeile nach eigener Wahl $\rightarrow$(Start-)Zeilensumme.
3. $P^{(2)}$ sucht Zeilenminimum und zugehörige Spalte $\rightarrow$ (Start-)Spaltensumme.
4. $P^{(1)}$ sucht Spaltenmaximum und zugehörige Zeile.
5. $P^{(1)}$ addiert die ausgewählte Zeile zur Zeilensumme $\rightarrow$ neue Zeilensumme.
6. $P^{(2)}$ sucht Minimum der Zeilensumme und zugehörige Spalte.
7. $P^{(2)}$ addiert die ausgewählte Spalte zur Spaltensumme $\rightarrow$ neue Spaltensumme.
8. $P^{(1)}$ sucht Maximum der Spaltensumme und zugehörige Zeile.
9. k um 1 erhöhen; wenn $k < N$ gehe zu 5., andernfalls Ende.

Auswertung:
Die relativen Häufigkeiten der Auswahlen der Zeilen bzw. Spalten ergeben statistische Schätzungen für die optimalen Strategien beider Spieler.

Zwei-Personen-Nicht-Nullsummenspiel

Spieler 1	Strategien $s_1, s_2, \ldots, s_m$ mit Wahrscheinlichkeiten $p_1, p_2, \ldots, p_m$, Gewinnmatrix $\mathbf{A} = (a_{ij})$ mittlerer Gewinn $g_1(\mathbf{p}, \mathbf{q}) = \sum\limits_{i=1}^{m} \sum\limits_{j=1}^{n} a_{ij} p_i q_j$ Maximin-Strategie $\mathbf{p}^+ : \min\limits_{\mathbf{q}} g_1(\mathbf{p}^+, \mathbf{q}) = \max\limits_{\mathbf{p}} \min\limits_{\mathbf{q}} g_1(\mathbf{p}, \mathbf{q}) = w_1$
Spieler 2	Strategien $t_1, t_2, \ldots, t_n$ mit Wahrscheinlichkeiten $q_1, q_2, \ldots, q_n$, Gewinnmatrix $\mathbf{B} = (b_{ij})$ mittlerer Gewinn $g_2(\mathbf{p}, \mathbf{q}) = \sum\limits_{i=1}^{m} \sum\limits_{j=1}^{n} b_{ij} p_i q_j$ Maximin-Strategie $\mathbf{q}^+ : \min\limits_{\mathbf{p}} g_2(\mathbf{p}, \mathbf{q}^+) = \max\limits_{\mathbf{q}} \min\limits_{\mathbf{p}} g_2(\mathbf{p}, \mathbf{q}) = w_2$

Zwei-Personen-Nullsummenspiele sind stets als Spiele zu betrachten, in denen es keine Verabredungen zwischen den beiden Spielern gibt; Gewinn des einen ist Verlust des anderen.

Bei Zwei-Personen-Nicht-Nullsummen-Spielen ist es in der Regel für beide Spieler günstiger zu kooperieren, d.h. höhere Gewinne zu erzielen, als sich ohne Verabredung aus den Gleichgewichtspunkten ergibt. Deshalb wird unterschieden in: Kooperative und nicht-kooperative Spiele.

Nichtkooperatives Spiel:	Keine Verabredungen zwischen beiden Spielern, Kurzbezeichnung des Spiels $(\mathbf{p}, \mathbf{q}, g_1, g_2)$; beide Spieler streben die Maximin-Strategie an.
(Nash-)Lösung	Gleichgewichtspunkt $(\mathbf{p}^*, \mathbf{q}^*)$: d.h. für alle Strategien $\mathbf{p} : g_1(\mathbf{p}, \mathbf{q}^*) \leq g_1(\mathbf{p}^*, \mathbf{q}^*)$ für alle Strategien $\mathbf{q} : g_2(\mathbf{p}^*, \mathbf{q}) \leq g_2(\mathbf{p}^*, \mathbf{q}^*)$

Ein Gleichgewichtspunkt muss nicht existieren und falls er existiert, muss er nicht eindeutig sein.

Kooperatives Spiel:	Es gibt Verabredung über die Strategienwahl hinsichtlich Wahrscheinlichkeiten/Häufigkeiten: $r_{ij} = \mathrm{P}(s_i, t_j)$, Strategienmenge $\mathbf{R} = (r_{ij})$, Kurzbezeichnung des Spiels $(\mathbf{R}, \widehat{g_1}, \widehat{g_2})$ mit $\widehat{g_1} = \sum\sum a_{ij} r_{ij}$, $\widehat{g_2} = \sum\sum b_{ij} r_{ij}$
(Nash-)Lösung	$\max\limits_{\mathbf{D}} \, (g_1(\mathbf{p}, \mathbf{q}) - w_1)(g_2(\mathbf{p}, \mathbf{q}) - w_2)$ w_1, w_2 mittlere Gewinne der Maximin-Strategien $\mathbf{D}$ ist die Menge der dominierenden Strategien (Strategie 1 ist gegenüber Strategie 2 dominant, falls für beide Spieler gleichzeitig $g_1^{(1)} \geq g_1^{(2)}, g_2^{(1)} \geq g_2^{(2)}$).

Simulationstechnik

Ziel der Simulation

Simulation ist Nachbildung komplexer technischer oder wirtschaftlicher Abläufe. Simulation im Operations Research heißt: Simulation mit mathematisch-numerisch-statistischen Modellen → Näherungslösung eines Problems, induktive Präzisierung des mathematischen Modells eines technischen oder wirtschaftlichen Problems bzw. eines Entscheidungsproblems (dessen Lösung von Natur aus große Kosten und großen Zeitaufwand erfordert), Studium der Wirkung von Einflussgrößen bei deren Änderung. Es ist hinreichende Ähnlichkeit zwischen Realität und Simulationsmodell erforderlich bzw. anzustreben, ggf. durch ständige Anpassung des Simulationsmodells.

Modelltypen und Simulation

- Analog-Simulation: Darstellung stetiger Prozessgrößen als regelbare elektrische Größen (Analogrechner) → seltener für OR-Probleme.
- Digital-Simulation diskreter Prozesse: ziffernmäßige Darstellung (mit begrenzter Stellenzahl) der diskreten Prozessgrößen (Digitalrechner).
- Digital-Simulation stetiger Prozesse: Diskretisierung und damit Umwandlung in einen diskreten Prozess.
- Deterministischer Vorgang/Prozess: die Eingangsgrößen (Input) legen eindeutig die Ausgangsgrößen (Output) fest.
- Stochastischer Vorgang/Prozess: es gibt Zufallseinflüsse, diese werden mit Zufallsgrößen dargestellt.
- Deterministisches Simulationsmodell: die Nachbildung erfolgt nur mit deterministischen Mitteln.
- Stochastisches Simulationsmodell: der (entweder deterministische oder stochastische) Prozess wird mit stochastischen Realisierungen nachgebildet.

Stochastische Simulation

Nachbildung von Zufallsgrößen: **Zufallszahlen**
Prototyp: im Intervall [0,1) gleichverteilte Zufallszahlen (s.u.)
Verfahren zur Erzeugung von Zufallszahlen: Zufallszahlengenerator

Ablauf einer Simulation

1. Formulierung des OR-Problems, Datenerhebung und Begründung, dass die Simulation hierfür eine gute Methode (wenn nicht gar die einzig mögliche) ist
2. Umgestaltung des OR-Problems in ein Simulationsmodell
3. Aufstellung von Simulationssoftware
4. Durchführung von Simulationsläufen
5. Ergebnisauswertung und Stabilitätsprüfung; falls Stabilität nicht ausreichend, gehe zu 4.; falls Ergebnis nicht überzeugend, gehe zu 2., andernfalls Ende und Verwendung der Ergebnisse.

Simulationsabläufe, in denen Zufallszahlen verwendet werden, heißen **Monte-Carlo-Methoden**. Damit lassen sich sowohl deterministische Probleme (bestimmte Integrale, Differential- und Integralgleichungen, Optimierungsprobleme, kombinatorische Probleme wie z.B. Reihenfolgen und Auswahlen) als auch stochastische Probleme (Netzplantechnik, Bedienungsmodelle, Lagerhaltungsmodelle) bearbeiten.

Erzeugung [0,1)-gleichverteilter Zufallszahlen

Kongruenzgeneratoren - Rekursion mit modulo-Division

a, b	Konstanten
$m > 0$	Modul für die modulo-Division
x_0	Startwert
$x_n = ax_{n-1} (\text{mod } m), n = 1, 2, ...$	multiplikativer Kongruenzgenerator
$x_n = [ax_{n-1} + b] (\text{mod } m), n = 1, 2, ...$	gemischter Kongruenzgenerator

Beispiele: $x_n = 131x_{n-1}(\text{mod}\, 2^{35}),\ x_n = [16333x_{n-1} + 25887](\text{mod}\, 2^{15}), \ldots$

FRAC-Generatoren

a	ganzzahlige Konstante (üblich Primzahlen)
$f(x)$	stetige Funktion mit hinreichend großem Definitionsbereich
$\{x\}$	gebrochener Anteil der reellen Zahl x (FRAC)

$x_n = \{ax_{n-1}\}$ oder $x_n = \{f(ax_{n-1})\}$

Beispiele: $x_n = \{117x_{n-1}\},\ x_n = \{147x_{n-1}\},\ x_n = \{197x_{n-1}\}, \ldots$

$[0, 1)$-gleichverteilte Zufallszahlen werden durch Zufallszahlengeneratoren über das elektronische Rauschen (white noise) technisch erzeugt. Zur Erzeugung gehören gleichzeitig die Prüfung auf Gleichverteilung und die Prüfung auf Unabhängigkeit der erzeugten Ziffern und Ziffernfolgen.

Erzeugung von Zufallszahlen gemäß einer stetigen Verteilung

Verwerfungsmethode für stetige Zufallsgrößen mit endlichem Träger

Annahmen: X Zufallsgröße mit $P(a \leq X < b) = 1$, d.h. $[a, b)$ Verteilungsträger
$f(x) \leq M$ beschränkte Dichte von X

1. Vorgabe zweier [0,1)-gleichverteilter unabhängiger Zufallszahlen u_1, u_2.
2. Falls $u_2 \leq \frac{1}{M} f((b-a)u_1 + a)$, dann setze $z = (b-a)u_1 + a$.
   Andernfalls (verwerfen) gehe zu 1.
3. z ist Zufallszahl zur Verteilung mit der Dichte $f(x)$, Ende.

Inversionsmethode

Annahmen:	X Zufallsgröße mit stetiger Verteilungsfunktion $F(x)$
Methode:	u $[0, 1)$-gleichverteilte Zufallszahl $\rightarrow z = F^{-1}(u)$ Zufallszahl, verteilt gemäß der Verteilung mit der Verteilungsfunktion $F(x)$ (F^{-1} Umkehrfunktion der Verteilungsfunktion)

Die Lösung der Gleichung $F(x) = u$ kann, falls die Umkehrfunktion analytisch nicht elementar darstellbar ist, über ein Näherungsverfahren (z.B. Newtonsches Tangentenverfahren, Bisektionsverfahren) erfolgen.

Beispiele Inversionsmethode

u bzw. $u_1, u_2, \ldots$ [0, 1)-gleichverteilte Zufallszahl(en)	
Exponentialverteilung: $-\frac{1}{\lambda}\ln u$	Gammaverteilung: $-\frac{1}{\lambda}\sum_{k=1}^{n}\ln u_k$
Weibullverteilung: $\frac{1}{\lambda}\|\ln u\|^{\frac{1}{\beta}}$	

Einfache Transformationen

$u, u_1, u_2, \ldots$	- in [0,1) gleichverteilte Zufallszahl(en)
$z = a + (b-a)u$	- in [a,b) gleichverteilte Zufallszahl
$z = [nu]$	- in $0, 1, \ldots, n-1$ diskrete Gleichverteilung
$z = [(n-m+1)u] + m$	- in $m, m+1, \ldots, n$ diskrete Gleichverteilung
$z = [bu]; 0, z_1, z_2, \ldots, z_r$	- Darstellung einer [0,1)-gleichverteilten Zufallszahl in einem Positionssystem der Basis $b, b > 1, b \in \mathbb{N}$
$z = \sum_{k=1}^{n}[u_k + p]$	- (n,p)-binomialverteilte Zufallszahl
$z = F^{-1}(u)$	- Zufallszahl aus einer stetigen Verteilung mit der Verteilungsfunktion $F(x)$ (siehe Inversionsmethode)
$u_1, u_2, \ldots, u_r$	- $u_{k_1} < u_{k_2} < \ldots < u_{k_r}$ $(k_1, k_2, \ldots, k_r)$ zufällige Permutation von r Elementen

u_1, u_2	- in [0,1) gleichverteilte Zufallszahlen
$\beta = u_1^{\frac{1}{a}}$, falls $u_1^{\frac{1}{a}} + u_2^{\frac{1}{b-1}} \leq 1$	- Beta-(a,b)-verteilte Zufallszahl (PERT ▷▷S.90)

Normalverteilte Zufallszahlen

$u_1, u_2, \ldots$	- in [0,1) gleichverteilte Zufallszahlen
nach Zentralem Grenzverteilungssatz:	
$z = \sum_{k=1}^{12} u_k - 6$	- genähert normal-(0,1)-verteilte Zufallszahl
$z = w - \frac{3w - w^3}{20n},\ w = \sqrt{\frac{12}{n}}\left(\sum_{k=1}^{n} u_k - \frac{n}{2}\right)$	- genähert normal-(0,1)-verteilte Zufallszahl, günstig $n > 4$
Box-Müller-Verfahren:	
$\begin{cases} z_1 = \sqrt{-2\ln u_1}\cos(2\pi u_2) \\ z_2 = \sqrt{-2\ln u_1}\sin(2\pi u_2) \end{cases}$	- zwei unabhängige normal-(0,1)-verteilte Zufallszahlen

Chiquadratverteilte Zufallszahlen:	$c = z_1^2 + z_2^2 + \ldots + z_m^2$
	z_k normal-(0,1)-verteilte Zufallszahlen

Zweidimensionale normalverteilte Zufallszahlenvektoren

Seppo-Mustonen-Verfahren:	
$u_1, u_2, \ldots$	– in [0,1) gleichverteilte Zufallszahlen
$\begin{cases} z_1 = \sqrt{-2\ln u_1}\,\cos(2\pi u_2) \\ z_2 = \sqrt{-2\ln u_1}\,\sin(2\pi u_2 + \arcsin(\varrho)) \end{cases}$	– (z_1, z_2) $N(0,0,1,1,\varrho)$-verteilt (d.h. $\mathrm{E}z_1 = \mathrm{E}z_2 = 0, \mathrm{D}z_1 = \mathrm{D}z_2 = 1$)

Normalverteilte Zufallszahlenvektoren

Grundlage:	
$\mathbf{X}$	- Vektor normal-(0,1)-verteilter unabhängiger Zufallsgrößen
$\mathbf{m}, \mathbf{S}$	- fester Vektor und feste quadratische Matrix
$\mathbf{Y} = \mathbf{m} + \mathbf{SX}$	- normal-$(\mathbf{m}, \mathbf{SS}^\top)$-verteiler Vektor mit dem Erwartungswertvektor $\mathbf{m}$ und der Kovarianzmatrix $\mathbf{C} = \mathbf{SS}^\top$ mit der Dichte $f(\mathbf{x}) = \frac{1}{(2\pi)^{\frac{n}{2}}\sqrt{\det \mathbf{C}}} e^{-\frac{1}{2}(\mathbf{x}-\mathbf{m})^\top \mathbf{C}^{-1}(\mathbf{x}-\mathbf{m})}$
Simulation:	
$\mathbf{m}, \mathbf{C}$	- gegebener Erwartungswertvektor, gegebene Kovarianzmatrix $\mathbf{C}$ symmetrisch, regulär, positiv definit
$\mathbf{C} = \mathbf{SS}^\top$	- Faktor $\mathbf{S}$ aus Kovarianzmatrix $\mathbf{C}$ als untere Dreiecksmatrix herleitbar

Ablauf bei der Ermittlung von S

Die untere Dreiecksmatrix **S** wird von links nach rechts spaltenweise besetzt und schließlich im oberen Dreieck mit Nullen aufgefüllt.

1.	$s_{11} = \sqrt{c_{11}}$
2. für $i = 2, \ldots, n$:	$s_{i1} = \frac{c_{i1}}{\sqrt{s_{11}}}$
3. für $j = 2, \ldots, n$:	$s_{jj} = \sqrt{c_{jj} - \sum_{l=1}^{j-1} s_{jl}^2}$
4. für $i, j = 1, \ldots, n; i > j$:	$s_{ij} = \frac{c_{ij} - \sum_{l=1}^{j-1} s_{il}s_{jl}}{s_{jj}}$
5. für $i, j = 1, \ldots, n; i < j$:	$s_{ij} = 0$

Gauß-Prozesse

Grundlage:
Gauß-Prozess $\{X(t)\}, t \in T \subset \mathbf{R}$: Prozess, dessen sämtliche endlichdimensionalen Verteilungen Normalverteilungen sind. Gauß-Prozess ist festgelegt durch:

- Erwartungswertfunktion $m(t) = \mathrm{E}X(t)$
- Kovarianzfunktion $C(t,t') = \mathrm{E}[X(t) - m(t)][X(t') - m(t')]$

Simulation des Gauß-Prozesses heißt Simulation an endlich vielen Zeitpunkten $t_1, t_2, \ldots, t_k \in T$ analog der Simulation eines normalverteilten Vektors.

- Erwartungswertvektor $\mathbf{m} = (m(t_1), m(t_2), \ldots, m(t_k))^\top$
- Kovarianzmatrix $\mathbf{C} = (C(t_i, t_j)), i, j = 1, \ldots, k$

Erzeugung von Zufallszahlen gemäß einer diskreten Verteilung

Zufallszahlen aus diskreten Verteilungen

$P(\mathcal{X} = k) = p_k, k = 0, 1, \ldots$	– diskretes Verteilungsgesetz
$q_n = \sum_{k=0}^{n} p_k$	– kumulierte Werte
u	– in [0,1) gleichverteilte Zufallszahl
$\begin{cases} \{z : q_{z-1} \leq u < q_z\} & z > 0 \\ \{z : 0 \leq u < q_0\} & z = 0 \end{cases}$	– z gemäß dem vorgegebenen Verteilungsgesetz verteilte Zufallszahl

Poissonverteilte Zufallszahlen

Poissonverteilte Zufallszahlen werden vor allem in der Bedienungstheorie zur Simulation der Anzahlen eintreffender Forderungen in ein Bediensystem benötigt.

$u_1, u_2, \ldots$ in [0,1) gleichverteilte Zufallszahlen

- Verfahren 1:
  z sei die kleinste ganze Zahl, so dass $\prod_{k=1}^{z+1} u_k < e^{-\lambda}$
  dann ist z poissonverteilt mit Parameter λ
- Verfahren 2:
  1. $z = 0, S = e^{-\lambda}, P = S$, erzeuge in [0,1) gleichverteilte Zufallszahl u
  2. solange $u > S$: erhöhe z um 1, setze $P = P \cdot \dfrac{\lambda}{z}$, $S = S + P$
  3. Ende: z ist poissonverteilt mit Intensität λ

Simulation einer homogenen Markov-Kette mit endlich vielen Zuständen

$\mathcal{X}_0, \mathcal{X}_1, \ldots$ Markov-Kette:	Folge abhängiger Zustände, $\mathcal{X}_k \in \{1, 2, \ldots, r\}$
$\{1, 2, ..., r\}$	Zustandsmenge
$(p_1, p_2, ..., p_r)$	Startverteilung der Zustände (diskret) $P(\mathcal{X}_1 = i) = p_i$
$\mathbf{P} = (p_{ij}), i, j = 1, 2, ..., r$	Übergangsmatrix: $P(\mathcal{X}_{k+1} = p_j / \mathcal{X}_k = p_i) = p_{ij}$

Simulation einer Kette mit K Übergängen:

1. Erzeugung eines Startzustandes i_0 als Zufallszahl gemäß der diskreten Startverteilung, $k = 1$
2. Erzeugung des nächsten Zustandes i_k als Zufallszahl gemäß der diskreten Verteilung in der Zeile i_{k-1} der Übergangsmatrix
3. Erhöhung von k um 1; falls $k \leq K$ gehe zu 2.
4. Ende; $(i_0, i_1, ... i_K)$ ist simulierte Zustandsfolge der Markov-Kette

Simulation in der Kombinatorik

Die Begriffe Permutation, Variation und Kombination, ohne und mit Wiederholung, ohne und mit Beachtung der Reihenfolge wurden in den Mathematischen Grundlagen angeführt ▷▷ S.12. Die Simulation dieser Objekte wird in der kombinatorischen Optimierung benötigt, etwa für die Gewinnung einer geeigneten Startlösung.

Simulation einer Permutation

Verfahren 1:
1. Erzeuge n in [0,1) gleichverteilte Zufallszahlen $u_1, u_2, \ldots, u_n$.
2. Ordne diese nach der Größe: $u_{k_1} < u_{k_2} < \ldots < u_{k_n}$.
3. $(k_1, k_2, ..., k_n)$ ist zufällige Permutation von n Elementen.

Verfahren 2:
$\pi_1, \pi_2, \ldots, \pi_n$ gegebene Permutation der Zahlen $(1, 2, \ldots, n)$
1. Erzeuge ganzzahlige, in $(1, 2, \ldots, n)$ gleichverteilte Zufallszahl z.
2. Setze $k = n$.
3. Setze $z = \left[\frac{z}{k}\right], l = (z \bmod k) + 1$, tausche π_k gegen π_l.
4. Reduziere k um 1; falls $k = 1$ gehe zu 5., ansonsten gehe zu 3.
5. Ende: $\pi_1, \ldots, \pi_n$ neue Permutation.

Verfahren 3:
$\pi_1, \pi_2, \ldots, \pi_n$ gegebene Permutation der Zahlen $(1, 2, \ldots, n)$
1. Erzeuge ganzzahlige, in $(0, 1, 2, \ldots, n! - 1)$ gleichverteilte Zufallszahl z (z.B. bilde $z = [n!u]$, wobei u in [0,1) gleichverteilte Zufallszahl).
2. Setze $k = 1$.
3. Setze $a_k = \left[\frac{z}{(n-k)!}\right]$, $z = z \bmod (n-k)!$, tausche π_{a_k+1} gegen π_{n-k+1}.
4. Erhöhe k um 1, falls $k < n$ gehe zu 3., andernfalls Ende.

Simulation einer Variation ohne Wiederholung

m Elemente aus n Elementen, ohne Wiederholung, Beachtung der Reihenfolge, $m \leq n$

Verfahren:
1. Konstruiere eine zufällige Permutation $\pi_1, \ldots, \pi_n$ von n Elementen (s.o.).
2. Die ersten m Elemente der Permutation bilden eine zufällige Variation.

Simulation einer Variation mit Wiederholung

m Elemente aus n Elementen, mit Wiederholung (d.h. ausgewählte Elemente dürfen mehrfach auftreten), Beachtung der Reihenfolge, $m \in \mathbf{G}_+$ beliebig

Verfahren:
Wähle Zufallszahlen $z_1, \ldots, z_m$ in geordneter Folge, wobei z_k in $(1, 2, \ldots, n)$ gleichverteilte Zufallszahlen sind.

Simulation einer Kombination ohne Wiederholung

m Elemente aus n Elementen, ohne Wiederholung, ohne Beachtung der Reihenfolge, $m \leq n$

Verfahren:
1. Konstruiere eine zufällige Permutation $\pi_1, \ldots, \pi_n$ von n Elementen.
2. Die ersten m Elemente der Permutation, geordnet nach der Größe (oder einer anderen Ordnungsvorschrift), bilden eine zufällige Kombination.

Simulation einer Kombination mit Wiederholung

m Elemente aus n Elementen, mit Wiederholung (d.h. ausgewählte Elemente dürfen mehrfach auftreten), ohne Beachtung der Reihenfolge, $m \in \mathbf{G}_+$ beliebig
Verfahren:
1. Wähle Zufallszahlen $z_1, \ldots, z_m$, wobei z_k in $(1, 2, \ldots, n)$ gleichverteilte Zufallszahl ist.
2. Ordne die erhaltenen Zufallszahlen nach der Größe (oder nach einer anderen Ordnungsvorschrift).

Eine andere Ordnungsvorschrift kann beispielsweise eine lexikographische (alphabetische) Ordnung sein.

Simulation einer Partition

Zerlegung einer endlichen Menge $\{1, 2, \ldots, n\}$ in k disjunkte nichtleere Teilmengen
S_{nk} Stirlingsche Zahl: Anzahl der möglichen Partitionen ▷▷ S.13
Verfahren:
1. Setze $m = n, l = k$.
2. Erzeuge eine in [0,1) gleichverteilte Zufallszahl z.
3. Falls $z \leq \frac{S_{m-1,l-1}}{S_{ml}}$ setze $c_m = l$, reduziere l um 1, andernfalls sei c_m eine in $(1, 2, \ldots, l)$ gleichverteilte Zufallszahl.
4. Reduziere m um 1.
5. Falls $m > 0$, gehe zu 2., andernfalls gehe zu 6.
6. Ende: $c_1, c_2, \ldots, c_n$ sind (Code-)Nummern von Teilmengen, d.h. Element r gehört zur Teilmenge mit der Nummer c_r.

Aufgabengebiete für Simulation in OR

Modelle im Operations Research sind, soll eine reale Situation wiedergegeben werden, sehr komplex; der direkte Zugang auf analytischem Wege ist dann meist nicht möglich. Es helfen nur drei Auswege: mit hohem Aufwand an Zeit und Kosten den theoretischen Gehalt zu erschließen und so auf eine exakte Lösung zu hoffen oder das gefundene Modell zu vereinfachen und eine Näherungslösung zu erhalten oder die Wirkungen des komplizierten Modells zu simulieren und auch hier eine Näherungslösung zu erhalten.

Erfolgversprechende Ansätze für den Einsatz der Simulationen sind: Probleme, die sich durch eine kombinatorische Vielfalt auszeichnen (Simulation von Permutationen, Variationen, Kombination, Partitionen bis hin zur Simulation von Graphen) - Reihenfolgeprobleme, Ablaufoptimierung, Transportoptimierung; Probleme, die analytisch schwer handhabbar sind (Simulation von Verknüpfungen von Wahrscheinlichkeitsverteilungen) - Bedienungssysteme, Lagerhaltung; Probleme, die komplizierte Restriktionen enthalten (Simulation von zufälligen Wegen/Prozessen) - Lineare und nichtlineare Optimierung, ganzzahlige Optimierung, Spieltheorie.

Bedienungstheorie

Die Bedienungstheorie (oder Warteschlangentheorie, Theorie der Massenbedienung) beschäftigt sich mit Problemen der Bedienung von Kunden (Forderungen) an Servicestationen (Bedienstellen). Die eingehenden Größen, wie die Ankunftszeit und die Bedienzeit, sind in der Regel Zufallsgrößen. Damit ist die Bedienungstheorie ein Anwendungsgebiet der Stochastik.

Spezielle wahrscheinlichkeitstheoretische Vorbereitungen

Wichtige Verteilungen in der Bedienungstheorie

Poisson-Verteilung	– $\mathrm{P}(X=k)=\frac{\lambda^k}{k!}e^{-\lambda}, \lambda>0, k=0,1,\ldots$ $\mathrm{E}X=\lambda, \mathrm{D}^2X=\lambda$
geometrische Verteilung	– $\mathrm{P}(X=k)=(1-p)p^k, 0<p<1, k=1,2,\ldots$ $\mathrm{E}X=\frac{1}{1-p}, \mathrm{D}^2X=\frac{p}{(1-p)^2}$
Binomialverteilung	– $\mathrm{P}(X=k)=\binom{n}{k}p^k(1-p)^{n-k}, 0<p<1, 0\leq k\leq n$ $\mathrm{E}X=np, \mathrm{D}^2X=np(1-p)$
Konstante	– $\mathrm{P}(X=a)=1, \mathrm{E}X=a, \mathrm{D}^2X=0$
Exponentialverteilung	– $F(x)=\begin{cases}1-e^{-\lambda x} & x\geq 0\\ 0 & x<0\end{cases}$ $\mathrm{E}X=\frac{1}{\lambda}, \mathrm{D}^2X=\frac{1}{\lambda^2}$
Hyperexponentialverteilung	– $F(x)=\begin{cases}1-\sum\limits_{k=1}^{m} q_k(1-e^{-\lambda_k x}) & x\geq 0\\ 0 & x<0\end{cases}$ $\mathrm{E}X=\sum\limits_{k=1}^{m}\frac{q_k}{\lambda_k}, \mathrm{D}^2X=2\sum\limits_{k=1}^{m}\frac{q_k}{\lambda_k^2}-\left(\sum\limits_{k=1}^{m}\frac{q_k}{\lambda_k}\right)^2$ $\lambda_1,\ldots,\lambda_m>0,\ q_1,\ldots,q_m>0,\ \sum_k q_k=1$
Erlangverteilung (Ordnung m)	– $F(x)=\begin{cases}1-\sum\limits_{k=0}^{m}\frac{(\lambda x)^k}{k!}e^{-\lambda x} & x\geq 0\\ 0 & x<0\end{cases}$ $\mathrm{E}X=\frac{m}{\lambda}, \mathrm{D}^2X=\frac{m}{\lambda^2}$

Die Hyperexponentialverteilung ist eine Mischung (gewichtetes Mittel) aus m Exponentialverteilungen mit verschiedenen Intensitäten; für $m=1$ liegt die Exponentialverteilung vor. Die Erlangverteilung der Ordnung m ist die Verteilung der Summe von m unabhängigen, identisch exponentialverteilten Zufallsgrößen (Verteilungs- bzw. Dichtefunktion entstehen durch Faltung der Verteilungs- bzw. Dichtefunktionen der Summanden) - Spezialfall der Gammaverteilung.

Satz von Wald - Summen mit zufälliger Anzahl von Summanden

Es seien $X_1, X_2, \ldots$ unabhängige, identisch verteilte Zufallsgrößen mit dem Erwartungswert $\mathrm{E}X < \infty$. Es sei N eine diskrete, von den Zufallsgrößen $X_1, X_2, \ldots$ unabhängige Zufallsgröße, die die Werte $1, 2, \ldots$ annehmen kann, mit $\mathrm{E}N < \infty$. Dann gilt:

$$\mathrm{E}(X_1 + X_2 + \cdots + X_N) = \mathrm{E}X \cdot \mathrm{E}N$$

Begriffe und Symbole der Bedienungstheorie

Prinzip eines Bediensystems

Eingangsstrom – Warteschlange – Warteraum – Bedienstelle – Abgangsstrom

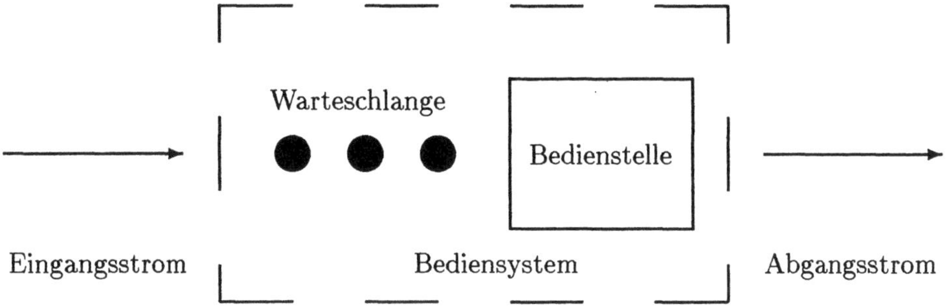

Klassifizierung von Bediensystemen

$A/B/s/c/d/R$	– Kennzeichnung eines Bediensystems
$A/B/s$	– kürzere Kennzeichnung, falls $c = \infty, d = \infty$ und R=FIFO (siehe ▷▷ S.151)
A	– Wahrscheinlichkeitsverteilung der Ankunftsabstände oder der Anzahl der Ankünfte/Forderungen pro Zeiteinheit (Eingangscharakteristik)
B	– Wahrscheinlichkeitsverteilung der Bedienzeit oder der Anzahl der Bedienungen pro Zeiteinheit (Bediencharakteristik)
s	– Anzahl der parallelen Bedienstellen (Server) ($s \geq 1$)
c	– Begrenzung (Kapazität) des Warteraumes ($c < \infty$ oder $c = \infty$) (Warteraumcharakteristik)
d	– Ergiebigkeit der Forderungenquelle (Quellencharakteristik)
R	– Bedienregel (Schlangendisziplin)

offene Systeme	–	Abgangsstrom fließt nicht in die Forderungenquelle zurück
geschlossene Systeme	–	Abgangsstrom fließt in die Forderungenquelle zurück
Verlustsysteme	–	Forderungen werden auf der Grundlage einer Regel abgewiesen oder nicht

reine Verlustsysteme	–	Forderungen werden abgewiesen, wenn sie warten müssten (keine Warteschlangen)
Wartesysteme	–	Forderungen warten auf der Grundlage einer Regel in Warteschlangen
reine Wartesysteme	–	Forderungen warten stets auf Bedienung (kein Verlust)
geschlossene Wartesysteme	–	Mehrmaschinenbedienungssysteme

Kennzeichnung der Wahrscheinlichkeitsverteilungen in A und B

M	–	Exponentialverteilung für Zeiten bzw. Poissonverteilung für Anzahlen (Markov-Eigenschaft ▷▷ S.154)
E_m	–	Erlangverteilung der Ordnung $m \geq 1$ ($m = 1$ Exponentialverteilung, $m = \infty$ Konstante)
H	–	Hyperexponentialverteilung
G	–	beliebige Verteilung (general distribution)
D	–	konstante Zeiten (deterministic distribution)

Eingangscharakteristik

A	–	Angabe der Wahrscheinlichkeitsverteilung – entweder der Zeitabstände $\mathcal{T}$ der ankommenden Forderungen – oder der Anzahl $\mathcal{N}$ der ankommenden Forderungen pro Zeiteinheit
λ	–	mittlere Anzahl der ankommenden Forderungen pro Zeiteinheit (Ankunftsrate, $\lambda = \mathrm{E}\mathcal{N} = \frac{1}{\mathrm{E}\mathcal{T}}$)

Bediencharakteristik

B	–	Angabe der Wahrscheinlichkeitsverteilung der Bedienzeit $\mathcal{S}$
μ	–	mittlere Anzahl der Bedienungen an einer Bedienstelle pro Zeiteinheit (Bedienrate, $\mu = \frac{1}{\mathrm{E}\mathcal{S}}$)

Zahl der parallel angeordneten Bedienstellen

s	–	Anzahl der Bedienstellen (übliche Voraussetzung: alle Bedienstellen haben die gleiche Bedienrate μ)
Ein-Bediener-System	–	$s = 1$
Mehr-Bediener-System	–	$s \geq 2$ parallel angeordnete Bedienstellen

Warteraumcharakteristik

c	–	Kapazität des Warteraumes (maximale Länge der Warteschlange)
$c = \infty$	–	Bediensystem mit unbegrenztem Warteraum
$c < \infty$	–	Bedienystem mit begrenztem Warteraum
$c = 0$	–	Verlustsystem (das Warten ist nicht möglich bzw. ankommende Forderungen warten nicht)

Forderungenquelle

$d = \infty$	–	Forderungenquelle praktisch unerschöpflich
$d < \infty$	–	Forderungenquelle endlich (z.B. Maschinenbedienung); bediente Forderungen kehren nach gewisser Zeit in die Quelle zurück

Warteschlangendisziplin / Verhalten der ankommenden Forderungen

Reihenfolge der Bedienung

- FIFO - in der Reihenfolge der Ankünfte (first in first out) (bzw. FCFS - first come first served)
- LIFO - in der umgekehrten Reihenfolge (last in first out) (bzw. LCFS - last come first served)
- SIRO - in zufälliger Reihenfolge (selection in random order)
- NPP - relative Priorität, d.h. vorrangige Bedienung mancher Kunden ohne Abbruch der aktuellen Bedienung (non-preemptive priority)
- PP - absolute Priorität, d.h. vorrangige Bedienung mancher Kunden mit Abbruch der aktuellen Bedienung (preemptive priority)

reines Bediensystem: Wartezwang, FIFO

Anzahl der Warteschlangen
im Mehrbediener-System: nur 1 Schlange oder s Schlangen

Auswahl einer Warteschlange aus mehreren
zufällig oder kürzeste Warteschlange

Weitere mögliche Modifizierungen

Bediensystem mit ungeduldigen Forderungen	– Forderungenstrom abhängig von der Länge der Warteschlange
Bediensystem mit Gruppenbedienung	– Forderungen werden gruppenweise bedient
Bediensystem mit Wartezeitbeschränkungen	– Forderungen verlassen das System vor der Bedienung
Anordnung der Bedienstellen	– z.B. serielle Anordnung
Bedienstellen mit variabler Erreichbarkeit	– nicht alle Bedienstellen stehen jeder Forderung zur Verfügung
statische Bediensysteme	– alle Systemparameter sind unveränderlich
dynamische (evt. gesteuerte) Bediensysteme	– Systemparameter variieren
Überlagerung von Ankunftsströmen	
Ankunftsmodus	– einzeln oder schubweise
variable Ankunftsrate	
variable Bedienzeitverteilung	– z.B. Bedienzeit abhängig von der Länge der Warteschlange
variable Anzahl der Bedienkanäle	– z.B. in Abhängigkeit von der Warteschlangenlänge
Bedienstellen mit ungleichen Bedienraten	

Stochastische Prozesse in der Bedienungstheorie

Spezielle Prozesse in der Bedienungstheorie

$\mathcal{X}(t)$	– Anzahl der bis zum Zeitpunkt t eintreffenden Forderungen
$\mathcal{Y}(t)$	– Anzahl der bis zum Zeitpunkt t bedienten Forderungen
$\mathcal{L}(t) = \mathcal{X}(t) - \mathcal{Y}(t)$	– Anzahl der zum Zeitpunkt t im Bediensystem befindlichen Forderungen
$\mathcal{L}_q(t) = \begin{cases} \mathcal{L}(t) - s & \text{für } \mathcal{L}(t) \geq s \\ 0 & \text{für } \mathcal{L}(t) < s \end{cases}$	– Länge der Warteschlange zum Zeitpunkt t (mit s Bedienstellen im Bediensystem)

Die Prozesse $\mathcal{L}(t)$ bzw. $\mathcal{L}_q(t)$ sind stückweise konstante Funktionen (Treppenfunktionen), die Sprünge +1 oder -1 haben, je nachdem ob Forderungen das Bediensystem betreten oder verlassen $\Rightarrow$ Geburts- und Todesprozesse.
Der Zustand des Bediensystems hängt vom Anfangszustand und der vergangenen Zeit ab: **Übergangszustand - transienter Zustand.** In vielen Fällen ist der Zustand des Bediensystems nach Ablauf einer ausreichend langen Laufzeit ($t \to \infty$) unabhängig vom Anfangszustand und von der vergangenen Zeit: **Gleichgewichtszustand - stationärer Zustand.**

Spezielle Zufallsgrößen eines Bediensystems - stationärer Zustand

$\mathcal{T}$	–	Zeitabstand zwischen zwei Ankünften von Forderungen
$\mathcal{S}$	–	Bedienzeit für eine Forderung
$\mathcal{L}$	–	Anzahl der Forderungen im Bediensystem (Warteschlange und Bedienstellen)
$\mathcal{L}_q$	–	Länge der Warteschlange, $\mathcal{L}_q = \begin{cases} \mathcal{L} - s & \text{für } \mathcal{L} \geq s \\ 0 & \text{für } \mathcal{L} = 0 \end{cases}$
$\mathcal{W}$	–	Verweilzeit einer Forderung im Bediensystem
$\mathcal{W}_q$	–	Wartezeit einer Forderung bez. aller ankommenden Forderungen

Wichtige Kenngrößen eines Bediensystems - stationärer Zustand

$\lambda = \dfrac{1}{\mathrm{E}\mathcal{T}}$	–	Ankunftsrate
$\mu = \dfrac{1}{\mathrm{E}\mathcal{S}}$	–	Bedienrate einer Bedienstelle
ϱ	–	Auslastungsgrad der Bedienstelle
$P_0 = \mathrm{P}(\mathcal{L} = 0)$	–	Wahrscheinlichkeit: Bediensystem leer
$\mathrm{P}(\mathcal{L} > 0)$	–	Wahrscheinlichkeit: Bediensystem besetzt
$P_n = \mathrm{P}(\mathcal{L} = n)$	–	Wahrscheinlichkeit: n Forderungen im System
$L = \mathrm{E}\mathcal{L}$	–	mittlere Anzahl der Forderungen im System
$L_q = \mathrm{E}\mathcal{L}_q$	–	mittlere Länge der Warteschlange
$W = \mathrm{E}\mathcal{W}$	–	mittlere Verweilzeit einer Forderung im System
$W_q = \mathrm{E}\mathcal{W}_q$	–	mittlere Wartezeit einer Forderung in der Warteschlange

Systeme mit exponentialverteilten Ankunftsintervallen und Bedienzeiten

Theoretische Grundannahmen

Annahme 1:
Wahrscheinlichkeit dafür, dass eine Forderung in einem beliebigen Zeitintervall der Länge $\Delta t > 0$ eintrifft sei $\lambda \Delta t + o(\Delta t)$ mit der Ankunftsrate $\lambda > 0$.

Annahme 2:
Wahrscheinlichkeit dafür, dass eine Forderung in einem beliebigen Zeitintervall der Länge $\Delta t > 0$ bedient wird sei $\mu \Delta t + o(\Delta t)$ mit der Bedienrate $\mu > 0$.

Annahme 3:
Die Anzahlen der in disjunkten Zeitintervallen eintreffenden Forderungen bzw. bedienten Forderungen seien unabhängige Zufallsgrößen.

Diese drei Annahmen ergeben, dass die Zeitabstände aufeinander folgender Forderungen und Abgänge exponentialverteilt sowie die Anzahlen der eintreffenden bzw. bedienten Forderungen poissonverteilt sind: $M/M/s$. Die Überlagerung unabhängiger poissonverteilter Forderungenströme ist wiederum poissonverteilt, bei Addition der Intensitäten.

Zustandsgleichungen

$p_j(t) = \mathrm{P}(\mathcal{L}(t) = j)$ Wahrscheinlichkeit: Bediensystem im Zustand j

Aus den Annahmen 1 bis 3 folgt

- System von Differenzengleichungen:

$$\frac{p_0(t+\Delta t) - p_0(t)}{\Delta t} = -\lambda p_0(t) + \mu p_1(t) + \frac{o(\Delta t)}{\Delta t}$$

$$\frac{p_j(t+\Delta t) - p_j(t)}{\Delta t} = \lambda p_{j-1}(t) + (\lambda + \mu) p_j(t) + \mu p_{j+1}(t) + \frac{o(\Delta t)}{\Delta t}, j = 1, 2, \ldots$$

- (nach $\Delta t \to 0$) System von Differentialgleichungen:

$\dot{p}_0(t) = -\lambda p_0(t) + \mu p_1(t)$

$\dot{p}_j(t) = \lambda p_{j-1}(t) - (\lambda + \mu) p_j(t) + \mu p_{j+1}, j = 1, 2, \ldots$

Anfangsbedingungen: $p_0(0) = 1, p_j(0) = 0, j = 1, 2, \ldots$

λ und μ können konstant (Standardfall), aber auch abhängig sein von der Zeit oder/und von der Anzahl der Forderungen im System:
$\lambda(t), \mu(t), \lambda_j, \mu_j, \lambda_j(t), \mu_j(t)$

Praktische Lösung der Zustandsgleichungen

- Übergang zu einem endlichen System von Differentialgleichungen: $j = 1, 2, \ldots, J$
- Übergang zum Gleichgewichtsfall (stationärer Fall - Zeitunabhängigkeit): $\dot{p}_j = 0, j = 0, 1, 2, \ldots$

dann System von Differentialgleichungen:

$-\lambda P_0 + \mu P_1 = 0$	$-\lambda_0 P_0 + \mu_1 P_1 = 0$
$\lambda P_{j-1} - (\lambda + \mu) P_j + \mu P_{j+1} = 0$	$\lambda_{j-1} P_{j-1} - (\lambda_j + \mu_j) P_j + \mu_{j+1} P_{j+1} = 0$

Sukzessive Lösung:

$P_n = C_n P_0,\ n = 1, 2, \ldots \qquad C_n = \dfrac{\lambda_0\lambda_1 \cdots \lambda_{n-1}}{\mu_1\mu_2 \cdots \mu_n} \qquad P_0 = \dfrac{1}{1 + \sum\limits_{n=1}^{\infty} C_n}$

stationärer Zustand ist gegeben, wenn $\sum\limits_{n=1}^{\infty} C_n < \infty$, speziell wenn $\dfrac{\lambda}{\mu}$ bzw. $\dfrac{\lambda}{s\mu} < 1$ oder wenn $\lambda_n = 0$ für $n > c$

Der stationäre Fall garantiert bei den gängigen Bediensystemen überhaupt erst die Möglichkeit der Lösung des Differentialgleichungssystems.

Zustandsgleichungen für den Ankunftsprozess, also $\mu = 0$

$\dot{p}_0(t) = -\lambda p_0(t)$

$\dot{p}_j(t) = \lambda p_{j-1}(t) - \lambda p_j(t), j = 1, 2, \ldots$

Anfangsbedingungen: $p_0(0) = 1, p_j(0) = 0, j = 1, 2, \ldots$

Lösung der Zustandsgleichungen: $p_j(t) = \dfrac{(\lambda t)^j e^{-\lambda t}}{j!}, j = 0, 1, 2, \ldots$

also: Ankunftsprozess $\mathcal{X}(t)$ ist poissonverteilt mit der Intensität $\mathrm{E}\mathcal{X}(t) = \lambda t$ ($\Rightarrow$ Poissonscher Prozess/Poissonscher Strom)

Ein solcher Prozess hat folgende Eigenschaft: Bei gegebenem $\mathcal{X}(\tau), \tau > 0$ ist $\mathcal{X}(t), t > \tau$ unabhängig von $\mathcal{X}(s), s < \tau$ (d.h. der weitere Prozessverlauf ist unabhängig von der Vorgeschichte; der Prozess hat kein Gedächtnis). Diese Eigenschaft heißt Markovsche Eigenschaft; der Prozess heißt Markov-Prozess, bei diskreter Zeit Markov-Kette. Auf die gleiche Weise kann der Bedienungsprozess/-strom bzw. auch der Abgangsprozess/-strom $\mathcal{Y}(t)$ betrachtet werden.

Das $M/M/1$-Bediensystem

Das $M/M/1$-Bediensystem ist das einfachste Warteschlangenmodell: der Ankunftsstrom ist poissonsch (damit sind die Ankunftsabstände exponentialverteilt), die Bedienzeit ist exponentialverteilt. Der Abgangsstrom ist dann ebenfalls poissonsch (und die Abgangsabstände exponentialverteilt). Alle anderen Bediensysteme sind komplizierter.

Kenngrößen des Ein-Bediener-Systems $M/M/1$

$\varrho = \dfrac{\lambda}{\mu}$	–	Verkehrsdichte, Verkehrsintensität (für stationären Zustand notwendig: $\varrho < 1$) mittlere Auslastung der Bedienstelle
$\mathrm{P}(\mathcal{L} = 0) = P_0 = 1 - \varrho$	–	System leer
$\mathrm{P}(\mathcal{L} > 0) = \varrho$	–	System nichtleer mittlere Auslastung der Bedienstelle
$\mathrm{P}(\mathcal{L} = n) = \varrho^n(1-\varrho) = \varrho^n P_0$	–	n Forderungen im System
$\mathrm{P}(\mathcal{L} \le n) = 1 - \varrho^{n+1}$	–	höchstens n Forderungen im System

$P(\mathcal{L} > n) = \varrho^{n+1}$	– mehr als n Forderungen im System
$P(\mathcal{L}_q = n) = \begin{cases} P(\mathcal{L} = n+1) & n > 0 \\ P(\mathcal{L} \le 1) & n = 0 \end{cases}$	– Verteilung der Länge der Warteschlange
$L = \frac{\varrho}{1-\varrho} = \frac{\lambda}{\mu - \lambda}$	– mittlere Anzahl der Forderungen im System
$L_q = \frac{\varrho^2}{1-\varrho} = \frac{\lambda^2}{\mu(\mu-\lambda)}$	– mittlere Länge der Warteschlange
$L = L_q + \varrho$	

$P(\mathcal{W} \le t) = \begin{cases} 1 - e^{-\mu(1-\varrho)t} & t \ge 0 \\ 0 & t < 0 \end{cases}$	– Verteilungsfunktion der Verweilzeit (Verweilzeit exponentialverteilt)
$E\mathcal{W} = W = \frac{L}{\lambda} = \frac{1}{\mu - \lambda}$	– mittlere Verweilzeit im System
$D^2\mathcal{W} = \frac{1}{(\mu-\lambda)^2} = \frac{1}{\mu^2(1-\varrho)^2}$	– Varianz der Verweilzeit
$P(\mathcal{W}_q = 0) = P_0 = 1 - \varrho$	– Wahrscheinlichkeit: Wartezeit Null
$P(\mathcal{W}_q \le t) = \begin{cases} 1 - \varrho e^{-\mu(1-\varrho)t} & t \ge 0 \\ 0 & t < 0 \end{cases}$	– Verteilungsfunktion der Wartezeit
$W_q = \frac{L_q}{\lambda} = \frac{\lambda}{\mu(\mu-\lambda)} = \frac{\varrho}{\mu - \lambda}$	– mittlere Wartezeit in der Schlange
$D^2\mathcal{W}_q = \frac{2\varrho - \varrho^2}{\mu^2(1-\varrho)^2}$	– Varianz der Wartezeit
$W = W_q + \frac{1}{\mu}$	
$L = \lambda W, L_q = \lambda W_q$	– Gesetz von LITTLE

$\mathcal{Q}$	– Länge einer Freiperiode der Bedienstelle, ist in $M/M/1$-Wartesystem exponentialverteilt
$E\mathcal{Q} = \frac{1}{\lambda}$	
$\mathcal{R}$	– Länge einer Betriebsperiode zwischen zwei Freiperioden
$E\mathcal{R} = \frac{1}{\mu - \lambda}, D^2\mathcal{R} = \frac{\lambda + \mu}{(\mu - \lambda)^3}$	
$\mathcal{R}_n$	– Länge einer Betriebsperiode der Bedienstelle, wenn zu Beginn der Periode n Forderungen warten, $\mathcal{R}_1 = \mathcal{R}$
$E\mathcal{R}_n = \frac{n}{\mu - \lambda}$	
$\mathcal{F}_n$	– Anzahl der in einer Betriebsperiode der Länge $\mathcal{R}_n$ bedienten Forderungen
$E\mathcal{F}_n = \frac{n}{1-\varrho}$	

Modifizierungen des $M/M/1$-Bediensystems

Kenngrößen der Wartezeit bei anderen Warteschlangendisziplinen
Standard und Vergleichsfall ist FIFO (first in first out). Verglichen wird mit LIFO (last in first out) und SIRO (selection in random order).

$$\mathrm{E}\mathcal{W} = \mathrm{E}\mathcal{W}^{LIFO} = \mathrm{E}\mathcal{W}^{SIRO} = \frac{\varrho}{\mu - \lambda}$$

$$\mathrm{D}^2\mathcal{W} = \frac{1}{(\mu-\lambda)^2}, \quad \mathrm{D}^2\mathcal{W}^{LIFO} = \frac{\varrho(2-\varrho+\varrho^2)}{\mu^2(1-\varrho)^3}, \quad \mathrm{D}^2\mathcal{W}^{SIRO} = \frac{\varrho(4-2\varrho+\varrho^2)}{\mu^2(2-\varrho)(1-\varrho)^2}$$

$$\mathrm{D}^2\mathcal{W} < \mathrm{D}^2\mathcal{W}^{LIFO} < \mathrm{D}^2\mathcal{W}^{SIRO}$$

$$\lim_{\varrho\to 1} \frac{\mathrm{D}^2\mathcal{W}^{LIFO}}{\mathrm{D}^2\mathcal{W}} = \infty, \quad \lim_{\varrho\to 1} \frac{\mathrm{D}^2\mathcal{W}^{SIRO}}{\mathrm{D}^2\mathcal{W}} = 3, \quad \lim_{\varrho\to 0} \frac{\mathrm{D}^2\mathcal{W}^{LIFO}}{\mathrm{D}^2\mathcal{W}} = \lim_{\varrho\to 0} \frac{\mathrm{D}^2\mathcal{W}^{SIRO}}{\mathrm{D}^2\mathcal{W}} = 1$$

Kenngrößen für den Fall des Auftretens ungeduldiger Forderungen

π_j	– Wahrscheinlichkeit: Forderung reiht sich in die Warteschlange der Länge j ein
$\lambda_j = \lambda\pi_j$	– Ankunftsstrom mit reduzierter Ankunftsrate
$\varrho_j = \varrho\pi_{j-1}$	– reduzierte Verkehrsintensität
$P_n = \varrho^n P_0 \prod_{j=0}^{n-1} \pi_j$	– Wahrscheinlichkeit: n Forderungen im Bediensystem
$P_0 = \dfrac{1}{1 + \sum_{n=1}^{\infty} \varrho^n \prod_{j=0}^{n-1} \pi_j}$	– Wahrscheinlichkeit: Bediensystem frei
$\alpha = \dfrac{1-P_0}{\varrho} = \sum_{j=0}^{\infty} \pi_j P_j$	– Erfassungsgrad der Forderungen (Anteil nichtabgewiesener Forderungen)
$\lambda_{\text{eff}} = \alpha\lambda = (1-P_0)\mu$	– effektive Ankunftsrate

Spezialfall: $\pi_j = \dfrac{1}{j+1}$

$$P_0 = e^{-\varrho}, \quad \lambda_{\text{eff}} = \mu(1-e^{-\varrho})$$

$$L = \varrho, \quad L_q = \varrho - (1-e^{-\varrho}), \quad W = \frac{\varrho}{\mu(1-e^{-\varrho})}, \quad W_q = W - \frac{1}{\mu}$$

Kenngrößen beim Auftreten von relativen Prioritäten
Es sei r die Anzahl verschiedener Forderungenströme (bzw. verschiedener Prioritäten der Forderungen ohne absoluten Vorrang) mit unterschiedlichen Ankunftsraten und gleicher Bedienrate in einem $M/M/1$-Bediensystem.

$\lambda_i, i = 1, 2, \ldots, r, r > 1, \mu$	– Ankunftsrate und Bedienrate der Priorität i
$\varrho_i = \frac{\lambda_i}{\mu}, i = 1, 2, \ldots, r$	– Verkehrsintensitäten der Einzelströme
$\varrho = \sum_{i=1}^{r} \varrho_i$	– Verkehrsintensität des Stromes aller Forderungen ($\varrho < 1$: stationärer Zustand ist möglich)
$W_i = \frac{\varrho}{\mu\left(1 - \sum_{k=i}^{r} \varrho_k\right)\left(1 - \sum_{k=i+1}^{r} \varrho_k\right)}$	– mittlere Verweilzeit einer Forderung der Priorität i im Bediensystem
$L_i = \lambda_i W_i$	– mittlere Anzahl der Forderungen der Prioritätsklasse i im Bediensystem
$W_{qi} = W_i - \frac{1}{\mu}$	– mittlere Wartezeit einer Forderung der Prioritätsklasse i
$L_{qi} = \lambda_i W_{qi}$	– mittlere Länge der Warteschlange einer Forderung in der Prioritätsklasse i

Kenngrößen beim Auftreten von absoluten Prioritäten
Es sei r die Anzahl verschiedener Forderungenströme (bzw. verschiedener Prioritäten der Forderungen mit absolutem Vorrang) mit unterschiedlichen Ankunftsraten und gleicher Bedienrate in einem $M/M/1$-Bediensystem.

$\lambda_i, i = 1, 2, \ldots, r, r > 1, \mu$	– Ankunftsrate und Bedienrate der Priorität i
$\varrho_i = \frac{\lambda_i}{\mu}, i = 1, 2, \ldots, r$	– Verkehrsintensitäten der Einzelströme
$\varrho = \sum_{i=1}^{r} \varrho_i$	– Verkehrsintensität des Stromes aller Forderungen ($\varrho < 1$: stationärer Zustand ist möglich)
$W_i = \frac{1}{\mu\left(1 - \sum_{k=i}^{r} \varrho_k\right)\left(1 - \sum_{k=i+1}^{r} \varrho_k\right)}$	– mittlere Verweilzeit einer Forderung der Priorität i im Bediensystem
L_i, W_{qi}, L_{qi}	– wie im Falle relativer Prioritäten

Ein-Bediener-System mit begrenztem Warteraum - $M/M/1/c$
Forderungen, die den Warteraum gefüllt vorfinden, werden abgewiesen - Verlustsystem.

$\varrho = \frac{\lambda}{\mu}$	– Verkehrsdichte (stationärer Zustand wird auch für beliebiges ϱ erreicht)
$P_0 = \begin{cases} \frac{1-\varrho}{1-\varrho^{c+1}} & \varrho \neq 1 \\ \frac{1}{c+1} & \varrho = 1 \end{cases}$	– Wahrscheinlichkeit: Bediensystem leer
$P_n = P_0 \varrho^n, 1 \leq n \leq c$	– Wahrscheinlichkeit: Bediensystem mit n Forderungen besetzt

P_c	– Wahrscheinlichkeit: Warteraum besetzt, Forderung wird abgewiesen
$1 - P_c = \dfrac{1 - P_0}{\varrho}$	– Wahrscheinlichkeit: Forderung wird angenommen
$\lambda_{\text{eff}} = \lambda(1 - P_c)$	– effektive Ankunftsrate
$L_q = \begin{cases} \dfrac{\varrho}{1-\varrho} - \dfrac{\varrho(c\varrho^c + 1)}{1 - \varrho^{c+1}} & \varrho \neq 1 \\ \dfrac{c(c-1)}{2(c+1)} & \varrho = 1 \end{cases}$	– mittlere Länge der Warteschlange
$L = L_q + (1 - P_0)$	– mittlere Anzahl der Forderungen im Bediensystem
$W = \dfrac{L}{\lambda_{\text{eff}}}, \quad W_q = \dfrac{L_q}{\lambda_{\text{eff}}}$	– mittlere Verweildauer bzw. Wartezeit
$W = \begin{cases} \dfrac{1}{\mu}\left(\dfrac{1}{1-\varrho} - \dfrac{c\varrho^c}{1 - \varrho^c}\right) & \varrho \neq 1 \\ \dfrac{c+1}{2\mu} & \varrho = 1 \end{cases}$	$W_q = \begin{cases} \dfrac{\varrho}{\mu(1-\varrho^c)}\left(\dfrac{1-\varrho^{c+1}}{1-\varrho} - c\varrho^c\right) & \varrho \neq 1 \\ \dfrac{c-1}{2\mu} & \varrho = 1 \end{cases}$

Ein-Bediener-System $M/M/1$ mit beschränkter Forderungenquelle
Die Forderungen befinden sich im Wechsel außerhalb und innerhalb des Bediensystems. Die außerhalb des Bediensystems verbrachte Zeit sei exponentialverteilt mit der Intensität λ.

N Umfang der Forderungenquelle

$$P_0 = \frac{1}{\sum\limits_{n=0}^{N} \dfrac{N!}{(N-n)!} r^n} \qquad P_n = \frac{N!}{(N-n)!}\varrho^n P_0,\ n = 1, 2, \ldots, N$$

$$L_q = \sum_{n=1}^{N} (n-1)P_n = N - \frac{\lambda+\mu}{\lambda}(1-P_0), \quad L = \sum_{n=0}^{N} nP_n = L_q + (1-P_0) = N - \frac{1-P_0}{\varrho}$$

$$\lambda_{\text{eff}} = \lambda(N - L), \qquad W = \frac{L}{\lambda_{\text{eff}}}, \qquad W_q = \frac{L_q}{\lambda_{\text{eff}}}$$

$M/M/1$-Bediensystem mit serieller Bedienung
Es seien mehrere Bedienstellen mit den Bedienraten μ_i hintereinander angeordnet; alle Bedienstellen sind dann $M/M/1$-Bediensysteme. Die Abgangsströme hinter jeder Bedienstelle sind poissonsch und damit auch die einzelnen Ankunftsströme.

$\lambda, \mu_i, i = 1, 2, \ldots, m$	– Ankunftsrate und Bedienraten
$\varrho_i = \dfrac{\lambda}{\mu_i}$	– Verkehrsintensitäten der Bedienstellen (stationärer Zustand möglich für $\varrho < 1$)
$L_i = \dfrac{\varrho_i}{1 - \varrho_i}$	– mittlere Anzahl der Forderungen vor und in der i-ten Bedienstelle
$W_i = \dfrac{\varrho_i}{\mu_i(1 - \varrho_i)}$	– mittlere Verweilzeit vor und in der i-ten Bedienstelle

$P(\mathcal{L}=(j_1,j_2,\ldots,j_m))=\prod_{i=1}^{m}(1-\varrho_i)\varrho_i^{j_i}$	– Zustandswahrscheinlichkeit für die Anzahlen der Forderungen in den einzelnen seriell angeordneten Bedienstellen

Das $M/M/s$-Bediensystem

Mehr-Bediener-System mit unbegrenztem Warteraum - $M/M/s$

Die Bedienrate μ an allen $s > 1$ parallel angeordneten Bedienstellen sei gleich. Der Abgangsstrom ist für $\varrho < 1$ wie der Ankunftsstrom ein Poissonscher Strom.

$s\mu$	– Bedienrate aller Bedienstellen
$r = \frac{\lambda}{\mu}, \quad \varrho = \frac{\lambda}{s\mu}$	– $r < s, \varrho < 1$, ϱ Verkehrsdichte
$P_0 = \left(\sum_{n=0}^{s-1}\frac{r^n}{n!} + \frac{r^s}{(s-r)(s-1)!}\right)^{-1}$	– Wahrscheinlichkeit: Bediensystem leer
$P_n = \begin{cases} \frac{r^n}{n!}P_0 & 0\le n\le s \\ \frac{1}{s!s^{n-s}}r^n P_0 & n \ge s \end{cases}$	– Wahrscheinlichkeit: Bediensystem mit n Forderungen besetzt (Zustandswahrscheinlichkeiten)
$P_n = \frac{x_n}{\sum_{k=0}^{s} x_k}$ mit $x_n = \begin{cases} 1 & n=0 \\ x_{n-1}\frac{r}{n} & 1 \le n \le s \\ x_{n-1}\frac{r}{s} & s \le n \end{cases}$	– rekursive Berechnung
$P(X \ge s) = \frac{r^s}{s!}\frac{1}{1-\varrho}P_0$	– Warteschlange entsteht
$L_q = \frac{r^{s+1}}{(s-r)^2(s-1)!}P_0, \quad L = L_q + r$	– mittlere Länge der Warteschlange bzw. mittlere Anzahl der Forderungen im Bediensystem
$W_q = \frac{L_q}{\lambda}, \quad W = W_q + \frac{1}{\mu}$	– mittlere Wartezeit bzw. mittlere Verweilzeit im Bediensystem

$$P(\mathcal{W}\le t) = \begin{cases} 1 - e^{-\mu t}\left[1 + \frac{P_0}{s!(1-\varrho)}\left(\frac{\lambda}{\mu}\right)^s\left(\frac{1-exp(-\mu t(s-1-\lambda/\mu))}{s-1-\lambda/\mu}\right)\right] & t \ge 0 \\ 0 & t < 0 \end{cases}$$

Verteilungsfunktion der Verweilzeit

$$P(\mathcal{W}_q = 0) = \sum_{n=0}^{s-1} P_n = P_0\sum_{n=0}^{s-1}\frac{1}{n!}\left(\frac{\lambda}{\mu}\right)^n$$

$$P(\mathcal{W}_q \le t) = \begin{cases} 1 - [1 - P(\mathcal{W}_q = 0)]\, e^{-s\mu(1-\varrho)t} & t \ge 0 \\ 0 & t < 0 \end{cases}$$

Verteilungsfunktion der Wartezeit

Mehr-Bediener-System mit begrenztem Warteraum - $M/M/s/c$

Bedienrate μ an allen $s > 1$ parallel angeordneten Bedienstellen sei gleich. Forderungen, die den Warteraum gefüllt vorfinden, werden abgewiesen - Verlustsystem.

$r = \frac{\lambda}{\mu}, \quad \varrho = \frac{\lambda}{s\mu}$ – ϱ darf größer 1 sein (Verlustsystem)

$c - s, \quad c \geq s$ – Kapazität des Warteraumes

$$P_0 = \begin{cases} \left(\sum\limits_{k=0}^{s-1} \frac{r^k}{k!} + \frac{r^s}{s!}\frac{1-\varrho^{c-s+1}}{1-\varrho}\right)^{-1} & \varrho \neq 1 \\ \left(\sum\limits_{k=0}^{s-1} \frac{r^k}{k!} + \frac{r^s}{s!}(c-s+1)\right)^{-1} & \varrho = 1 \end{cases}$$ – Leerwahrscheinlichkeit

$$P_n = \begin{cases} \frac{r^n}{n!}P_0 & 1 \leq n \leq s \\ \frac{r^n}{s!s^{n-s}}P_0 & s \leq n \leq c \end{cases}$$ – Zustandswahrscheinlichkeiten

$P_0 + P_1 + \cdots + P_c = 1$

$$P_n = \frac{x_n}{\sum\limits_{k=0}^{c} x_k} \text{ mit } x_n = \begin{cases} 1 & n = 0 \\ x_{n-1}\,\frac{r}{n} & 1 \leq n \leq s \\ x_{n-1}\,\frac{r}{s} & s \leq n \leq c \\ 0 & n > c \end{cases}$$ rekursive Berechnung

P_c – Verlustwahrscheinlichkeit: Bediensystem voll besetzt, Forderung wird abgewiesen

$\alpha = 1 - P_c$ – Erfassungsgrad des Bediensystems, Forderung wird nicht abgewiesen

$\lambda_{\text{eff}} = \lambda(1 - P_c) = \lambda\alpha$ – effektive Ankunftsrate

$$L = L_q + \frac{\lambda_{\text{eff}}}{\mu}, \quad L_q = \begin{cases} \frac{P_0 r^s \varrho}{s!(1-\varrho)^2}[1-\varrho^{c-s+1}-(1-\varrho)(c-s+1)\varrho^{c-s}] & \varrho \neq 1 \\ \frac{P_0 r^s}{2s!}(c-s)(c-s+1) & \varrho = 1 \end{cases}$$

$$W = \frac{L}{\lambda_{\text{eff}}}, W_q = \frac{L_q}{\lambda_{\text{eff}}} = W - \frac{1}{\mu}$$

$\frac{\lambda_{\text{eff}}}{\mu}$ – mittlere Anzahl der besetzten Bedienstellen

Kenngrößen des $M/M/s/s$-Systems

In einem $M/M/s/s$-System ist kein Platz für eine Warteschlange; es ist daher ein reines Verlustsystem (Besetztsystem): Forderungen, die warten müssten, verlassen das Bediensystem und gehen verloren. Der Abgangsstrom ist ein (gegenüber dem Forderungenstrom ausgedünnter) Poissonscher Strom mit Intensität λ_{eff}, $\lambda_{\text{eff}} < \lambda$.

$r = \frac{\lambda}{\mu}$	– Verlustsystem → keine Stationaritätsbedingung, d.h. $r > 0$ beliebig
$P_n = \begin{cases} \frac{r^n}{n! \sum_{k=0}^{s} \frac{r^k}{k!}} & 0 \leq n \leq s \\ 0 & s < n \end{cases}$	– Zustandswahrscheinlichkeiten
$P_s = \frac{r^s}{s! \sum_{k=0}^{s} \frac{r^k}{k!}}$	– Verlustwahrscheinlichkeit
$\lambda_{\text{eff}} = \lambda(1 - P_s)$	– effektive Ankunftsrate
$L = r(1 - P_s) = \frac{\lambda_{\text{eff}}}{\mu}$	– mittlere Anzahl besetzter Bedienstellen mittlere Anzahl der Forderungen im System
$s - r(1 - P_s)$	– mittlere Anzahl freier Bedienstellen
$\frac{r(1 - P_s)}{s} = \frac{\lambda_{\text{eff}}}{\mu s} = \varrho_{\text{eff}}$	– Auslastungsgrad einer Bedienstelle (effektive Verkehrsdichte)
$L_q = 0, \quad W_q = 0$	– keine Warteschlange, keine Wartezeit
$W = \frac{L}{\lambda_{\text{eff}}} = \frac{1}{\mu}$	– mittlere Verweilzeit einer bedienten Forderung (mittlere Bedienzeit)

Kenngrößen des $M/M/\infty$-Systems
Das Bediensystem kann den Forderungenstrom stets aufnehmen. Es entstehen keine Wartezeiten und keine Warteschlangen. Die Verweilzeit im Bediensystem ist gleich der Bedienzeit.

$$\varrho = \frac{\lambda}{\mu}, \qquad P_n = \frac{\varrho^n e^{-\varrho}}{n!}, n \geq 0$$

Mehr-Bediener-System $M/M/s$ mit beschränkter Forderungenquelle (Poissonsches Mehrmaschinenbediensystem)
Die Forderungen befinden sich im Wechsel außerhalb und innerhalb des Bediensystems. Die außerhalb des Bediensystems verbrachte Zeit sei exponentialverteilt mit der Intensität λ.

$N, \; N > s$	– Anzahl der Maschinen
s	– Anzahl der Bedienstationen (Bediener)

$$P_0 = \frac{1}{\sum_{n=0}^{s-1} \frac{N!}{(N-n)!n!} r^n + \sum_{n=s}^{N} \frac{N!}{(N-n)!s!s^{n-s}} r^n} \qquad \text{mit } r = \frac{\lambda}{\mu}$$

$$P_n = \begin{cases} P_0 \frac{N!}{(N-n)!n!} r^n = P_0 \binom{N}{n} r^n & 0 < n \leq s \\ P_0 \frac{N!}{(N-n)!s!s^{n-s}} r^n = P_0 \binom{N}{n} \frac{n!}{s!s^{n-s}} r^n & s \leq n \leq N \\ 0 & n > N \end{cases}$$

$\lambda_{\text{eff}} = \lambda(N-L)$	– effektive Ankunftsrate
$L_q = \sum\limits_{n=s+1}^{N} (n-s)P_n$	– mittlere Anzahl der ausgefallenen und auf Bedienung wartenden Maschinen
$L = \sum\limits_{n=0}^{N} nP_n = L_q + r(N-L) = \dfrac{L_q + rN}{1+r} = L_q + \dfrac{\lambda_{\text{eff}}}{\mu}$	– mittlere Anzahl der ausgefallenen Maschinen
$L_A = \dfrac{N-L}{1+r}$	– mittlere Anzahl der arbeitenden Maschinen
$\dfrac{L_A}{N} = \dfrac{1-\frac{L}{N}}{1+r}$	– Auslastungsgrad des Systems (des Maschinenparks)
$L_b = \dfrac{r}{1+r}(n-L_q)$	– mittlere Anzahl besetzter Bedienstationen
$\dfrac{L_b}{s}$	– Auslastungsgrad einer Bedienstation
$W_q = \dfrac{L_q}{\lambda_{\text{eff}}},\ W = \dfrac{L}{\lambda_{\text{eff}}}$	– mittlere Wartezeit auf Bedienung bzw. mittlere Verweilzeit (Ausfallzeit) einer Maschine
$W + \dfrac{1}{\lambda} = \dfrac{1}{\lambda}\dfrac{N}{N-L}$	– mittlere Zykluszeit einer Maschine

Deterministisches Mehrmaschinenbediensystem

Sowohl wartungsfreie Arbeitszeit als auch Bedienzeit seien konstant.

$T_A = \dfrac{1}{\lambda},\ T_B = \dfrac{1}{\mu}$	–	(deterministische) Arbeitszeit bzw. Bedienzeit einer Maschine
N, s	–	Anzahl der Maschinen bzw. der Bedienstationen
$r = \dfrac{\lambda}{\mu}$		
• Fall A: $N \leq s\dfrac{1+r}{r}$		$\rightarrow$ ausreichend viele Bediener
$\dfrac{1}{1+r},\ \dfrac{Nr}{s(1+r)}$	–	Auslastungsgrad einer Maschine bzw. Bedienstation
$W_q = 0$	–	Wartezeit einer Maschine auf Bedienung
• Fall B: $N > s\dfrac{1+r}{r}$		$\rightarrow$ zu wenig Bediener
$\dfrac{s}{Nr},\ 1$	–	Auslastungsgrad einer Maschine bzw. Bedienstation
$W_q = (N-s)T_B - sT_A$	–	Wartezeit einer Maschine auf Bedienung

Systeme mit anderen Verteilungsvoraussetzungen

Allgemeine Eigenschaften eines $G/G/s$-Systems

Die Symbole für die Ankunftsrate und Bedienrate sind ggf. (wenn der betreffende Prozess nicht poissonsch ist) zu ersetzen durch: $\lambda = \dfrac{1}{\mathrm{E}\mathcal{T}}$, $\mu = \dfrac{1}{\mathrm{E}\mathcal{S}}$. Der Kürze halber kann in den Formeln davon abgesehen werden.

$\varrho = \dfrac{\mathrm{E}S}{s\,\mathrm{E}T}$	– Verkehrsintensität, mittlere Besetzung der Bedienstellen, $\varrho < 1$
$L = \dfrac{W}{\mathrm{E}T}$, $L_q = \dfrac{W_q}{\mathrm{E}T}$	– (verallgemeinertes) Gesetz von LITTLE
$L = L_q + \varrho s$, $W = W_q + \mathrm{E}S$,	$L - L_q = \dfrac{W - W_q}{\mathrm{E}T} = \varrho s$

Für die stochastischen Prozesse in einem $G/G/s$-Bediensystem gilt in der Regel die Markov-Eigenschaft nicht: das heißt, keine Gedächtnislosigkeit und keine unabhängigen Zuwächse. Aus diesem Grunde sind Ergebnisse zu den Kenngrößen des Bediensystems nicht mehr so zahlreich herleitbar wie bei einem $M/M/s$-Bediensystem.

Kenngrößen des $M/G/1$-Bediensystems

$\sigma_S^2 = \mathrm{D}^2 S$	– Varianz der Bedienzeit S
$L_q = \dfrac{\varrho^2 + \lambda^2\sigma_S^2}{2(1-\varrho)}$	– mittlere Länge der Warteschlange (POLLACZEK-CHINTCHIN-Formel)
$L = \varrho + L_q$	– mittlere Anzahl der Forderungen im Bediensystem
$W_q = \dfrac{\varrho + \lambda\mu\sigma_S^2}{2(\mu - \lambda)}$	– mittlere Wartezeit in der Warteschlange
$W = \dfrac{1}{\mu} + W_q$	– mittlere Verweilzeit im Wartesystem

Kenngrößen des $M/G/\infty$-Bediensystems

Das Bediensystem kann den Forderungenstrom stets aufnehmen. Es entstehen keine Wartezeiten und keine Warteschlangen. Die Verweilzeit im Bediensystem ist gleich der Bedienzeit.

$$\varrho = \frac{\lambda}{\mu}, \qquad P_n = \frac{\varrho^n e^{-\varrho}}{n!}, n \geq 0$$

Kenngrößen des $M/D/1$-Bediensystems

$$\sigma_S^2 = 0,\ \ L = \varrho + \frac{\varrho^2}{2(1-\varrho)},\ \ L_q = \frac{\varrho^2}{2(1-\varrho)},\ \ W = \frac{1}{\mu} + \frac{\varrho}{2(\mu-\lambda)},\ \ W_q = \frac{\varrho}{2(\mu-\lambda)}$$

Kenngrößen des $M/E_m/1$-Bediensystems

Mit der Erlangverteilung wird versucht, realistischere Verteilungen für die Bedienzeit nachzubilden; die Exponentialverteilung hat zwar analytische Vorzüge (wie die Modelle $M/M/...$ deutlich machen), aber in realen Bediensystemen ist die Standardabweichung der Bedienzeit (z.T. deutlich) kleiner als der Erwartungswert der Bedienzeit; außerdem dominiert die Exponentialverteilung kleine Bedienzeitwerte, was in realen Systemen nur selten erkennbar ist. Mit der Erlangverteilung der Bedienzeit wird die Bedienstelle in m seriell angeordnete, unabhängig arbeitende Bedienstufen mit jeweils exponentialverteilter Bedienzeit zerlegt (Erlangsche Phasenmethode).

$\mathcal{S}$	Bedienzeit, erlangverteilt mit der Ordnung m
$E\mathcal{S} = \frac{1}{\mu},\ D^2\mathcal{S} = \frac{1}{m\mu^2}$	Erwartungswert und Varianz der Bedienzeit

$$W_q = \frac{1+m}{2m}\frac{\lambda}{\mu(\mu-\lambda)} \qquad L_q = \lambda W_q \qquad W = W_q + \frac{1}{\mu} \qquad L = \lambda W$$

Bedienungsnetzwerke

Verknüpfungen von Bediensystemen ergeben Bedienungsnetzwerke (Warteschlangennetze); sie sind als Digraphen beschreibbar: die einzelnen Bediensysteme bilden die Knoten und die Verbindungen der Bediensysteme untereinander (Strom/Fluss von Forderungen und Abgängen) bilden die Pfeile.

Begriffe

offenes Bedienungsnetzwerk:	Forderungen können von außen das Netz betreten und wieder verlassen
geschlossenes Bedienungsnetzwerk:	konstante Anzahl von Forderungen/ Abgängen/Aufträgen zirkuliert im Netz

Parameter von Bedienungsnetzwerken können (wie auch bei Bediensystemen) mit analytischen, numerischen oder mit Simulationstechnik ermittelt werden; dies ist abhängig vom Ein- und Abgangscharakter der Forderungen, von Bediencharakteristiken und von der Art der Verknüpfungen der Bediensysteme untereinander.

Jackson-Netzwerk

Offenes Bediennetzwerk: N Bedienstationen mit $s_1, \ldots, s_N$ identischen, parallel angeordneten Bedienstellen:

- Poissonscher Ankunftsstrom externer Forderungen an Bedienstation i mit Ankunftsrate λ_i
- An Bedienstation i bediente Forderung verlässt Wartesystem mit Wahrscheinlichkeit $r_{i0} > 0$ oder geht mit Wahrscheinlichkeit r_{ik} zur Bedienstation k ($\sum_{k=0}^{N} r_{ik} = 1$); Übergänge seien stochastisch unabhängig.
- Die Bedienzeiten an Bedienstellen der Bedienstation i sind unabhängig und exponentialverteilt mit dem Parameter μ_i.

Stationäres Jackson-Netzwerk

κ_i	– Gesamtankunftsrate an Station i (externe und interne Forderungen)
lineares Gleichungssystem für die Gesamtankunftsraten:	
$\begin{cases} \kappa_i = \lambda_i + \sum_{k=1}^{N} \kappa_k r_{ki}, \ 1 \le i \le N \\ \sum_{k=1}^{N} (\lambda_k - \kappa_k r_{k0}) = 0, \ r_{k0} = 1 - \sum_{i=1}^{N} r_{ki} \end{cases}$	– Verkehrsgleichung, Erhaltungssatz

$\varrho_i = \frac{\kappa_i}{\mu_i} < s_i,\ 1 \le i \le N$	- Stationaritätsbedingung
$P_{n_i}^{(i)}$	- Wahrscheinlichkeit: in Bedienstation i befinden sich n_i Forderungen
$P_{n_1,n_2,\ldots,n_N} = P_{n_1}^{(1)} P_{n_2}^{(2)} \cdots P_{n_N}^{(N)}$	- stationäre Zustandswahrscheinlichkeiten für eine Besetzung im Netzwerk
$P_{n_i}^{(i)} = (1-\varrho_i)\varrho_i^{n_i},\ L_i = \frac{\varrho_i}{1-\varrho_i}$	- speziell für $M/M/1$-Netze

Für ein stationäres (Poissonsches) JACKSON-Netzwerk gilt: die N Bedienungsstationen sind unabhängige $M/M/s$-Bediensysteme: $M/M/s_i$. Die Zufallsgrößen $\mathcal{L}_i$ (Anzahl der Forderungen in Bedienstation i) und $\mathcal{W}_i$ (Verweilzeit in Bedienstation i) sind unabhängig, die Zufallsgrößen $\mathcal{L}_{qi}$ (Länge der Warteschlange vor Bedienstation i) und $\mathcal{W}_{qi}$ (Wartezeit vor Bedienstation i) jedoch nicht. Für alle diese Zufallsgrößen können die Erwartungswerte einzeln berechnet werden: L_i, L_{qi}, W_i, W_{qi} (⊳⊳ S.159).

$\sum_{i=1}^{N} L_i$	–	mittlere Gesamtzahl der Forderungen im Netzwerk
$\sum_{i=1}^{N} W_i$	–	mittlere Gesamtverweilzeit der Forderungen im Netzwerk

Die Analyse geschlossener Bediennetzwerke ist wesentlich aufwändiger als die Analyse offener. Stichpunkte: Gordon-Newell-Netzwerk, BCMP-Netzwerk (Baskett, Chandy, Muntz, Palacios).

Serielles Netzwerk

Forderungen durchlaufen seriell die Bedienstationen.

$\lambda_i = 0, \quad 2 \le i \le N$		– an den Bedienstationen $2 \ldots N$ keine externen Forderungen
$r_{ki} = \begin{cases} 1 & i=k+1 \\ 0 & \text{sonst} \end{cases}$	$1 \le k \le N-1$	– Forderungen durchlaufen Netzwerk seriell
$r_{Ni} = \begin{cases} 1 & i=0 \\ 0 & \text{sonst} \end{cases}$		– Abgang aus dem Netzwerk nur am Ende der Serie
$\kappa_i = \lambda_1 = \lambda$		– alle Bedienstationen haben dic gleiche Ankunftsrate

Simulation von Bediensystemen

Die Analyse eines Bediensystems ist, sofern die realen Bedingungen akzeptiert werden sollen, nicht oder nur mit drastischen Einschränkungen möglich. Deshalb sind Bediensysteme typische Anwendungsfelder der Simulationstechnik (⊳⊳ S.141). Insbesondere wenn die Standardvoraussetzungen für den Forderungenstrom und die Bedienkanäle - Poisson- und Exponentialverteilung - nicht gesichert sind, ist dies eine Möglichkeit, die Systemcharakteristiken zu schätzen.

Entsprechend angenommener Wahrscheinlichkeitsverteilungen für die Ankunftstermine/-abstände im Forderungenstrom und für die Bedienzeiten (Exponential-/Poissonverteilung, Erlang-/Gammaverteilung, Hyperexponentialverteilung, Gleichverteilung usw.) sind zu deren Simulation Zufallszahlen bereitzustellen. Aber auch die Organisationsformen der Bediensysteme (Prioritäten, variable Anzahl der Warteplätze, variable Anzahl der Bedienkanäle, Zerlegung des Eingangsstromes, Vernetzung usw.) können mit Wahrscheinlichkeitsverteilungen/Zufallsgrößen verbunden sein.

Im Ergebnis der Simulation entstehen z.B. Schätzungen für die mittlere Länge der Warteschlange, die mittlere Wartezeit, die mittlere unbesetzte Zeit in der Bedienstation und andere Systemparameter. Die Bedeutung der Simulation von Bediensystemen ist so groß, dass selbst eigenständige Simulationssprachen entwickelt wurden.

Optimierung in Bediensystemen

Entscheidungsvariable zur Optimierung in Bediensystemen

s – Anzahl der Bedienstellen	$\rightarrow$ Leistungsfähigkeit der Bedienstation
c – Kapazität des Warteraumes	$\rightarrow$ Anzahl der abgewiesenen Forderungen
μ – Bedienrate	$\rightarrow$ Leistungsfähigkeit einer Bedienstelle

Entscheidungskriterien zur Optimierung in Bediensystemen

- Überschreiten der kritischen Länge der Warteschlange
- Überschreiten der kritischen Wartezeit
- Überschreiten der kritischen Anzahl abgewiesener Forderungen
- Überschreiten der kritischen Bedienzeit

bzw. Überschreiten von kritischen Kostengrenzen (Aufenthaltskosten, Bedienungskosten, Kosten für abgewiesene Forderungen usw.)

Kostenansätze zur Optimierung in Bediensystemen

$\frac{1}{\mu W} = 1 - \frac{W_q}{W}$	– Effizienz eines Bediensystems (mittlerer Anteil der Bedienzeit an der Verweilzeit)
k_b	– Kostensatz für eine besetzte Bedienstelle pro Zeiteinheit
k_f	– Kostensatz für eine freie Bedienstelle pro Zeiteinheit
k_q	– Kostensatz für eine wartende Forderung pro Zeiteinheit
k_a	– Kostensatz für eine abgewiesene Forderung (Strafe)
N_b	– mittlere Anzahl der besetzten Bedienstellen
$s - N_b$	– mittlere Anzahl der freien Bedienstellen
L_q	– mittlere Anzahl der wartenden Forderungen
ν	– mittlere Anzahl der abgewiesenen Forderungen pro Zeiteinheit (Abweisungsrate)
$K(s)$	– mittlere Kosten beim Betrieb von s Bedienstellen pro Zeiteinheit
s_{opt}	– optimale Anzahl von Bedienstellen

$$K(s) = k_b N_b + k_f(s - N_b) + k_q L_q + k_a \nu \rightarrow \min \qquad \longrightarrow s_{\text{opt}}$$

Für nichtlineare (und ggf. auch nichtstetige/sprunghafte) Kostenmodelle (z.B. Bedienkosten steigen nicht linear mit wachsender Anzahl von Bedienstellen) ergeben sich analoge analytische Ansätze. Weitere praktische Erwägungen zur (optimalen) Steuerung von Bediensystemen: variable Gebühr zur Nutzung des Bediensystems, Intensivierung der Prioritäten von Forderungen mit höheren Gewinnaussichten.

Optimale Bedienrate

λ Ankunftsrate

falls nur die Kosten k_b und k_q anfallen: $\mu_{\text{opt}} = \lambda + \sqrt{\frac{k_q}{k_b}}$

Optimale Anzahl der Bedienstellen im $M/M/s$-Bediensystem (⊳⊳ S.159)

$N_b = r = \frac{\lambda}{\mu}$ – λ Ankunftsrate, μ Bedienrate einer Bedienstelle

Kostenfunktion:

$$K(s) = k_b r + k_f(s-r) + k_q \frac{r^{s+1}}{(s-1)!(s-r)^2} \Big(\sum_{n=0}^{s-1} \frac{r^n}{n!} + \frac{r^s}{(s-1)!(s-r)} \Big)^{-1} \to \min$$

Lösungsweg: Abtasten von s-Werten bzw. (s, μ)-Werten

Beachte, falls die Bedienrate μ variiert werden kann: es kann günstiger sein, eine Bedienstelle mit hoher Bedienrate als mehrere Bedienstellen mit kleiner Bedienrate einzusetzen.

Optimale Anzahl der Bedienstellen im $M/M/s/c$-Bediensystem

$r = \frac{\lambda}{\mu}$ – λ Ankunftsrate, μ Bedienrate einer Bedienstelle

$N_b = r(1 - \frac{r^c}{s!s^{c-s}} P_0)$ – mittlere Anzahl der besetzten Bedienstellen
c Kapazität des Warteraumes
P_0 Wahrscheinlichkeit des leeren Systems

$\nu = \lambda \frac{r^c}{s!s^{c-s}} P_0$ – Abweisungsrate

L_q und P_0 siehe ⊳⊳ S.160

Kostenfunktion:

$$K(s) = k_b N_b + k_f(s - N_b) + k_q L_q + k_a \nu \to \min$$

Lösungsweg: Abtasten von s-Werten bzw. (s, μ)-Werten bzw. (s, μ, c)-Werten

Lagerhaltung

Einführung in die Lagerhaltung

Zielsetzungen der optimalen Lagerhaltung

- sichere und zeitnahe Bedarfsermittlung bzw. -schätzung
- sichere und pünktliche Lieferzeiten
- kostenminimale Lagerhaltung und hoher Befriedigungsgrad

optimale Bestellpolitik:
Angabe von Bestellzeiten und -mengen mit Gesamtkostenminimum

Klassifikation der Mengen- und Zeitmerkmale von Lagerhaltungsproblemen

- alle Kenngrößen betreffend:
  deterministisch oder stochastisch
- Bedarf/Nachfrage/Lagerabgang:
  * bekannt oder geschätzt * konstant oder variabel
- zeitliche Verteilung des Bedarfs:
  * diskret oder stetig * konstant oder variabel
- Zeitabstand der Bestellungen:
  * bekannt oder geschätzt * konstant oder variabel
- Lieferzeit:
  null oder positiv
- Lieferung/Lagerzugang:
  * diskret oder stetig * konstant oder variabel
- zeitliche Verteilung der Lieferungen:
  * diskret oder stetig * konstant oder variabel

Klassifikation der Kostenarten von Lagerhaltungsproblemen

- Lagerkosten (Kosten pro Mengeneinheit): konstant oder variabel
  - ◇ Kosten für das im Lager gebundene Kapital
  - ◇ Kosten für Lagerraum und Lagerverwaltung
  - ◇ Kosten für die Pflege des Lagerbestandes
- Beschaffungs- und Lieferkosten (Kosten pro Beschaffung und Lieferung):
  konstant oder variabel
  - ◇ Bestellkosten
  - ◇ Lieferkosten, Transportkosten
  - ◇ Annahmekosten
- Fehlmengenkosten, Ausfallkosten (Kosten pro Mengeneinheit):
  konstant oder variabel
  - ◇ Kosten für nachträgliche Lieferung
  - ◇ Kosten für entgangenen Deckungsbeitrag
  - ◇ Strafkosten, Sanktionen

Arten des Bedarfsverlaufes im Lager

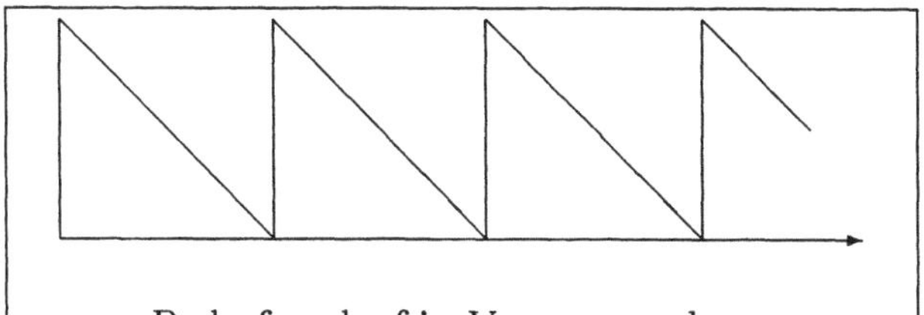

Bedarfsverlauf in Versorgungslager

aus einem Versorgungslager heraus wird verteilt

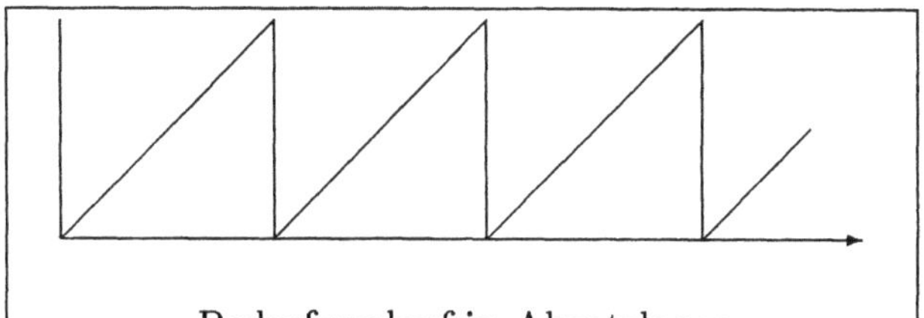

Bedarfsverlauf in Absatzlager

in ein Absatzlager hinein wird gesammelt

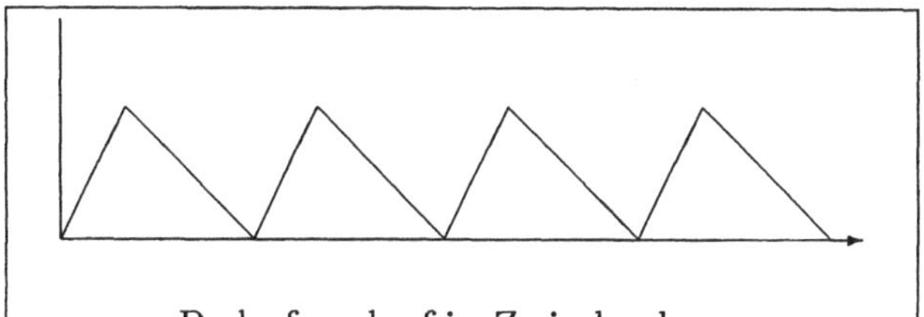

Bedarfsverlauf in Zwischenlager

im Zwischenlager wird gesammelt und verteilt

Klassisches Losgrößenmodell

Eigenschaften des klassischen Modells

- deterministischer Bedarf
- linear fallender Lagerbestand
- Lagerzugang konstanten Umfangs, gleichbleibende Losgröße
- Lagerzugang an äquidistanten Zeitpunkten, schlagartig (ohne Zeitbedarf)
- Lagerbestand darf nicht unter Null sinken, Fehlmengen nicht zugelassen

Grundgrößen im klassischen Modell

a	–	Bedarf/Nachfrage pro Zeiteinheit
q	–	Bestellmenge, Losgröße
t_B	–	Beschaffungszeit für Lieferung, Lieferfrist
$t_0 = \frac{q}{a}$	–	Bestellperiode, Bestellzyklus
$s = \frac{q}{t_0} t_B = a t_B$	–	Bestellbestand, Bestellniveau (wenn Lagerbestand auf s abgesunken, dann Bestellung auslösen: gilt nur für $t_B < t_0$)
$\frac{q}{2}$	–	durchschnittlicher Lagerbestand pro Bestellzyklus

Lagerhaltungskosten im klassischen Modell

k_L	– Lagerkosten pro Mengeneinheit und Zeiteinheit
K_B	– Beschaffungskosten pro Bestellung
k_c	– Lieferkosten pro Mengeneinheit (Produktionskosten, Stückpreis)
$K_B + k_c q$	– Lieferkosten pro Bestellzyklus
$k_L \frac{q}{2}$	– Lagerkosten pro Zeiteinheit
$\frac{k_L q^2}{2a}$	– Lagerkosten pro Bestellzyklus
$K = K_B + k_c q + \frac{k_L q^2}{2a}$	– Gesamtkosten pro Bestellzyklus
$K^* = \frac{K}{t_0} = \frac{K}{\frac{q}{a}} = \frac{aK_B}{q} + ak_c + \frac{k_L q}{2}$	– Gesamtkosten pro Zeiteinheit (Kostengleichung)

Optimale Kenngrößen im klassischen Modell

$q_{\text{opt}} = \sqrt{\frac{2aK_B}{k_L}}$	– kostenoptimale Bestellmenge, optimale Losgröße
$K^*_{\text{opt}} = \sqrt{2aK_B k_L} + ak_c$	– minimale Gesamtkosten pro Zeiteinheit
$t_{0,\text{opt}} = \sqrt{\frac{2K_B}{ak_L}}$	– optimale Bestellperiode

Klassisches Losgrößenmodell mit Fehlmengen

Modell mit Fehlmengen

k_F	– Fehlmengenkosten pro Mengeneinheit und Zeiteinheit
$q_B,\ q_B \leq q$	– Lagerbestand zu Beginn eines Zyklus
$\frac{q_B}{2}$	– durchschnittlicher Lagerbestand im Bestellzyklus
$k_L \frac{q_B}{2}$	– Lagerkosten pro Zeiteinheit
$\frac{k_L q_B^2}{2a}$	– Lagerkosten pro Bestellzyklus (bezogen auf positiven Lagerbestand)
$\frac{q - q_B}{2}$	– durchschnittlicher Fehlmengenbestand während der Fehlmengenzeit
$\frac{k_F (q - q_B)^2}{2a}$	– Fehlmengenkosten pro Bestellzyklus

$K_B + k_c q + \frac{k_L q_B^2}{2a} + \frac{k_F(q-q_B)^2}{2a}$	– Gesamtkosten pro Bestellzyklus
$\frac{aK_B}{q} + ak_c + \frac{k_L q_B^2}{2q} + \frac{k_F(q-q_B)^2}{2q}$	– Gesamtkosten pro Zeiteinheit (Kostengleichung)

Optimale Kenngrößen im Modell mit Fehlmengen

$q_{\text{opt}} = \sqrt{\frac{2aK_B}{k_L}\left(1+\frac{k_L}{k_F}\right)}$	– optimale Bestellmenge (optimale Losgröße)
$q_{B,\text{opt}} = \sqrt{\frac{2aK_B}{k_L}\left(\frac{k_F}{k_F+k_L}\right)}$	– optimaler Anfangsbestand
$t_{0,\text{opt}} = \frac{q_{\text{opt}}}{a} = \sqrt{\frac{2K_B}{ak_L}\left(1+\frac{k_L}{k_F}\right)}$	– optimale Bestellperiode
$K^*_{\text{opt}} = \sqrt{2aK_Bk_L\left(\frac{k_F}{k_F+k_L}\right)} + ak_c$	– minimale Gesamtkosten pro Zeiteinheit
$q_{\text{opt}} - q_{B,\text{opt}} = \sqrt{\frac{2aK_B}{k_F}\left(\frac{k_L}{k_F+k_L}\right)}$	– maximale Fehlmenge im optimalen Fall
$\frac{q_B}{q} = \frac{k_L}{k_F+k_L}$	– Anteil der fehlmengenfreien Zeit (Lagerbestand positiv)
$s_{\text{opt}} = \begin{cases} at_B + q_{B,\text{opt}} - q_{\text{opt}} & t_B < t_{0,\text{opt}} \\ at_B + q_{B,\text{opt}} - \left[\frac{t_B}{t_0}+1\right] q_{\text{opt}} & t_B \geq t_{0,\text{opt}} \end{cases}$	– optimales Bestellniveau

Für $k_F \to \infty$ entsteht das klassische Modell ohne Fehlmengen. Gegenüber dem klassischen Fall ohne Fehlmengen gilt jetzt: die optimale Bestellmenge ist größer; die minimalen Gesamtkosten pro Zeiteinheit sind kleiner.

Deterministisches dynamisches Lagerhaltungsmodell

Eigenschaften des deterministischen dynamischen Lagerhaltungsmodells

n	Anzahl der Perioden
m_k	Liefermenge zu Beginn der Periode k
x_k	Lagerbestand zu Beginn der Periode k (bzw. am Ende der Periode $k-1$) $x_1 = 0$; $x_{n+1} = 0$
a_k	Nachfrage in der Periode k $x_{k+1} = x_k + m_k - a_k$, $k = 1, \ldots, n$ Lagerbilanzgleichung
K_B	Beschaffungskosten pro Bestellung (unabhängig von der Bestellmenge)
k_L	Lagerkosten pro Mengeneinheit
c	Einkaufspreis pro Mengeneinheit
l	Lieferzeit (in Perioden) einer Bestellung

Modellgleichung

$K_k^*(x)$ minimale Gesamtkosten in Periode k bei Lagerbestand x

$$K_k^*(x_{k+1}) = \min_{0 \leq m_k \leq x_{k+1}+a_k} \{K\delta(m_k) + k_L x_{k+1} + K_{k-1}^*(x_{k+1} - m_k + a_k)\}$$

$$\delta(m) = \begin{cases} 1 & \text{für } m > 0 \\ 0 & \text{für } m = 0 \end{cases}, \quad K_0^*(x_1) = 0,\ k = 1, 2, \ldots, n$$

(Bellmansche Funktionalgleichung eines dynamischen Optimierungsproblems)

Verfahren zur Lösung des dynamischen Lagerhaltungs-Optimierungsproblems (Wagner-Whitin)

1. setze $A_1^* = A_1(1) = K$, $p_1^* = 1$
2. für $k = 2, 3, \ldots, n$ bestimme $A_k^* = \min\limits_{p=p_{k-1}^*,\ldots,k} A_k(p)$, $p = p_k^*$ Minimalstelle

   mit $A_k(p) = \begin{cases} A_{k-1}(p) + (k-p)k_L a_k & \text{für } p < k \\ K + A_{k-1}^* & \text{für } p = k \end{cases}$
3. setze $K^* = A_n^* + c(a_1 + \ldots + a_n)$
4. setze $r = p_n^*$, $m_r^* = a_r + \ldots + a_n$, $m_{r+1}^* = \ldots = m_n^* = 0$
5. solange $r > 1$

   setze $s = p_{r-1}^*$, $m_s^* = a_m + \ldots + a_{r-1}$, $m_{s+1}^* = \ldots = m_{r-1}^* = 0$

   $r = s$
6. Ende

Zeitkomplexität: $O(n \log n)$

Bestellzeiten und Bestellmengen (Bestellpolitik): $p_1^*, \ldots, p_n^*$, $m_1^*, \ldots, m_n^*$

minimale Gesamtkosten: K^*

Stochastisches Lagerhaltungsmodell

Die stochastischen Lagerhaltungsmodelle benutzen die Bellmansche Funktionalgleichung der Dynamischen Optimierung (⊳⊳ S.??); außerdem ist die numerische Berechnung der Lage relativer Minimalstellen von Kostenfunktionen notwendig. Zusammen mit den Verteilungs- und Dichtefunktionen der Nachfragemengen wird dann der Rechenaufwand ziemlich groß.

Ein-Perioden-Modell

$\mathcal{A}$	- Bedarf/Nachfrage, Zufallsgröße mit Verteilungsfunktion $F(x)$
K_B	- Beschaffungskosten pro Bestellung
c	- Einkaufspreis pro Mengeneinheit
k_L	- Lagerkosten pro Mengeneinheit (reduziert um Wiederverkaufswert)
k_F	- Fehlmengenkosten pro Mengeneinheit, $k_F > c$
x, m	- Anfangslagerbestand, Bestellmenge zu Beginn der Periode
$y = x + m$	- Lagerbestand nach Eingang der Bestellung (Lieferzeit 0)
$\mathcal{K}_{LF}$	- Lager- und Fehlmengenkosten
$\mathrm{E}\mathcal{K}_{LF}(y)$	- Erwartungswert der Lager- und Fehlmengenkosten (abhängig vom Lagerbestand)
$\mathrm{E}\mathcal{K}^*(x)$	- Gesamtkosten (abhängig vom Anfangslagerbestand)

Nachfrage-/Bedarfsverteilungen

Nachfrageverteilung diskret:	$\pi_a = P(\mathcal{A} = a)$, $a = 0, 1, 2, \ldots$
Nachfrageverteilung stetig:	Verteilungsfunktion $F(a)$
	Verteilungsdichte $f(a)$, $a \in \mathbb{R}_+$
Erwartungswert der Nachfrage:	$\mathrm{E}\mathcal{A} = \sum_{a=0}^{\infty} a\pi_a$ bzw. $= \int_0^{\infty} af(a)\mathrm{d}a$

Gesamtkosten im Ein-Perioden-Modell

mittlere Lager- und Fehlmengenkosten:

$$\mathrm{E}\mathcal{K}_{KF}(y) = \begin{cases} (k_L + k_F)\int_0^y F(a)\mathrm{d}a + k_F(\mathrm{E}\mathcal{A} - y) & \text{für } y \geq 0 \\ k_F(\mathrm{E}\mathcal{A} - y) & \text{für } y < 0 \end{cases}$$

minimale mittlere Gesamtkosten:

$$\mathrm{E}\mathcal{K}^*(x)_{\min} = \min_{m \geq 0}\{K_B\delta(m) + cm + \mathrm{E}\mathcal{K}_{LF}(x+m)\},\ x \in \mathbb{R},\ \delta(m) = \begin{cases} 1 & m > 0 \\ 0 & m = 0 \end{cases}$$

Optimale Bestellpolitik im Ein-Perioden-Modell

S: $cS + \mathrm{E}\mathcal{K}_{LF}(S) = \min_m\{cm + \mathrm{E}\mathcal{K}_{LF}(m)\}$ optimale Bestellgrenze

s: $cs + \mathrm{E}\mathcal{K}_{LF}(s) = cS + \mathrm{E}\mathcal{K}_{LF}(S) + K_B$, $s \leq S$ optimaler Bestellpunkt

m^* Minimalstelle von $K_B\delta(m) + cm + \mathrm{E}\mathcal{K}_{LF}(x+m)$

optimale (s, S)-Bestellpolitik/Bestellregel:

$$m^* = \begin{cases} S - x & \text{für } x < s & \text{d.h. Lager bis zur Bestellgrenze auffüllen} \\ 0 & \text{für } x \geq s & \text{d.h. nichts bestellen} \end{cases}$$

falls $K_B = 0 : S = s$

Die Bestellregel besagt: falls der Anfangslagerbestand x unter dem optimalen Bestellpunkt s liegt, ist das Lager bis zur Grenze S aufzufüllen, ansonsten bleibt das Lager unverändert. Treten keine Beschaffungskosten K_B auf, so ist die (S, S)-Bestellpolitik optimal.

Berechnung von S und s bei stetiger Verteilung des Bedarfs

$F(a)$ stetige Verteilungsfunktion der Nachfrage/des Bedarfs

$$S = F^{-1}\left(\frac{k_F - c}{k_F + k_L}\right)$$

s ist Lösung der Gleichung $cs + \mathrm{E}\mathcal{K}_{LF}(s) = cS + \mathrm{E}\mathcal{K}_{LF}(S) + K_B$, $0 < s \leq S$
(ggf. Näherungsverfahren: Halbierungsverfahren, Newtonsches Verfahren)

Bei diskreter Verteilung des Bedarfs ist die kleinste ganze Zahl S zu bestimmen, für die $F(S) \geq \dfrac{k_F - c}{k_F + k_L}$.

Ein-Perioden-Modell: exponentialverteilter Bedarf

Erwartungswert/Intensität der Exponentialverteilung	λ
optimale Bestellgrenze	$S = \lambda \ln\left(\frac{k_F + k_L}{c + k_L}\right)$
optimaler Bestellpunkt (Näherungswert)	$s \approx S - \sqrt{\frac{2\lambda K_B}{c + k_L}}$

Stationäres Mehr-Perioden-Modell

Der Restlagerbestand nach der letzten Periode sei Null bzw. bleibe unberücksichtigt; die Lieferzeit jeder Bestellung sei Null.

n	Anzahl der Perioden
K_B	Beschaffungskosten
c	Einkaufspreis pro Mengeneinheit
k_L, k_F	Lager- und Fehlmengenkosten pro Mengeneinheit, $k_F > c$
$\mathcal{A}_1, \ldots, \mathcal{A}_n$	Nachfragemengen, unabhängige und identisch verteilte nicht-negative Zufallsgrößen mit Verteilungsdichte f(a)
$\mathcal{K}_{LF}$	- Lager- und Fehlmengenkosten
$\mathrm{E}\mathcal{K}_{LF}(y)$	- Erwartungswert der Lager- und Fehlmengenkosten (abhängig vom Lagerbestand)
$\mathrm{E}\mathcal{K}^*(x)$	- Gesamtkosten (abhängig vom Anfangslagerbestand)
v	Diskontierungsfaktor (wie in der Finanzmathematik geläufig)

Lagerhaltungskosten

mittlere Lager- und Fehlmengenkosten:

$$\mathrm{E}\mathcal{K}_{KF}(y) = \begin{cases} (k_L + k_F)\int\limits_0^y F(a)\mathrm{d}a + k_F(\mathrm{E}\mathcal{A} - y) & \text{für } y \geq 0 \\ k_F(\mathrm{E}\mathcal{A} - y) & \text{für } y < 0 \end{cases}$$

minimale mittlere Gesamtkosten pro Periode:

$$\mathrm{E}\mathcal{K}_k^*(x)_{\min} = \min_{m_k \geq 0} \{K_B\delta(m_k) + cm_k + \mathrm{E}\mathcal{K}_{LF}(x_k + m_k)\},\ x_k \in \mathbb{R}$$

Optimale Bestellpolitik im Mehr-Perioden-Modell

Ablauf:

1. setze $k = n$, $H_k(y) = cy + \mathrm{E}\mathcal{K}_{LF}(y), y \in \mathbb{R}$
2. berechne kleinste Minimalstelle S_k von H_k auf $\mathbb{R}$ und die kleinste reelle Zahl $s_k \leq S_k$ mit $H_k(s_k) = H_k(S_k) + K$
3. setze $m_k^*(x) = \begin{cases} S_k - x & \text{für } x < s_k \\ 0 & \text{für } x \geq s_k \end{cases}$ $C_k^*(x) = \begin{cases} -cx + H_k(s_k) & \text{für } x < s_k \\ -cx + H_k(x) & \text{für } x \geq s_k \end{cases}$
4. verkleinere k um 1, falls $k = 0$, gehe zu 5., andernfalls berechne $H_k(y) = cy + \mathrm{E}\mathcal{K}_{LF}(y) + v\int\limits_0^\infty C_{k+1}^*(y-a)f(a)\mathrm{d}a,\ y \in \mathbb{R}$, gehe zu 2.
5. Ende: $s_1, \ldots, s_n$ optimale Bestellpunkte; $S_1, \ldots, S_n$ optimale Bestellgrenzen $m_1^*, \ldots, m_n^*$ optimale Bestellmengen

Tabelle der Verteilungsfunktion $\Phi(x)$ der (0,1)-Normalverteilung

x	0	1	2	3	4	5	6	7	8	9
0.0	.500000	.503989	.507978	.511966	.515953	.519938	.523922	.527903	.531881	.535856
0.1	.539828	.543795	.547758	.551717	.555670	.559618	.563559	.567495	.571424	.575345
0.2	.579260	.583166	.587064	.590954	.594835	.598706	.602568	.606420	.610261	.614092
0.3	.617911	.621720	.625516	.629300	.633072	.636831	.640576	.644309	.648027	.651732
0.4	.655422	.659097	.662757	.666402	.670031	.673645	.677242	.680822	.684386	.687933
0.5	.691462	.694974	.698468	.701944	.705401	.708840	.712260	.715661	.719043	.722405
0.6	.725747	.729069	.732371	.735653	.738914	.742154	.745373	.748571	.751748	.754903
0.7	.758036	.761148	.764238	.767305	.770350	.773373	.776373	.779350	.782305	.785236
0.8	.788145	.791030	.793892	.796731	.799546	.802338	.805105	.807850	.810570	.813267
0.9	.815940	.818589	.821214	.823814	.826391	.828944	.831472	.833977	.836457	.838913
1.0	.841345	.843752	.846136	.848495	.850830	.853141	.855428	.857690	.859929	.862143
1.1	.864334	.866500	.868643	.870762	.872857	.874928	.876976	.879000	.881000	.882977
1.2	.884930	.886861	.888768	.890651	.892512	.894350	.896165	.897958	.899727	.901475
1.3	.903200	.904902	.906582	.908241	.909877	.911492	.913085	.914657	.916207	.917736
1.4	.919243	.920730	.922196	.923641	.925066	.926471	.927855	.929219	.930563	.931888
1.5	.933193	.934478	.935745	.936992	.938220	.939429	.940620	.941792	.942947	.944083
1.6	.945201	.946301	.947384	.948449	.949497	.950529	.951543	.952540	.953521	.954486
1.7	.955435	.956367	.957284	.958185	.959070	.959941	.960796	.961636	.962462	.963273
1.8	.964070	.964852	.965620	.966375	.967116	.967843	.968557	.969258	.969946	.970621
1.9	.971283	.971933	.972571	.973197	.973810	.974412	.975002	.975581	.976148	.976705
2.0	.977250	.977784	.978308	.978822	.979325	.979818	.980301	.980774	.981237	.981691
2.1	.982136	.982571	.982997	.983414	.983823	.984222	.984614	.984997	.985371	.985738
2.2	.986097	.986447	.986791	.987126	.987455	.987776	.988089	.988396	.988696	.988989
2.3	.989276	.989556	.989830	.990097	.990358	.990613	.990863	.991106	.991344	.991576
2.4	.991802	.992024	.992240	.992451	.992656	.992857	.993053	.993244	.993431	.993613
2.5	.993790	.993963	.994132	.994297	.994457	.994614	.994766	.994915	.995060	.995201
2.6	.995339	.995473	.995604	.995731	.995855	.995975	.996093	.996207	.996319	.996427
2.7	.996533	.996636	.996736	.996833	.996928	.997020	.997110	.997197	.997282	.997365
2.8	.997445	.997523	.997599	.997673	.997744	.997814	.997882	.997948	.998012	.998074
2.9	.998134	.998193	.998250	.998305	.998359	.998411	.998462	.998511	.998559	.998605
3.0	.998650	.999032	.999313	.999517	.999663	.999767	.999841	.999892	.999928	.999952
x	0.0	0.1	0.2	0.3	0.4	0.5	0.6	0.7	0.8	0.9

Tabelle der Dichtefunktion $\varphi(x)$ der (0,1)-Normalverteilung

x	0	1	2	3	4	5	6	7	8	9
0.0	0.3989	3989	3989	3988	3986	3984	3982	3980	3977	3973
0.1	3970	3965	3961	3956	3951	3945	3939	3932	3925	3918
0.2	3910	3902	3894	3885	3876	3867	3857	3847	3836	3825
0.3	3814	3802	3790	3778	3765	3752	3739	3725	3712	3697
0.4	3683	3668	3653	3637	3621	3605	3589	3572	3555	3538
0.5	3521	3503	3485	3467	3448	3429	3410	3391	3372	3352
0.6	3332	3312	3292	3271	3251	3230	3209	3187	3166	3144
0.7	3123	3101	3079	3056	3034	3011	2989	2966	2943	2920
0.8	2897	2874	2850	2827	2803	2780	2756	2732	2709	2685
0.9	2661	2637	2613	2589	2565	2541	2516	2492	2468	2444
1.0	0.2420	2396	2371	2347	2323	2299	2275	2251	2227	2203
1.1	2179	2155	2131	2107	2083	2059	2036	2012	1989	1965
1.2	1942	1919	1895	1872	1849	1826	1804	1781	1758	1736
1.3	1714	1691	1669	1647	1626	1604	1582	1561	1539	1518
1.4	1497	1476	1456	1435	1415	1394	1374	1354	1334	1315
1.5	1295	1276	1257	1238	1219	1200	1182	1163	1145	1127
1.6	1109	1092	1074	1057	1040	1023	1006	0989	0973	0957
1.7	0940	0925	0909	0893	0878	0863	0848	0833	0818	0804
1.8	0790	0775	0761	0748	0734	0721	0707	0694	0681	0669
1.9	0656	0644	0632	0620	0608	0596	0584	0573	0562	0551
2.0	0.0540	0529	0519	0508	0498	0488	0478	0468	0459	0449
2.1	0440	0431	0422	0413	0404	0396	0387	0379	0371	0363
2.2	0355	0347	0339	0332	0325	0317	0310	0303	0297	0290
2.3	0283	0277	0270	0264	0258	0252	0246	0241	0235	0229
2.4	0224	0219	0213	0208	0203	0198	0194	0189	0184	0180
2.5	0175	0171	0167	0163	0158	0154	0151	0147	0143	0139
2.6	0136	0132	0129	0126	0122	0119	0116	0113	0110	0107
2.7	0104	0101	0099	0096	0093	0091	0088	0086	0084	0081
2.8	0079	0077	0075	0073	0071	0069	0067	0065	0063	0061
2.9	0060	0058	0056	0055	0053	0051	0050	0048	0047	0046
3.0	0.0044	0043	0042	0040	0039	0038	0037	0036	0035	0034
3.1	0033	0032	0031	0030	0029	0028	0027	0026	0025	0025
3.2	0024	0023	0022	0022	0021	0020	0020	0019	0018	0018
3.3	0017	0017	0016	0016	0015	0015	0014	0014	0013	0013
3.4	0012	0012	0012	0011	0011	0010	0010	0010	0009	0009
3.5	0009	0008	0008	0008	0008	0007	0007	0007	0007	0006
3.6	0006	0006	0006	0005	0005	0005	0005	0005	0005	0004
3.7	0004	0004	0004	0004	0004	0004	0003	0003	0003	0003
3.8	0003	0003	0003	0003	0003	0002	0002	0002	0002	0002
3.9	0002	0002	0002	0002	0002	0002	0002	0002	0001	0001

Literaturverzeichnis

[1] Borgwardt, K.H.: *Optimierung, Operations Research, Spieltheorie. Mathematische Grundlagen.* Basel: Birkhäuser Verlag 2001.

[2] Domschke, W.: *Logistik: Rundreisen und Touren.* München Wien: Oldenbourg Verlag 1997.

[3] Domschke, W., Drexl, A.: *Logistik: Standorte.* München Wien: Oldenbourg Verlag 1996.

[4] Domschke, W., Drexl, A.: *Einführung in Operations Research.* Berlin Heidelberg New York: Springer Verlag 2002.

[5] Dürr, W., Kleibohm, K.: *Operations Research - Lineare Modelle und ihre Anwendungen.* München Wien: Oldenbourg Verlag 1992.

[6] Ellinger, T.: *Operations Research. Eine Einführung.* Berlin Heidelberg New York: Springer Verlag 2000.

[7] Gal,T. (Hrsg.): *Grundlagen des Operations Research - 3 Bde.* Berlin Heidelberg New York: Springer Verlag 1989.

[8] Gohout, W.: *Operations Research. Lineare Optimierung, Transportprobleme und Zuordnungsprobleme.* München Wien: Oldenbourg Verlag 2000.

[9] Hillier, F.S., Lieberman, G.J.: *Operations Research. Einführung.* München Wien: Oldenbourg Verlag 1991/1992.

[10] Neumann, K., Morlock, M.: *Operations Research.* München Wien: Hanser Verlag 2002.

[11] von Neumann, J., Morgenstern, O.: *Spieltheorie und wirtschaftliches Verhalten.* Würzburg: Physica-Verlag 1961.

[12] Pahlar, M.: *Interactive Operations Research with Maple - Methods and Models.* Basel: Birkhäuser-Verlag 2000.

[13] Richter, C.: *Optimierungsverfahren und BASIC-Programme.* Berlin: Akademie-Verlag 1988.

[14] Runzheimer, B.: *Operations Research I.* Wiesbaden: Gabler 1995.

[15] Stahel, W.A.: *Statistische Datenanalyse.* Braunschweig Wiesbaden: Vieweg 1999.

[16] Steuer, R.E.: *Multiple Criteria Optimization: Theory, Computation ans Application.* New York Chichester Brisbane Toronto Singapure: John Wiley & Sons 2002.

[17] Stingl, P.: *Operations Research. Linearoptimierung.* München Wien: Hanser-Verlag 2002.

[18] Taha, H.A.: *Operations Research. An Introduction.* Prentice Hall 2002.

[19] Zimmermann, H.-J.: *Methoden und Modelle des Operations Research.* Braunschweig Wiesbaden: Vieweg 1987.

[20] Zimmermann,W.; Stache, U.: *Operations Research - Quantitative Methoden zur Entscheidungsvorbereitung.* München Wien: Oldenbourg Verlag 2001.

Mathematische Grundlagen

[21] Grundmann, W., Luderer, B.: *Formelsammlung Finanzmathematik Versicherungsmathematik Wertpapieranalyse.* Stuttgart Leipzig Wiesbaden: Teubner-Verlag 2001.

[22] Harbarth, K., Riedrich, T., Schirotzek, W.: *Differentialrechnung für Funktionen mit mehreren Variablen.* Stuttgart Leipzig: Teubner-Verlag 1993.

[23] Luderer, B., Nollau, V., Vetters, K.: *Mathematische Formeln für Wirtschaftswissenschaftler.* Stuttgart Leipzig Wiesbaden: Teubner-Verlag 2002.

[24] Pforr, E.-A., Schirotzek, W.: *Differentialrechnung für Funktionen mit einer Variablen.* Stuttgart Leipzig: Teubner-Verlag 1993.

[25] Råde, L., Westergren, B.: *Springers Mathematische Formeln.* Berlin Heidelberg New-York: Springer-Verlag 1996.

[26] *Teubner-Taschenbuch der Mathematik.* Stuttgart Leipzig: Teubner-Verlag 1996.

[27] *Teubner-Taschenbuch der Mathematik, Teil II.* Stuttgart Leipzig: Teubner-Verlag 1995.

[28] Vetters, K.: *Formeln und Fakten.* Stuttgart Leipzig Wiesbaden: Teubner-Verlag 2001.

[29] Voß, W.: *Taschenbuch der Statistik.* Leipzig: Fachbuchverlag 2000.

Stichwortverzeichnis

If you have any concerns about our products,
you can contact us on
ProductSafety@springernature.com

In case Publisher is established outside the EU,
the EU authorized representative is:
Springer Nature Customer Service Center GmbH
Europaplatz 3, 69115 Heidelberg, Germany

Printed by Libri Plureos GmbH
in Hamburg, Germany